STATISTICS
統 計 学

久保川達也・国友直人［著］
KUBOKAWA TATSUYA　KUNITOMO NAOTO

東京大学出版会

STATISTICS
Tatsuya KUBOKAWA and Naoto KUNITOMO
University of Tokyo Press, 2016
ISBN978-4-13-062921-8

はしがき

　この書物は，大学において初めて統計学や統計的データ分析を学ぼうとする学生諸氏のために書かれたテキストである．"わかりやすく" を念頭に，具体例や例題，図表を組み入れて，統計学からの見方・考え方を説明し，学生を含め多くの読者が統計学の基本を学び，その面白さや意義を理解できるように工夫したつもりである．

　統計分析，とりわけデータ分析は今日では文科系，理科系の学問の諸分野ばかりではなく，社会・経済では幅広く用いられている．研究，調査，ビジネス，リスク評価や政策立案などにかかわる様々な分野では，それぞれに固有な問題設定や解決へのアプローチとともに，統計データを用いる分析を進め，問題の理解を深め結論を導くという共通する方法を用いることが多いが，それは統計学の内容そのものと重なる．

　統計学の方法も日々に発展を重ねているが，統計学の一部が高校数学の教科書で議論されていることから，文科系の学生諸氏の中には厄介な分野と敬遠しがちになると耳にすることがある．そうした学生諸氏も卒業してから金融ビジネス・業界マーケティング，あるいは工場の現場・医療機関・公的機関などの仕事の中でデータ分析に遭遇せざるを得ない機会も日々に増大しているのである．

　本書では実例により全体を鳥瞰する第 1 章，統計データの整理と記述のための基礎事項を扱う第 2 章～第 4 章，統計学で必要となる確率の知識をまとめた第 5 章～第 8 章，統計的推測の基礎事項をまとめた第 9 章～第 12 章，社会・経済・時系列データを扱った第 13 章，第 14 章，各章の内容の理解を助ける事項をまとめた付録，により構成されている．特に，第 1 章は統計学がどのように役立つのかをいくつかの実例を通して説明しており，初めて統計学を学ぶ読者にとって問題意識を高める上で助けになるだろう．付録 1 では，統計計算ソフトウェアとして 'R' と 'エクセル' についての解

説を与えたが，本書で扱われるデータ分析の方法を実装するときに役立つだろう．また付録2では，微分・積分や行列・行列式など統計的方法を学ぶ上で役立つ数学の基礎知識をまとめておいたが，本書での数理的記述を理解する上で助けとなるよう配慮したつもりである．

　各章は基礎的事項に加えて発展的事項を含めたが，文科系の学生諸氏にとっての統計学入門，データ分析入門では，まずは基礎的事項および付録で説明されている計算機を利用したデータ分析の基礎的操作に習熟することが当面の目標である．さらに統計分析やデータ分析の勉学をすすめたい諸氏には，各章の発展的事項が参考となるだろう．なお，いくつかの章には章末問題を用意したが，問題演習を行うことにより内容の理解が容易になるはずである．章末問題の略解のPDFファイルをインターネットで容易に検索できるグーグルのサイト（https://sites.google.com/site/ktatsuya77/）に置いたので，読者は必要に応じて自由にダウンロードして利用されたい．

　なお，本書は東京大学経済学部2年生向けの基礎科目「統計」，法学部の科目「統計学」の講義の中から生まれたことを付け加えておく．受講生たちによる講義への質問，TA（teaching assistant）を務めてくれた院生からのコメントは大いに参考となった．また，東京大学出版会の大矢宗樹氏には，丁寧に原稿を読んでいただき，図表と数式の多い本書の刊行にあたってご尽力を頂いた．これらの方々にこの場をかりて感謝の意を表したい．本書を通して多くの読者が統計学の有用性についての面白みや理解が深まることを期待したい．

2016 年 9 月

久保川達也
国友直人

目　次

はしがき　i

第1章　統計学とその役割 ……………………………………… 1

1.1　データは語る　1
1.2　統計の役割　9
データの収集　9 ／ 記述統計と推測統計　10 ／ データの分類　11

第I部
基礎事項

第2章　分布の特徴を探る ……………………………………… 15

2.1　分布の特徴　15
2.2　分布の中心　20
平均値　20 ／ 平均値の性質　21 ／ 比率　22 ／
平均値の問題点　22 ／ メディアン　23 ／ メディアンの性質　23 ／
モード　25 ／ 刈り込み平均　26 ／
正の値をとるデータの幾何平均　26 ／ 調和平均　27 ／
平均値，幾何平均，調和平均の関係　27 ／ 加重平均　27
2.3　分布の散らばり　28
分散　29 ／ 分散，標準偏差の性質　30 ／ 平均偏差　32 ／
範囲，レンジ　32 ／ 四分位範囲　32 ／ 箱ひげ図　33 ／
変動係数　33
2.4　データの標準化と歪度，尖度　34
2.5　発展的事項　37

iii

幾何平均の解釈　37 ／

データに関するチェビシェフの不等式の証明　38 ／

分位点の定義　38 ／　スタージェスの公式　39

【問　題】　40

第 3 章　度数分布から不平等度を測る　43

3.1　度数分布とヒストグラム　43

3.2　ローレンツ曲線とジニ係数　46

3.3　ローレンツ曲線の例　49

3.4　発展的事項　53

ジニ係数の変形　53

【問　題】　54

第 4 章　変数間の関係性をみる　57

4.1　相関　57

相関係数の性質　60 ／　コーシー・シュバルツの不等式　62 ／

相関係数の注意点　62 ／　スピアマンの順位相関係数　64

4.2　回帰　67

最小 2 乗法　68 ／　回帰直線の性質　70 ／　残差　71

4.3　偏相関　72

4.4　発展的事項　77

分割表における相関係数　77 ／　偏相関の計算　78

【問　題】　79

第 II 部

確　率

第 5 章　確率の基礎　83

5.1　確率と事象　83

事象　84 ／　確率の公理　85

iv

目　次

5.2　条件付き確率と事象の独立性　87

　　　条件付き確率　87 ／ 事象の独立性　89

5.3　発展的事項　90

【問　題】　91

第6章　確率分布と期待値 ……………………………………… 93

6.1　離散確率変数と確率関数　93

6.2　連続確率変数と確率密度関数　97

6.3　確率分布の平均と分散　102

　　　期待値　102 ／ 分散　104 ／ チェビシェフの不等式　106

6.4　確率変数の標準化と変数変換　107

　　　確率変数の標準化　107 ／ 歪度と尖度　107 ／ モーメント　108 ／
　　　変数変換　108

6.5　発展的事項　110

　　　一般的な変数変換　110

【問　題】　111

第7章　代表的な確率分布 ……………………………………… 115

7.1　離散確率分布　115

　　7.1.1　ベルヌーイ分布　115

　　7.1.2　2項分布　116

　　7.1.3　ポアソン分布　120

7.2　連続分布　124

　　7.2.1　一様分布　124

　　7.2.2　正規分布　125

　　7.2.3　ガンマ分布と指数分布　129

　　　　　カイ2乗分布　130 ／ 指数分布　131 ／ 生存時間解析　131

7.3　発展的事項　132

　　　正規分布の正規化定数の求め方　132 ／ ガンマ関数の性質　133 ／
　　　ポアソン過程　134

【問　題】　134

v

第 8 章　多変数の確率分布 ･･･ 137

8.1　同時確率分布と周辺分布　137

8.1.1　離散分布の場合　137
同時確率と周辺確率　137　／　条件付き確率と独立性　139

8.1.2　連続分布の場合　141
同時確率密度関数　141　／　条件付き確率密度関数と独立性　141

8.2　期待値，共分散，相関　143
共分散と相関係数　146

8.3　2つ以上の確率変数の分布　148

8.4　発展的事項　150
多項分布　150　／　多変量正規分布　151

【問　題】　152

第 III 部

統計的推測

第 9 章　ランダム標本と標本分布 ･･････････････････････････････････ 157

9.1　標本と統計量　157

9.2　標本平均の性質　161
平均と分散　161　／　大数の法則　162

9.3　標本平均の分布　163
ベルヌーイ分布の場合　163　／　ポアソン分布の場合　165　／
正規分布の場合　166　／　中心極限定理　167

9.4　代表的な統計量の性質　171
標本分散と不偏分散　171　／　歪度統計量，尖度統計量　172　／
順序統計量　173

9.5　正規母集団の代表的な標本分布　175
カイ2乗分布　176　／　t-分布　176　／　F-分布　177　／
標本平均と標本分散の独立性　178

9.6　発展的事項　179
積率母関数と分布の再生性　179　／

標本分散・不偏分散の近似的な分布　181 ／
順序統計量の確率分布　182

【問　題】　183

第10章　推　定 185

10.1　点推定　185

10.2　最尤法とモーメント法　187
最尤法　187 ／ 最尤推定量の性質　189 ／ モーメント法　192

10.3　平均2乗誤差による評価　193
有効性　195

10.4　区間推定　196
正規母集団の母数の区間推定　197 ／
近似分布に基づいた信頼区間　200 ／ 信頼区間の注意事項　202 ／
信頼区間に関連した推定誤差と必要な標本サイズ　202

10.5　発展的事項　204
ミニマックス解とベイズ解　204 ／ ベイズ法　205

【問　題】　207

第11章　仮説検定 211

11.1　仮説検定の考え方　211
帰無仮説と対立仮説　211 ／ 検定統計量と棄却域　212 ／
有意水準　213 ／ 仮説検定の手順　215

11.2　正規母集団に関する検定　215

11.2.1　1標本問題　215
t-検定　217

11.2.2　2標本問題　219
t-検定　220 ／ F-検定　221

11.3　近似分布に基づいた検定　222
母平均の検定　222 ／ 最尤推定量に基づいた検定　224 ／
尤度比検定　224

11.4　カイ2乗適合度検定　226
カイ2乗適合度検定　226 ／ 分割表における独立性検定　229

vii

11.5　**発展的事項**　231

　　検定のサイズと検出力　231　／　P 値　232

【問　題】　233

第 12 章　回帰分析 ··· 237

12.1　**単回帰モデル**　237

　　最小 2 乗推定量の分布　239　／　検定と予測　240

12.2　**決定係数と残差分析**　242

　　決定係数　242　／　残差分析　244

12.3　**重回帰モデル**　248

　　最小 2 乗推定量　249　／　標本分布と t-検定　250

12.4　**分散分析**　253

12.5　**ロジスティック回帰モデル**　258

12.6　**発展的事項**　261

第 IV 部

社会・経済・時系列データ

第 13 章　経済・社会データと統計分析 ·············· 265

　　経済・社会の統計データ　265

13.1　**有限母集団と標本調査**　266

　　有限母集団からの標本分布　267

13.2　**時系列データ**　272

　　時系列の記述統計　272　／　移動平均と季節調整　273　／

　　系列相関と自己相関係数　276　／　トレンドと循環変動　277

13.3　**経済指数の利用**　279

第 14 章　時系列の統計分析 ·························· 285

14.1　**時系列データと統計モデル**　285

　　時系列変動と確率過程　286

viii

目　次

14.2　自己回帰移動平均モデル　289

予測と応用　292　／　時系列モデルの推定と識別　293　／
ARIMA と季節性　294　／　ARIMA モデルと回帰モデル　297

14.3　発展的事項　298

市場と確率　298　／　保険と期待値原理　300　／
市場と連続時間の確率過程　302　／　金融市場の計量分析　303

【問　題】　304

時系列データの実習　306

付録1　統計計算ソフトウェア　……………………………………　307

(1) R 入門　307

[1] R について　307　／　[2] R をダウンロードしよう　308　／
[3] R を利用しよう　308　／　[4] 参考文献　314

(2) エクセル入門　314

[1] エクセルについて　314　／　[2] 分析ツールを読み込む　315　／
[3] エクセルを使ってみる　315　／　[4] 参考文献　317

付録2　数学の基礎知識　……………………………………　319

(1) 基本事項　319

和の記号　319　／　数列の極限　320　／　逆関数　320　／
2 項係数　321　／　不等式　321

(2) 微分積分　322

関数の極限　322　／　微分　322　／　微分の演算　322　／
ロピタルの定理　323　／　逆関数の微分　323　／　テイラー展開　323　／
ラグランジュの未定乗数法　324　／　積分の定義　324　／
部分積分　325　／　置換積分　325　／　ガンマ関数　326

(3) 行列と行列式　326

ベクトルと行列について　326　／　行列の加法　327　／
行列の実数倍　328　／　行列の積　328　／　逆行列　328　／
行列式　329　／　固有値と固有ベクトル　330

ix

付　表　332

1. 正規分布表（正規分布の上側確率）　333
2. t 分布のパーセント点　334
3. カイ 2 乗分布のパーセント点　335
4. F 分布のパーセント点　336

参考文献　338

あとがき　340

索　　引　342

著者紹介　346

第1章

統計学とその役割

　我々の日常生活は様々なデータに囲まれていて，データから必要な情報を引き出して生活している．例えば，人間ドックから得られるデータは日頃の食生活を反映しており，健康的に生きるための改善がなされる．病院では様々なデータをとって病気の原因を突き止めていく．天候や気温などの気象データから，今日着ていく服を決めたり，傘を持っていくかを判断する．また旅行会社・家電メーカー・農家にとっても，気象データに基づいた長期・短期の天気予報は経営を維持していく上で重要である．その他，為替レートや株価などの金融データ，景気指標，GDP（国内総生産），失業率データ，家計調査データなど，様々なデータや統計指標（データを加工したもの）が利用されている．

　この章では，統計で何ができるのかについていくつかの例を紹介し，統計とはどのようなことをする学問であるのかを説明する．

1.1 データは語る

例 1.1 分布から実態を探る　4月の初めに予備校でのクラス分けのために，500人の受講生について数学の実力試験を行ったところ，得点が図1.1のように分布していることがわかった．この得点分布の中心は50点付近にありそうで，実際，平均点を計算すると48.6点となる．得点分布の全体をながめてみると，35点から45点をとった

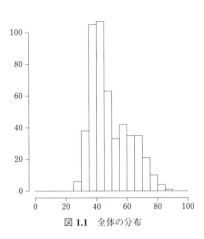

図 **1.1**　全体の分布

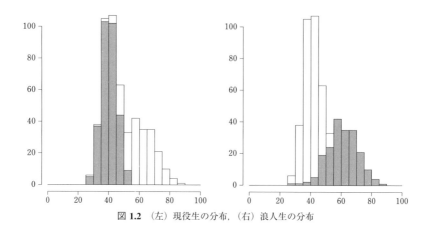

図 1.2 （左）現役生の分布，（右）浪人生の分布

学生が多いものの，より高い得点をとった人数も多く，全体的に右に歪んだ形をしていることがわかる．この歪みの理由として，現役高校生と浪人生の成績が混在していることが容易に想像がつく．実際，現役生と浪人生に分けて分布を描いてみると図 1.2 となる．この左の図が現役生，右の図が浪人生であり，現役生の分布と浪人生の分布を組み合わせることによって受験生全体の分布が合成されている．現役生の平均は 40.3 点でその周りに分布しているのに対して，浪人生の平均は 60 点で現役生の得点より散らばりが大きいことがわかる．

このように，データの全体の分布を描いてみると，分布の全体的な特徴を捉えることができ，その特徴が何に由来するのかを探っていくと，データの背後にある姿を捉えることができる．

図 1.3 は所得の分布を描いたものである．全体を眺めると右に歪んだ分布をしている．200 万円を中心に分布している集団，600 万円を中心に分布している集団，1,000 万円を中心に分布している集団，また業種によってはも

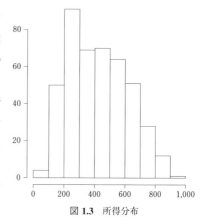

図 1.3 所得分布

っと高所得の範囲で分布しているかもしれない．こうした様々な集団の所得分布の合成として全体の所得分布が描かれることになる．したがって，これを性別，年齢別，業種別，役職別に分けて分布を描いてみると，社会の実態が多少垣間見られるかもしれない．

例 1.2　2 つの変数の関係を測る　ある中学校の生徒 200 人の教科別成績に関して，数学と理科の得点が以下の表で与えられる．

生徒	1	2	3	$\cdots$	200
数学 x	50	58	43	$\cdots$	52
理科 y	40	38	35	$\cdots$	42

これらを 2 次元のデータと見なして $(50, 40), (58, 38), (43, 35), \ldots (52, 42)$ を x-y 平面にプロットしたのが図 1.4 の左の図である．また，同様にして数学と社会の得点をプロットしたのが図 1.4 の右の図である．左図を眺めると，数学の得点と理科の得点の間には正の比例関係があり，数学の得点が高ければ理科の得点も高いように分布していることがわかる．一方，数学と社会の得点の間には，このような関係をみることはできない．このように 2 次元データを x-y 平面にプロットすることにより 2 つの変数の間の関係を捉えることができる．しかし，図を眺めて判断するというのでは解析する人によ

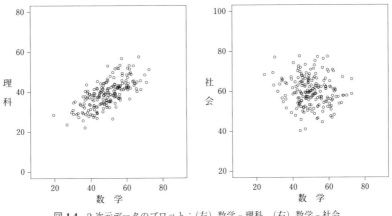

図 **1.4**　2 次元データのプロット：（左）数学 – 理科，（右）数学 – 社会

って判断が分かれてしまい，また解析する人の恣意性が入りこんでしまう危険性もある．そこで，2つの変数の関係を測る客観的な統計指標が必要になる．それが相関係数である．具体的な定義は4.1節で扱うことになるが，上の例では，数学と理科の得点の間の相関係数は0.74，数学と社会の得点の間の相関係数は −0.12 となる．−0.12 は相関関係があると考えるのか，無いと考えるか，どちらに判断したらよいかについては，統計的推測の検定法を用いる必要がある．検定方法は確率に基づいた推測統計法の一つであり，本書の後半で学ぶことになる．

例 1.3 関係の有無を問う　喫煙と肺ガンの間の関係など，2つのカテゴリーの間の関係を調べたい場合がある．上の例 1.2 では数学と理科の得点の関係を調べたが，得点は0から100までの値を取りうる変数である．これに対して，喫煙については，喫煙しているか否かの2値（0-1 データ）のみとり，肺ガンについても，肺ガンか否かの2値しかとらない．例えば，全体で106人調査し，肺ガンの患者63人のうち，喫煙していた人が60人，喫煙していない人が3人，また健常者43人のうち喫煙していた人が32人，喫煙していない人が11人であったとする．このようなデータを整理するのに次の分割表を用いると便利である．

カテゴリー	肺ガンの患者	健常者	計
喫煙していた	60	32	92
喫煙していない	3	11	14
計	63	43	106

この場合，喫煙と肺ガンとの因果関係はどのように測ることができるのだろうか．喫煙していた人と喫煙していない人について，（肺ガン患者数）÷（健常者数）を計算すると，

$$\text{喫煙していた人} = \frac{\text{肺ガン患者数}}{\text{健常者数}} = \frac{60}{32} \fallingdotseq 1.88,$$

$$\text{喫煙していない人} = \frac{\text{肺ガン患者数}}{\text{健常者数}} = \frac{3}{11} \fallingdotseq 0.27$$

第 1 章　統計学とその役割

となり，喫煙していた人の方が肺ガンになるリスクが高いことがわかる．し
かし，このような数値が高いから因果関係があると示唆できても，どの程度
高ければ因果関係があると断言してよいだろうか．そのために用意されてい
る統計手法がカイ 2 乗検定という方法である．詳しくは後半の推測統計に
おいて学習することになるが，考え方を簡単に説明しておこう．仮に因果関
係がないと仮定すると，分割表データは次のようになる．

カテゴリー	肺ガンの患者	健常者	計
喫煙していた	55	37	92
喫煙していない	8	6	14
計	63	43	106

そこで両方の分割表データの差の 2 乗 $(60-55)^2, (32-37)^2, (3-8)^2, (11-6)^2$ を計算し，それらの和なり加重平均が大きければ因果関係があると考
えて良いであろう．カイ 2 乗検定統計量は，それらのある種の加重平均の
ことで Q という記号で表される．Q の値が $\chi^2_{1,0.05} = 3.841$ を越えていれ
ば，有意水準 5% で有意であるといい，誤り確率が 5% で因果関係がある
と判断する．この手法をカイ 2 乗検定という．いまの場合，$Q = 8.42$ とな
り，3.841 より大きいので，喫煙と肺ガンとの間には疫学的因果性が認めら
れる．

　かつて，妊娠中の母親が睡眠薬を服用したときに奇形の乳児が生まれる
ケースが多かったため，睡眠薬との因果関係が疑われたことがあった．以下
の分割表データはそのときに用いられた実際のデータである．

カテゴリー	正常な乳児	異常な乳児	計
睡眠薬の服用	2	90	92
睡眠薬の非服用	186	22	208
計	188	112	300

このデータにカイ 2 乗検定を適用すると，因果関係を否定できないことが
わかる．

5

例 1.4 因果関係を直線で表す 次の表は，200 人の親子（父親と息子）の身長のデータである．

番号	1	2	3	4	5	⋯	200
父親の身長 x	161	172	170	170	168	⋯	169
息子の身長 y	175	175	173	181	174	⋯	171

父親の身長を x 軸に，息子の身長を y 軸にとって x-y 平面にプロットすると図 1.5（左）になる．この図を眺めると，息子の身長は父親の身長に比例して高くなることがわかる．そこで，父親の身長で息子の身長を説明する直線 $y = a + bx$ を引くことができないか考えてみる．図 1.5（右）のように様々な直線の引き方があるが，一体どのように引くのがよいだろうか．

ここで大事な点は，父親の身長で息子の身長を説明する直線 $y = a + bx$ とは，父親の身長から息子の身長への因果の方向を考えている点である．そこで，例えば $(x, y) = (170, 165)$ なる点について，その $x = 170$ に対応する直線上の点は $(170, a + 170b)$ であるから，この 2 つの点の長さの 2 乗 $(a + 170b - 165)^2$ を考える．図 1.6（左）のように，このような長さの 2 乗を全てのデータに関して和をとり，それを最小にするように a, b の値を決める．これを最小 2 乗法 (least squares method) という．親子の身長のデータでは，最小 2 乗法により得られる直線は

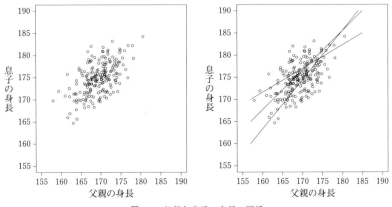

図 1.5 父親と息子の身長の関係

$$y = 80 + 0.56x$$

となり，図 1.6（右）で描かれる．この直線を回帰直線という．

回帰直線は，父親の身長 x に基づいて $y = 80 + 0.56x$ なる直線で息子の身長 y を説明できるので，例えば，父親の身長が $x = 168$ のときには息子の身長は $80 + 0.56 \times 168 = 174.08$ と予測できるので，まだ子どもが幼少であっても大人になると 174 cm 程度になると予想することができる．回帰直線に基づいたデータの分析を回帰分析 (regression analysis) といい，イギリスの遺伝学者・人類学者のフランシス・ゴルトンにより提唱されたとされている．ここでは父親の身長だけを利用しているが，母親の身長 z も利用可能であれば，父母両方のデータを用いて息子の身長を説明する直線 $y = a + bx + cz$ を考えることができ，この方が y に対する説明力が高くなるように思われる．これを重回帰分析という．

重回帰分析の面白い例がイアン・エアーズ著『その数学が戦略を決める』の中で取り上げられている．それは，ある地域のワインの価格は，冬の降水量，育成期の平均気温，収穫期の降水量で決まり，ワインの価格は

（ワインの価格）
$= a + b \times$（冬の降雨量）$+ c \times$（育成期平均気温）$- d \times$（収穫期降雨量）

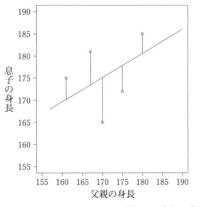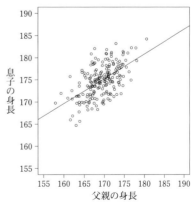

図 1.6　最小 2 乗法による回帰直線

なる形の式から予測できるというものである．ここで a, b, c, d の値は重回帰分析から求めることができる．冬の降雨量がわかっていて，春から夏にかけての天気の長期予報が出ていれば，それらの情報を利用して今年のワインの価格を3月や4月の時点でも予測できることになる．実際には様々な要因が影響するので，ワインの予測価格がピンポイントで当たることはありえないが，投資するか否かの戦略を考える際，予測式などの統計情報に基づいた戦略は，何も考えずに例年通りの投資を行うことに比べて，はるかに'賢い'決定を与えることになるであろう．

回帰直線 $y = a + bx$ を求めてみたとき，仮に x の係数 b が 0 となるときには，x から y への因果関係はないと考えられるであろう．しかし，$b \neq 0$ であるからといって因果関係があると判断してよいであろうか．因果関係の有無を統計的に判断するには，統計的検定法を用いる必要がある．本書の後半で，確率に基づいた推測統計を学ぶ中で，検定の考え方を理解することになる．

例 1.5　2値選択への因果関係を調べる　宅地の坪当たりの価格 (x_i) と購入したか否か (y_i) に関して 20 件のデータが観測されているとしよう．ここで，y_i は購入したか否かを表すデータなので，

$$y_i = \begin{cases} 1 & 購入したとき \\ 0 & 購入しなかったとき \end{cases}$$

という 0 - 1 の 2 値データの形をとることになる．宅地の価格と購入結果に関する因果関係の有無を解析する問題なので回帰分析を用いることが考えられるが，y_i が 0 - 1 の 2 値のみをとるので，通常の回帰分析を当てはめるのは好ましくない．そこで，次のように $y_i = 1$ となる確率に対して回帰式を当てはめる．

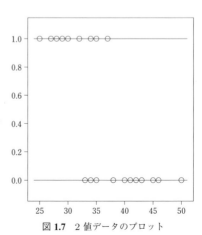

図 **1.7**　2値データのプロット

$$\log\left\{\frac{P(y_i = 1)}{1 - P(y_i = 1)}\right\} = a + bx_i, \quad i = 1, \ldots, 100$$

これをロジスティック回帰モデルという．この他，正規分布の分布関数を当てはめるプロビットモデルなどもある．いずれにしても，このようなデータを解析するには，単なるデータの加工程度の方法では不十分で，確率を導入し確率モデル・統計モデルを作って，より相応しいデータ解析の方法を用いる必要がある．

このように2値選択への因果関係を調べる問題は，既婚女性が仕事に就く要因の分析，殺虫剤の濃度と害虫の死滅との関係など様々な応用例があり，ロジスティック回帰などの統計手法が利用されている．

1.2 統計の役割

前節の例1.3では，「肺ガンと喫煙との因果関係を調べたい」という目的でデータがとられ，分割表という形でデータを整理し，カイ2乗検定を用いて因果関係があると判断する過程が述べられている．このように，統計は，まず分析目的があり，その目的に応じてデータの収集がなされ，データの整理・加工・推論などの統計分析を通して，現象の理解・予測・意思決定がなされる一連の過程をいう．

$$\text{分析目的} \Rightarrow \text{データの収集} \Rightarrow \text{統計分析} \begin{pmatrix} \text{記述統計} \\ \text{推測統計} \end{pmatrix} \Rightarrow \begin{matrix} \text{現象の理解} \\ \text{予測} \\ \text{意思決定} \end{matrix}$$

■データの収集

統計学の研究の大部分は統計分析に注がれているので，統計分析が統計学だと思われがちであるが，実際に最も大事なのはデータを収集する部分である．これは標本抽出 (sampling) と呼ばれ，全体を反映するデータを収集する必要がある．その際に注意しなければならない点は，(1)偏りのないデータ，(2)十分な数のデータ，を収集することである．1936 年米国大統領選挙

において出版社の予想が大外れしたという有名な話がある．共和党のランドン候補と民主党のルーズベルト候補について，ある出版社が200万人について事前に電話での調査を行い，ランドン候補が勝利するとの予想を発表した．しかし，投票結果は大差でルーズベルト候補の勝利に終わった．どこに問題があったのか．当時の電話所有者の多くは保守層の人が多く，データの収集に偏りがあったことが指摘されている．このように，全体を反映させたデータの収集は統計の土台にあたる重要な部分であり，この点を注意して分析に当たらなければならない．

　データを収集する際に基本となる考え方は，ランダム・サンプリング（無作為抽出）というもので，乱数表などを用いてランダムにデータを抽出し，分析者の恣意性を排除し偏り無くデータを抽出することを図る．しかし，現実には，年齢・性別・職業・地域に関して偏り無くデータをとることが難しい場面もある．そのため，年齢・性別・職業・地域など細分された層からランダムにデータを抽出する方法がとられる．これを層別抽出という．また，日本全国から市町村がランダムに選ばれ，選ばれた市町村から世帯をランダムに選ぶこともなされる．これを多段抽出という．これらの方法は，調査計画や実験計画を事前に考えてデータを抽出する方法である．総務庁統計局で行う標本調査，農事試験・工業試験での実験計画，新薬の効能に関する臨床実験などは，こうした枠組みで捉えられるデータとなる．

　これに対して，我々の周りにあるデータの多くは，ランダムに抽出されるような理想的なデータとは限らない．気象データ，金融データ，景気指標，GDP（国内総生産），失業率データ，家計調査データなど，自然・社会・経済の様々な要因に伴って時間毎に変動する．こうしたデータを適切に分析するには，経済現象に関する専門的知識やデータ分析に関する経験や分析方法の習得が必要になり，例えば経済分野では現実の経済データを分析する方法論を学習し研究するのが計量経済学と呼ばれる学問分野である．各学問分野でデータ解析を行う上でも統計解析の基本を学ぶ必要がある．

■記述統計と推測統計
　データの収集がなされると，データの統計分析を行う．統計分析は，記述

統計と推測統計に分けられる．記述統計とは，データをまとめて見やすく整理し，データのもっている概ねの情報を把握することである．推測統計とは，確率分布に基づいたモデル（統計モデル）を用いて精密な解析を行うことである．具体的には，推定・検定・信頼区間などの統計的推測を行い，データを生み出した背後の構造（モデル）について推論する．そして，モデルに関する推論に基づいて，意思決定や予測を行う．その際，決定に対する信頼性を見積もり，決定のリスクを評価することができる．このような，記述統計，推測統計により統計分析の考え方と手法を学ぶのが本書の目的となる．

■データの分類

最後に，データの分類について簡単に説明しておきたい．まず，データは，量的データと質的データに大別される．質的データとは，性別，職種，地域，学歴，良い，悪いなどの定性的なデータで，カテゴリカル・データとも呼ばれる．男性，女性のように名目的なものもあれば，(1)好き，(2)普通，(3)嫌い，というような序数的なものもある．一方，量的データとは，175 cm，12,000 円，6 人というように定量的なデータで，計量データと計数データに分類される．計量データは収入，支出，身長などの連続データ，計数データは世帯人員，出生数，肺ガンの患者数などの離散データである．また，株式の月次収益率のデータのように時間の経過とともに得られるデータは時系列データ，全国の市町村で同時期に抽出されるデータはクロス・セクション・データ（横断面データ）と呼ばれる．クロス・セクション・データが時系列的に得られるとき，パネルデータという．

第 I 部

基 礎 事 項

第 2 章

分布の特徴を探る

データの収集がなされると，まずデータを見やすく整理し，データのもっている概ねの情報を把握することから始める．所得，身長，体重などの連続データについては，ヒストグラムを描くことにより分布の全体の様子をみることができ，際だった特徴を見つけることもできる．次に分布の中心や散らばりの程度を表す指標として平均や分散という数値を求める．これはデータ全体の分布の状態を平均や分散という 2 つの数値で表現することになり便利な反面，分布全体を 2 つの数値に縮約することから生ずる様々な注意点を伴っている．数というのは客観的なイメージがあるので，いったん数値で与えられると正しいと認識されてしまいがちであるが，本当に正しいのか，その導出の過程を吟味してみることも大切である．この章では，平均や分散の注意点を含め，記述統計の基本事項を説明する．

2.1 分布の特徴

収集されたデータを眺めていても何もわからないので，見やすくなるように整理する必要がある．例えば，10 人の学生の数学の得点が次のように与えられているとしよう．

$$52 \ 65 \ 42 \ 55 \ 48 \ 62 \ 95 \ 74 \ 58 \ 52$$

このままでは全体の分布の様子は捉えにくいので，次のように記述してみると，より見やすくなる．

第 I 部　基 礎 事 項

40 点台	42	48		4	2	8	
50 点台	52	52	55 58	5	2	2 5 8	
60 点台	62	65		6	2	5	
70 点台	74			7	4		
80 点台				8			
90 点台	95			9	5		

右側の表示を**幹葉表示** (stem-and-leaf plot) という．それぞれの得点範囲に入る個数を数えて表にまとめてみると次のようになる．

階級	度数
40 以上 50 未満	2
50 以上 60 未満	4
60 以上 70 未満	2
70 以上 80 未満	1
80 以上 90 未満	0
90 以上	1

これを度数分布表という．各得点範囲を一般に階級といい，各階級に入るデータの個数を度数という．度数分布表の詳しい説明については 3 章で与えられる．この度数分布表を棒柱グラフで表したものを**ヒストグラム**といい，図 2.1（左）のようになる．

これは 10 点刻みで描いたものであるが，このデータを 20 点刻みでヒストグラムを描くと図 2.1（右）のようになる．10 点刻みではデータ全体を 6 個に区切り，20 点刻みでは 3 個に区切ることになる．分布の特徴をみるには，10 点刻みのヒストグラムの方が良さそうである．では，何個に区切るのが良いのか，一般的なルールはあるのか．1 つの方法として提唱されているのが，スタージェスの公式と呼ばれるもので

$$（分割の個数）= 1 + 3.32 \times \log_{10}（データ数）$$

で与えられる．ここで，$\log_{10} x$ は底が 10 の対数である．スタージェスの公式の導出については本章 2.5 節の発展的事項に簡単な説明が与えられている．上の例では，$\log_{10}(10) = 1$ だから，4.32 となり，5 個程度に区切るの

16

第 2 章 分布の特徴を探る

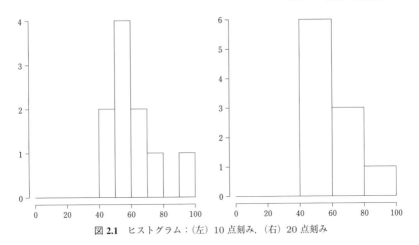

図 2.1 ヒストグラム：(左) 10 点刻み，(右) 20 点刻み

が一つの目安になろう[1]．

図 2.2 はヒストグラムの各階級の上底の中点同士を結んだ多角形を描き込んだ図である．こうすることによって分布の大まかな特徴が捉えやすくなることもある．

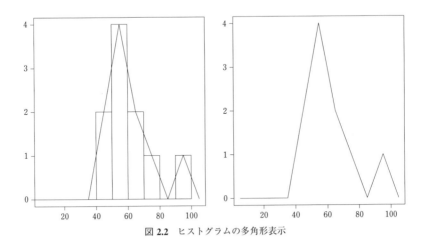

図 2.2 ヒストグラムの多角形表示

データ数が大きいときにはヒストグラムの階級（分割）の数を適当に増や

---

[1] 少数ではあるが大きな値がある場合などでは等間隔の階級とは限らずオープンエンドの階級を作り，（算術）平均値で代表させる，など見やすい工夫も行われている．

17

していくと多角形は滑らかな曲線に近づいていく．例えば，図 2.3（左）は単峰で対称な分布 (unimodal) を表している．測定誤差の分布は 0 を中心に単峰で対称な分布になると想定してよいかもしれない．たいていの分布は対称でないかもしれないが単峰であることが自然である．これに対して図 2.3（右）は 2 つの峰があるので双峰な分布 (bimodal) と呼ばれる．この場合，2 つの峰ができる原因があると考えてその理由を突き詰めていくと，データのもっている貴重な情報を引き出すことができる．1 章の例 1.1 で取り上げた予備校の受験生 500 人の数学の得点分布は図 1.1 のように 2 つの峰がある双峰な分布であった．その理由として現役生と浪人生の 2 つの集団から取られたデータであることがあげられた．

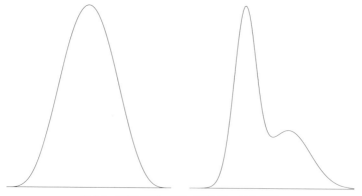

図 2.3　分布の形状：（左）単峰対称，（右）双峰

　図 2.4 の左の図は右に歪んだ分布，右の図は左に歪んだ分布と呼ばれる．平均点の高い得点分布は左に歪んだ分布，平均点の低い得点分布は右に歪んだ分布の形状をとることが多いかもしれない．所得の分布は 1 章例 1.1 の図 1.3 で示されているように右に歪んだ分布になることが多い．職種，年齢，性別に分けると，個々の集団の分布は図 1.3 ほどは大きな歪みはないが，合算することにより，大きく右に歪んだ分布として合成されることになる．

　このようにデータを収集した後に行う最初の統計分析としてヒストグラムを描いてみることが重要である．そこから分布の特徴や疑問点を視覚的に捉えることができ，これからどのように解析を進めたらよいか，解析の方向性

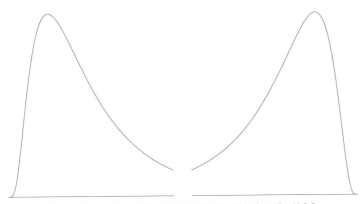

図 **2.4** 分布の形状：(左) 右に歪んだ分布, (右) 左に歪んだ分布

を検討するのに役立つ．また統計分析結果に大きな影響を与えかねない異常値の存在の有無を確認することもできる．異常値とは全体的な分布から離れた値のことをいう．

例2.1　**身長のデータ**　次のデータは男子大学生 50 人の身長を調べた結果である．

170 173 175 170 172 165 167 168
172 174 168 170 173 178 173 163
172 173 179 172 168 167 168 174
167 180 171 181 177 170 170 175
169 175 173 171 172 176 176 167
173 172 168 168 171 170 176 173
170 185

これをヒストグラムに表すと図 2.5 のようになる．ヒストグラムの作成には巻末で説明されている統計解析ソフト R のコマンド hist() を用いた．

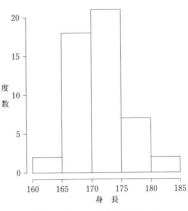

図 **2.5**　身長データのヒストグラム

第 I 部　基 礎 事 項

2.2 分布の中心

ヒストグラムは，データの分布の状態を視覚的に表したもので，大雑把な特徴をみることができるが，客観性に乏しい．そこで，データの分布の状態を数値で表現することを考える．このような数値を分布の特性値という．

最も大事な特性値は，分布の中心の位置に関するもので，平均値，メディアン，モードが代表的である．いま，n 個のデータ

$$x_1, x_2, \ldots, x_n$$

が与えられているとしよう．和 (summation) の記号として，これから $\sum_{i=1}^{n}$ を用いることにする．これは，

$$\sum_{i=1}^{n} x_i = x_1 + x_2 + \cdots + x_n$$

を意味する．

■平均値 (mean value)

平均値は $n^{-1} \sum_{i=1}^{n} x_i$ で定義され，これを $\overline{x}$ で表す．すなわち，

$$\overline{x} = \frac{1}{n} \sum_{i=1}^{n} x_i$$

である．平均値は，相加平均，算術平均とも呼ばれる．$\overline{x}$ と同様にして，$y_1, \ldots, y_n$，$z_1, \ldots, z_n$ の平均値をそれぞれ $\overline{y}$，$\overline{z}$ と書き，$x_1 + y_1, \ldots, x_n + y_n$ の平均値を $\overline{x+y}$ と書くことにする．10 人の数学の得点 52, 65, 42, 55, 48, 62, 95, 74, 58, 52 の平均値は

$$\frac{52 + 65 + 42 + 55 + 48 + 62 + 95 + 74 + 58 + 52}{10} = \frac{603}{10} = 60.3$$

となる．

平均値の性質を述べる前に，和記号 $\sum$ は次のような性質を持つことを示そう．定数 a, b に対して

20

$$\sum_{i=1}^{n}(ax_i + by_i) = a\sum_{i=1}^{n} x_i + b\sum_{i=1}^{n} y_i \tag{2.1}$$

これは，$\sum_{i=1}^{n}(ax_i + by_i) = (ax_1 + by_1) + \cdots + (ax_n + by_n) = a(x_1 + \cdots + x_n) + b(y_1 + \cdots + y_n) = a\sum_{i=1}^{n} x_i + b\sum_{i=1}^{n} y_i$ となることからわかる．この性質を和記号の線形性という．また定数 b の和については

$$\sum_{i=1}^{n} b = b + \cdots + b = nb$$

となることに注意する．これらを用いると，平均値について次のような性質が成り立つことがわかる．

■平均値の性質

(1) $\sum_{i=1}^{n}(x_i - \overline{x}) = 0$

(2) 定数 a, b に対して，$\overline{ax + b} = n^{-1}\sum_{i=1}^{n}(ax_i + b) = a\overline{x} + b$ が成り立つ．x_i を a 倍して b を加える作用を一般にアフィン変換という．この等式は，各 x_i をアフィン変換したときの平均値は $\overline{x}$ をアフィン変換したものに等しいことを意味している．このことを平均値はアフィン変換に関して閉じているという．

(3) 定数 a, b に対して $\overline{ax + by} = n^{-1}\sum_{i=1}^{n}(ax_i + by_i) = a\overline{x} + b\overline{y}$ が成り立つ．

(4) すべての定数 a に対して

$$\sum_{i=1}^{n}(x_i - a)^2 \geq \sum_{i=1}^{n}(x_i - \overline{x})^2$$

なる不等式が成り立つ．各点 x_i と a との長さの 2 乗 $(x_i - a)^2$ の和を最小にしている解を最小 2 乗解という．上の不等式は $\overline{x}$ が最小 2 乗解になっていることを意味する．

(証明) (1)は，$\sum_{i=1}^{n}(x_i - \overline{x}) = \sum_{i=1}^{n} x_i - n\overline{x} = \sum_{i=1}^{n} x_i - \sum_{i=1}^{n} x_i = 0$ となることからわかる．(2)は，(2.1) より $\sum_{i=1}^{n}(ax_i + b) = a\sum_{i=1}^{n} x_i + nb$ となることからわかる．(3)は，(2.1) より，容易に示すことができる．(4)は，

第 I 部 基 礎 事 項

$$\sum_{i=1}^{n} (x_i - a)^2 = \sum_{i=1}^{n} (x_i - \overline{x} + \overline{x} - a)^2$$

$$= \sum_{i=1}^{n} (x_i - \overline{x})^2 + 2\sum_{i=1}^{n} (x_i - \overline{x})(\overline{x} - a) + \sum_{i=1}^{n} (\overline{x} - a)^2$$

$$= \sum_{i=1}^{n} (x_i - \overline{x})^2 + 2(\overline{x} - a)\sum_{i=1}^{n} (x_i - \overline{x}) + n(\overline{x} - a)^2$$

と展開することができるので，(1)の性質を用いると

$$\sum_{i=1}^{n} (x_i - a)^2 = \sum_{i=1}^{n} (x_i - \overline{x})^2 + n(\overline{x} - a)^2 \geq \sum_{i=1}^{n} (x_i - \overline{x})^2$$

が成り立つ.

■比率

内閣支持率は，(内閣を支持する人数)÷(全有権者数) で与えられる．このような比率も平均値の 1 つと解釈できる．n 人に内閣を支持するか否かを聞いた結果を $x_1, \ldots, x_n$ とし，

$$x_i = \begin{cases} 1 & \text{内閣を支持するとき} \\ 0 & \text{内閣を支持しないとき} \end{cases}$$

とする．このとき，平均値は

$$\overline{x} = \frac{\sum_{i=1}^{n} x_i}{n} = \frac{(1 + \cdots + 1) + (0 + \cdots + 0)}{n} = \frac{\text{内閣を支持する人数}}{n}$$

となる．これは内閣支持率であり，したがって比率も平均値の 1 つと考えてよい.

■平均値の問題点

A 社の 5 人の月給が 25, 32, 28, 200, 30 （万円）で平均が 63 万円，B 社の 5 人の月給が 35, 42, 38, 50, 40 （万円）で平均が 41 万円である．平均給与は B 社より A 社の方がはるかに高いが，1 人を除いて給与はそれほど高

くないので，平均値が A 社全体の給与を代表しているとは思えない．A 社
において 200 万円というのは他とかけはなれた値であり，このような値を
外れ値 (outlier) もしくは異常値という．平均値は外れ値の影響を受けやす
いという欠点があることに注意する必要がある．外れ値の影響を受けない方
法の 1 つが次に述べるメディアンである．

■メディアン (median)

データを小さい順に並べて中央にある値をメディアンもしくは中央値と
いう．例えば，A 社の 5 人の月給 25, 32, 28, 200, 30 のメディアンは 30 万
円で，B 社 5 人の月給 35, 42, 38, 50, 40 のメディアンは 40 万円となり，A
社，B 社の給与をよく代表していることがわかる．

$x_1, x_2, \ldots, x_n$ を小さい順に並べ変えたものを $x_{(1)}, x_{(2)}, \ldots, x_{(n)}$ と書き
順序データという．すなわち，$x_{(1)} \leq x_{(2)} \leq \ldots \leq x_{(n)}$ となっている．
$x_1, \ldots, x_n$ のメディアンを $\mathrm{med}(x_1, \ldots, x_n)$ もしくは med_x で表すと，メデ
ィアンは，n が奇数の場合と偶数の場合に分けて

$$
\mathrm{med}_x = \mathrm{med}(x_1, \ldots, x_n) = \begin{cases} x_{((n+1)/2)} & n \text{ が奇数のとき} \\ \{x_{(n/2)} + x_{(n/2+1)}\}/2 & n \text{ が偶数のとき} \end{cases}
$$

で定義される．

■メディアンの性質

(1)定数 a, b に対して，$\mathrm{med}(ax_1 + b, \ldots, ax_n + b) = a \times \mathrm{med}(x_1, \ldots, x_n) + b$
が成り立つ．これは，a 倍しても b だけ加えても順番は変わらないことか
らわかる．すなわちメディアンは線形変換に関して閉じている．

(2)すべての定数 a に対して

$$
\sum_{i=1}^n |x_i - a| \geq \sum_{i=1}^n |x_i - \mathrm{med}_x|
$$

なる不等式が成り立つ．メディアンは，各点 x_i と a との長さの絶対値
$|x_i - a|$ の和を最小にする解を与える．

第 I 部　基礎事項

(3) メディアンは外れ値の影響を受けない. 例えば, $x_{(n)}$ だけが他のデータ
より著しく大きな値をとっても, 順番は変わらないので, 中央値は変わ
らない. この性質をロバスト性（頑健性）という. これに対して, 平均値
は, 上で説明したように $x_{(n)}$ が大きくなれば $\bar{x}$ も引きずられて大きくな
り, ロバストでない.

(4) メディアンの加法性 $\mathrm{med}(x_1 + y_1, \ldots, x_n + y_n) = \mathrm{med}(x_1, \ldots, x_n) + \mathrm{med}(y_1, \ldots, y_n)$ は必ずしも成り立たないことに注意する.

(証明) (2) の証明のアイデアを与えておこう. 自然数 m に対して $n = 2m+1$ のとき, メディアンは $x_{(m+1)}$ になる. このとき

$$\sum_{i=1}^{2m+1} |x_{(i)} - x_{(m+1)}| = -\sum_{i=1}^{m}(x_{(i)} - x_{(m+1)}) + \sum_{i=m+2}^{2m+1}(x_{(i)} - x_{(m+1)})$$

$$= -\sum_{i=1}^{m} x_{(i)} + \sum_{i=m+2}^{2m+1} x_{(i)}$$

となる. この値と $\sum_{i=1}^{2m+1}|x_{(i)} - a|$ の値との差を求めて, その差が非負で
あることを示せばよい. 例えば, $x_{(m+1)} \le a < x_{(m+2)}$ の範囲にあるとき
には,

$$\sum_{i=1}^{2m+1} |x_{(i)} - a| = -\sum_{i=1}^{m+1}(x_{(i)} - a) + \sum_{i=m+2}^{2m+1}(x_{(i)} - a)$$

$$= -\sum_{i=1}^{m+1} x_{(i)} + \sum_{i=m+2}^{2m+1} x_{(i)} + a$$

と書ける. したがって, $\sum_{i=1}^{2m+1}|x_{(i)} - a| - \sum_{i=1}^{2m+1}|x_{(i)} - x_{(m+1)}| = a - x_{(m+1)} \ge 0$ が成り立つことがわかる. あらゆる範囲の a に対して同様の
方法で不等式を示すことができる. また $n = 2m$ のときにも同様にして
示すことができるので確かめてほしい.

第 2 章 分布の特徴を探る

■モード (mode)

モードは最頻値ともいい，ヒストグラムを描いたときに最も高い柱について，その底辺の中点もしくはその中に入るデータの平均値で与えられる（図 2.6）．$x_1, \ldots, x_n$ のモードを mode_x で表すことにする．平均値，メディアン，モードの間には一般に次のような関係（図 2.7）が成り立つことが知られている．

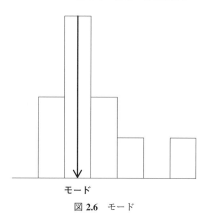

図 2.6　モード

単峰で左右対称な分布のときには $\mathrm{mode}_x = \mathrm{med}_x = \overline{x}$ が成り立つ．

単峰で右に歪んだ分布のときには $\mathrm{mode}_x < \mathrm{med}_x < \overline{x}$ なる関係が成り立つ傾向がある．

単峰で左に歪んだ分布のときには $\overline{x} < \mathrm{med}_x < \mathrm{mode}_x$ なる関係が成り立つ傾向がある．

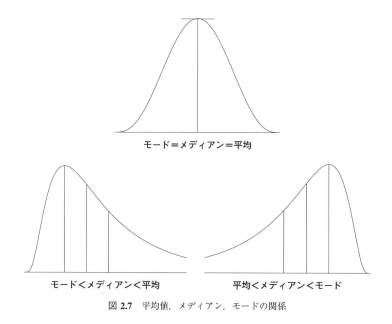

図 2.7　平均値，メディアン，モードの関係

第 I 部 基 礎 事 項

例 2.2 例 2.1 で取り上げた身長のデータについて平均とメディアンを求めると，それぞれ $\overline{x} = 172$, $\mathrm{med}_x = 172$ となる．例 2.1 のヒストグラムからモードは $\mathrm{mode}_x = 172.5$ となる．

■刈り込み平均 (trimmed mean)

順序データ $x_{(1)}, x_{(2)}, \ldots, x_{(n)}$ の両側 r 個を除いた平均値

$$\frac{x_{(r+1)} + x_{(r+2)} + \cdots + x_{(n-r-1)} + x_{(n-r)}}{n - 2r}$$

を刈り込み平均という．例えば，両側 1 個のデータを取り除いた場合 ($r = 1$)，A 社の 5 人の月給 25, 32, 28, 200, 30 の刈り込み平均は $(28 + 30 + 32)/3 = 30$ 万円，同様に B 社 5 人の月給 35, 42, 38, 50, 40 の刈り込み平均は 40 万円となる．外れ値の影響が取り除かれており，体操やフィギュア・スケートなどの採点競技で用いられることがある．

■正の値をとるデータの幾何平均 (geometric mean)

$x_1, \ldots, x_n$ が正のデータのときに，幾何平均は

$$G_x = (x_1 \times \cdots \times x_n)^{1/n}$$

で定義される．例えば，A 社 5 人の月給 25, 32, 28, 200, 30 の幾何平均は 42.2 万円，B 社 5 人の月給 35, 42, 38, 50, 40 の幾何平均は 40.7 万円となる．外れ値がなければ平均値に近い値を与え，外れ値があっても平均値に比べれば極めて妥当な値を与えていることがわかる．

例 2.3 平均複利の計算 幾何平均の例の一つとして平均複利の計算を紹介しよう．元本 100 万円を 3 年間預金したら，1 年後に 105 万円，2 年後に 112 万円，3 年後に 121 万円になった．このとき，1 年当たりの平均複利を求めよう．

$$\left(\frac{105}{100} \times \frac{112}{105} \times \frac{121}{112}\right)^{1/3} = \left(\frac{121}{100}\right)^{1/3} \fallingdotseq 1.065$$

となるので，平均複利は 6.5% となる．この平均複利で 10 年間預金すると，

26

第 2 章 分布の特徴を探る

10 年後には $100 \times (1.065)^{10} \fallingdotseq 187$ 万円になる. また 10 年後に倍増させる
ためには $(1+a)^{10} = 2$ を解いて $a = 2^{1/10} - 1 \fallingdotseq 0.072$ となるので, 1 年当
たり 7.2% の平均複利が必要となる.

■調和平均 (harmonic mean)

$x_1, \ldots, x_n$ が正のデータのときに, 調和平均は

$$H_x = \frac{n}{\sum_{i=1}^{n} 1/x_i}$$

で定義される. データの逆数の平均値をさらに逆数をとって戻したものである
る.

■平均値, 幾何平均, 調和平均の関係

$x_1, \ldots, x_n$ が正のデータのときに, これらの間には

$$H_x \leq G_x \leq \overline{x}$$

なる不等式が常に成り立つことが示される. 実は, 次のような一般的な性質
が成り立つ.

$$M(t) = \left(\frac{1}{n} \sum_{i=1}^{n} x_i^t \right)^{1/t}, \quad -1 \leq t \leq 1$$

とおくと, (1) $M(t)$ は t に関して単調増加する. (2) $\lim_{t \to 0} M(t) = G_x$ が成
り立つ. これらの性質は章末問題として取り上げられているので, 詳しい証
明を知りたい方は解答を見て頂きたい. (1), (2)の性質から直ちに上の不等式
が得られる.

■加重平均 (weighted mean)

平均の考え方を拡張して各 x_i に重みを掛けて加えたものを考える. 重み
w_i は $0 \leq w_i \leq 1$, $\sum_{i=1}^{n} w_i = 1$ を満たす数とし, $\overline{x}_w = \sum_{i=1}^{n} w_i x_i$ を加重
平均という. 算術平均は $w_i = 1/n$ に対応する.

いま 2 つのグループ A, B があり, A から m 個のデータ $x_1, \ldots, x_m$, B か

27

第 I 部 基 礎 事 項

ら n 個のデータ $y_1, \ldots, y_n$ がとられているとする．それぞれの標本平均を $\overline{x} = m^{-1} \sum_{i=1}^{m} x_i$, $\overline{y} = n^{-1} \sum_{i=1}^{n} y_i$ とすると，全体の平均は

$$\frac{m}{m+n}\overline{x} + \frac{n}{m+n}\overline{y}$$

となるので，これは $\overline{x}$ と $\overline{y}$ の加重平均になっている．

例 2.4　加重平均の不思議（シンプソンのパラドックス）　2 つの大学 (A 大学と B 大学) において，文系と理系及び全体の就職率を調べたところ，次のようなことがわかった．

A 大学	就職数	学生数	就職率
文系	16	20	80%
理系	30	100	30%
合計	46	120	38%

B 大学	就職数	学生数	就職率
文系	60	100	60%
理系	2	20	10%
合計	62	120	52%

2 つの大学の就職率を比較したとき，文系も理系も A 大学の方が B 大学より高いのに，合計した就職率は，B 大学の方が高くなっている．一見，不思議に思われるが，こうした状況が生ずる理由を考えてみよう．実は，

$$A \text{ 大学の就職率} = \frac{20}{20+100} \times 80 + \frac{100}{20+100} \times 30 \fallingdotseq 38$$
$$B \text{ 大学の就職率} = \frac{100}{100+20} \times 60 + \frac{20}{100+20} \times 10 \fallingdotseq 52$$

となることからわかるように，文系と理系の就職率の加重平均になっており，その重みが A 大学と B 大学の間で異なっていることが理由になる．仮に重みを 0.5 とすると，A 大学の就職率は $(80+30)/2 = 55$, B 大学の就職率は $(60+10)/2 = 35$ となり，上述の現象は起きない．このように，加重平均を用いるときには注意が必要である．加重平均の例として消費者物価指数があり，13 章で学ぶ．

2.3　分布の散らばり

データ全体の分布の様子を捉えるには，前節の中心の特性値とともに散

らばりの特性値を与える必要がある．
例えば，A 社の月給が 30, 28, 30, 32,
30 万円，B 社の月給が 10, 50, 20, 30,
40 万円とすると，両社とも平均月給は
30 万円である．平均値だけをみると両
社とも同程度の給与水準と思われるが，
データの散らばり方は A 社より B 社の
方がはるかに大きい．現実のデータな
ら，勤務成績を給与に反映している度

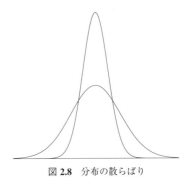

図 **2.8** 分布の散らばり

合いの違いなど両社の違いがどこからきているのかを調べたくなるかもしれ
ない．このような散らばりの特性値として用いられるのが分散である（図 2.8）．

■分散 (variance)

データ $x_1,\ldots,x_n$ において，$x_i-\overline{x}$ を偏差，その絶対値をとったもの $|x_i-\overline{x}|$ を絶対偏差といい，各データと平均値との長さを与える．この 2 乗和を n で割ったもの

$$S_x^2 = S_{xx} = \frac{1}{n}\sum_{i=1}^{n}(x_i-\overline{x})^2$$

を分散という．分散は S_x^2 の記号で表すのが普通であるが，後述の相関係数など 2 変数の場合などでは S_{xx} の記号も用いられる．また，教科書によっては $n-1$ で割ったもの $(n-1)^{-1}\sum_{i=1}^{n}(x_i-\overline{x})^2$ を分散として定義している．ここでは，これを不偏分散ということにし，上述の分散と区別して扱う．なぜ $n-1$ で割るのか，また不偏分散の意味については，後の章で学ぶ．

$$S_x = \sqrt{S_x^2} = \left\{n^{-1}\sum_{i=1}^{n}(x_i-\overline{x})^2\right\}^{1/2}$$

を標準偏差 (standard deviation) という．上の例では，A 社の月給の標準偏差は $S_A = \sqrt{1.6} = 1.265$, B 社の月給の標準偏差は $S_B = \sqrt{200} = 14.14$ となる．

第I部 基礎事項

株式投資においてハイ・リスク・ハイ・リターンという言葉があるが，分散が大きいほどリスクは大きくなるがリターンも大きくなる．例えば，年末ジャンボ宝くじの分散は極めて大きく当たれば獲得金額が大きいのに対して，馬券の分散は年末ジャンボ宝くじに比べれば小さいので，リスクが小さくなるとともに獲得金額も小さい．ギャンブル性の程度は分散の大きさで表されている．

■分散，標準偏差の性質

(1)定数 a, b に対して $ax_1 + b, \ldots, ax_n + b$ の分散を S^2_{ax+b} で表すと，

$$S^2_{ax+b} = a^2 S^2_x, \quad S_{ax+b} = |a| S_x$$

が成り立つ．b は平行移動を表しているので，分散，標準偏差は平行移動には不変であることがわかる．a はスケールを変えることを意味するので，データを a 倍すると分散は a^2 倍になり標準偏差は $|a|$ 倍になる．したがって，分散の単位は観測値の単位の2乗，標準偏差の単位は観測値の単位に等しい．

(2)分散は次のように変形できる．

$$S^2_x = \frac{1}{n} \sum_{i=1}^{n} x_i^2 - (\overline{x})^2$$

(3)(データに関するチェビシェフの不等式) k を正の定数とし，$|x_i - \overline{x}| \geq kS_x$ を満たすようなデータ x_i の個数を n_k とする．$S_x \neq 0$ のとき，常に

$$\frac{n_k}{n} \leq \frac{1}{k^2} \quad \text{もしくは} \quad \frac{n - n_k}{n} \geq 1 - \frac{1}{k^2}$$

が成り立つ．これをデータに関するチェビシェフの不等式という．確率に関するチェビシェフの不等式は6章で学ぶことになるが，これに対応する不等式がデータに関しても成り立つことを示している．例えば，$k = 3$ ととると，$n_3/n \leq 1/9 = 0.11$，$(n - n_3)/n \geq 8/9 = 0.89$ となるので，全データの約9割が区間

30

$$[\overline{x} - 3S_x, \overline{x} + 3S_x]$$

に入ることを意味する.

(4)平均，メディアン，標準偏差に関連する不等式 $|\overline{x} - \mathrm{med}_x| \le S_x$ が常に成り立つ.

(**証明**) (1)については，$\overline{ax+b} = a\overline{x} + b$ より，

$$S_{ax+b}^2 = \frac{1}{n}\sum_{i=1}^{n}\{(ax_i + b) - (a\overline{x} + b)\}^2 = \frac{1}{n}\sum_{i=1}^{n}\{a(x_i - \overline{x})\}^2$$
$$= \frac{1}{n}a^2\sum_{i=1}^{n}(x_i - \overline{x})^2 = a^2 S_x^2$$

となる. (2)については，

$$\sum_{i=1}^{n}(x_i - \overline{x})^2 = \sum_{i=1}^{n}(x_i^2 - 2x_i\overline{x} + \overline{x}^2)$$
$$= \sum_{i=1}^{n}x_i^2 - 2\sum_{i=1}^{n}x_i\overline{x} + n(\overline{x})^2 = \sum_{i=1}^{n}x_i^2 - n(\overline{x})^2$$

となり，両辺を n で割ると示される. (3)については章末の発展的事項に与えられている. (4)については，

$$|\overline{x} - \mathrm{med}_x| = \left|\frac{1}{n}\sum_{i=1}^{n}(x_i - \mathrm{med}_x)\right| \le \frac{1}{n}\sum_{i=1}^{n}|x_i - \mathrm{med}_x|$$

が成り立つことに注意する. ここでメディアンは $\sum_{i=1}^{n}|x_i - a|$ を最小にする解を与えるので，$\sum_{i=1}^{n}|x_i - \mathrm{med}_x| \le \sum_{i=1}^{n}|x_i - \overline{x}|$ なる不等式が成り立つことがわかる. さらに

$$\frac{1}{n}\sum_{i=1}^{n}|x_i - \overline{x}| \le \left\{\frac{1}{n}\sum_{i=1}^{n}(x_i - \overline{x})^2\right\}^{1/2} = S_x$$

なる不等式が成り立つことが確かめられる. この不等式は，任意の正の定数 $c_1,\ldots,c_n$ に対して $(\sum_{i=1}^{n}c_i)^2 \le n\sum_{i=1}^{n}c_i^2$ なる不等式に書き直すこと

第 I 部 基 礎 事 項

ができ，数学的帰納法を用いて示すことができる．以上から(4)の不等式が
成り立つことがわかる．

■平均偏差 (mean deviation)

分散は絶対偏差の 2 乗和をとっているが，絶対偏差の和

$$MD = \frac{1}{n} \sum_{i=1}^{n} |x_i - \overline{x}|$$

を用いることもできる．$(x_i - \overline{x})^2$ を $|x_i - \overline{x}|$ で置き換えているので，$\overline{x}$ から
離れた時のペナルティーが軽くなっていることがわかる．

メディアンについて，以前説明したように $\sum_{i=1}^{n} |x_i - a| \geq \sum_{i=1}^{n} |x_i - \mathrm{med}_x|$ なる不等式が成り立つので，MD より，$n^{-1} \sum_{i=1}^{n} |x_i - \mathrm{med}_x|$ の方
が一貫性があるように思われる．

■範囲，レンジ (range)

データ $x_1, \ldots, x_n$ の順序データ $x_{(1)}, \ldots, x_{(n)}$ について

$$R = x_{(n)} - x_{(1)}$$

を範囲もしくはレンジという．外れ値の影響を大きく受けてしまうが，どの
範囲に分布しているのかの情報を与えてくれる．

■四分位範囲

分位点 (quantile) という概念がある．$100 \times \alpha\%$-分位点を Q_α とおくと，
これは

$$\frac{(x_i \leq Q_\alpha) \text{ となる } x_i \text{ の個数}}{n} = \alpha$$

を満たす点 Q_α のことである．正確には，もう少し厳密に定義する必要があ
る．定義の仕方の一つが章末の発展的事項に与えられている．$\alpha = 0.5$ のと
きが，メディアンに対応する．順序データ $x_{(1)}, \ldots, x_{(n)}$ について，下から
25% 点 $Q_{0.25}$ を第 1 四分位点といい，下から 75% 点 $Q_{0.75}$ を第 3 四分位点

32

という. このとき

$$Q_{0.75} - Q_{0.25}$$

を四分位範囲という.

■箱ひげ図 (Box and whisker plot)

データの分布の様子をメディアン, 四分位点を用いて視覚的に描いたものが箱ひげ図である. 例えば, 2.1 節で扱った, 10 人の学生の数学の得点 52 65 42 55 48 62 95 74 58 52 について, 箱ひげ図を描いてみたのが図 2.9 である. 箱の上底が第 3 四分位点, 箱の下底が第 1 四分位点, 箱の中に引かれた線分がメディアンの位置を表している. ひげの上端がデータの最大値, ひげの下端がデータの最小値である.

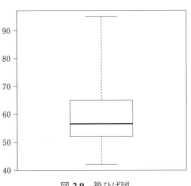

図 2.9 箱ひげ図

■変動係数 (coefficient of variation: CV)

分散や標準偏差はスケールの大小に応じて異なる. したがって, スケールの異なるものどうしの散らばり方を比較することはできない. 例えば, 米 (10 kg) の価格とパン (1 斤) の価格について平均と標準偏差を調べると以下のようになるとしよう.

	平均	標準偏差	変動係数
米 (10 kg) の価格	5000	500	0.1
パン (1 斤) の価格	150	30	0.2

米の方がパンより標準偏差が大きいので, 米の価格の方が変動が大きいといっていいだろうか. 米の価格の方がスケールが大きいので散らばりも大きくなるのが当然である. そこで, 正のデータについては, 変動係数が用いられる.

$$（変動係数） = \frac{S_x}{\overline{x}}$$

で定義され，スケールに依存しないことがわかる．米の価格の変動係数は $500/5000 = 0.1$，パンの価格の変動係数は $30/150 = 0.2$ となり，スケールを調整してみると，パンの価格の方が変動係数が大きい．このように，変動係数は，平均が大きくなるにつれて標準偏差も大きくなるモデルでの散らばりの比較に用いられる．

例 2.5 例 2.1 で取り上げた身長のデータについて分散と標準偏差を求めると，それぞれ $S_x^2 = 17.95$, $S_x = 4.23$ となる．統計解析ソフトウェア R のコマンド summary() を用いると，平均，メディアンの他，第 1 四分位点なども与えてくれる．最小値は 163, 第 1 四分位点は 169.2, 第 3 四分位点は 174, 最大値は 185 となるので，四分位範囲は 2.8, 範囲は 22, 変動係数は $S_x/\overline{x} = 0.024$ となる．箱ひげ図は図 2.10 で与えられる．統計解析ソフトウェア R で boxplot() を用いると箱ひげ図を描くことができる．このソフトウェアでは $2S_x$ を超える端のデータについてはひげの外側に○印でマークされる．

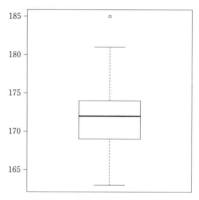

図 **2.10** 身長データの箱ひげ図

2.4 データの標準化と歪度，尖度

n 個のデータ $x_1, \ldots, x_n$ から平均値 $\overline{x}$ と分散 S_x^2 が計算される．このとき，

$$z_i = \frac{x_i - \overline{x}}{S_x}$$

とおくと，$z_1, \ldots, z_n$ の平均値 $\overline{z}$ と分散 S_z^2 は，$\overline{z} = 0$, $S_z^2 = 1$ となる．これをデータの標準化（基準化）という．

（証明） $\sum_{i=1}^n z_i = \sum_{i=1}^n (x_i - \overline{x})/S_x = 0$ より，$\overline{z} = 0$ となることがわか

第 2 章　分布の特徴を探る

る．平均が 0 となるので，分散 S_z^2 は

$$S_z^2 = \frac{1}{n} \sum_{i=1}^{n} z_i^2 = \frac{1}{n} \sum_{i=1}^{n} \frac{(x_i - \overline{x})^2}{S_x^2}$$
$$= \frac{S_x^2}{S_x^2} = 1$$

となり，$S_z^2 = 1$ となる．

標準化された変数 $z_1, \ldots, z_n$ から逆に平均 b, 分散 a^2 となる変数 $y_1, \ldots, y_n$ を作ることができる．具体的には

$$y_i = az_i + b$$

とすればよい．実際，$\overline{y} = n^{-1} \sum_{i=1}^{n} y_i = a\overline{z} + b = b,\ S_y^2 = a^2 S_z^2 = a^2$ となる．

いま，$a = 10, b = 50$ とおくと

$$y_i = 50 + 10z_i = 50 + 10 \times \frac{x_i - \overline{x}}{S_x}$$

は，平均 50, 標準偏差 10 の変数となる．これを偏差値という．

例 2.6　偏差値　A 君の数学と英語の得点と，全体の平均，標準偏差が次の表で与えられている．

	A 君	全体の平均	全体の標準偏差
数学	65	50	15
英語	72	65	10

どちらの科目が相対的によいといえるか．数学の偏差値は $50 + 10 \times (65 - 50)/15 = 60$, 英語の偏差値は $50 + 10 \times (72 - 65)/10 = 57$ となり，数学の方が相対的によいことがわかる．

分布の特徴として，分布の中心及び散らばりの特性値を説明してきた．分布を特徴付ける他の指標として，分布の歪みと尖りの程度が挙げられる．これらは，歪度(skewness), 尖度(kurtosis) と呼ばれ，それぞれ

35

第 I 部 基礎事項

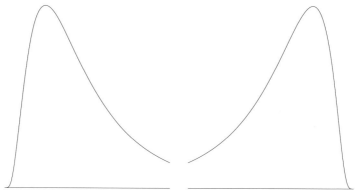

図 **2.11** 歪度の違い：(左) $b_1 > 0$, (右) $b_1 < 0$

$$（歪度）b_1 = \frac{1}{n}\sum_{i=1}^{n} z_i^3 = \frac{1}{n}\frac{\sum_{i=1}^{n}(x_i - \overline{x})^3}{S_x^3},$$

$$（尖度）b_2 = \frac{1}{n}\sum_{i=1}^{n} z_i^4 = \frac{1}{n}\frac{\sum_{i=1}^{n}(x_i - \overline{x})^4}{S_x^4}$$

で計算できる．図 2.11 で示されるように，対称な分布では $b_1 = 0$, 右に歪んだ分布では $b_1 > 0$, 左に歪んだ分布では $b_1 < 0$ となる．図 2.12 は平均 0, 分散 1 の 3 つの分布の形状を表したものである．また，7 章で説明される正規分布では，確率分布の特性値として定義される尖度は $b_2 = 3$ に対応する．尖度が $b_2 > 3$ の分布は正規分布よりも中心が尖っていて裾が厚くなる傾向にあり，$b_2 < 3$ の分布は正規分布よりも中心が平坦で裾が薄くなる傾向にある．

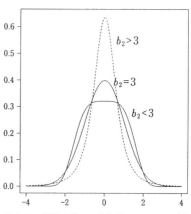

図 **2.12** 尖度の違い：(点線) $b_2 > 3$, (実線) $b_2 < 3$, $b_2 = 3$

例 2.7 例 2.1 で取り上げた身長のデータについて歪度と尖度を求める

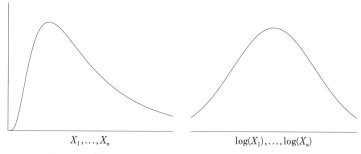
図 2.13 （左）データの分布，（右）対数変換されたデータの分布

と，それぞれ $b_1 = 0.62$, $b_2 = 3.58$ となる．これらの数値から身長データは少し右に歪んだ分布で，正規分布より若干尖った形状をしていることがわかる．

2.5 発展的事項

■幾何平均の解釈

対数関数を用いると幾何平均の意味がより明確になる．

正の値をとるデータ x に対して対数変換 $\log(x)$ を行うと，$\log(x)$ は $-\infty$ から $+\infty$ までの実数の値をとる．ここで，$\log(\cdot)$ は自然対数 e を底にもつ対数関数とする．対数関数の性質が付録 2 で与えられている．そこで $\log(x_1), \ldots, \log(x_n)$ の平均値 $n^{-1} \sum_{i=1}^{n} \log(x_i)$ を計算すると，

$$n^{-1} \sum_{i=1}^{n} \log(x_i) = n^{-1} \log(x_1 \times \cdots \times x_n) = \log\bigl((x_1 \times \cdots \times x_n)^{1/n}\bigr)$$

となる．これを指数関数 $\exp(\cdot) = e^{(\cdot)}$ で戻すと，$\exp(\log x) = x$ より

$$\exp\Bigl(\log\bigl((x_1 \times \cdots \times x_n)^{1/n}\bigr)\Bigr) = (x_1 \times \cdots \times x_n)^{1/n}$$

となり，幾何平均が得られる．すなわち，幾何平均は，対数変換したデータの平均値を指数変換で戻したものである．

第 I 部 基礎事項

■データに関するチェビシェフの不等式の証明

k を正の定数とし，$|x_i - \overline{x}| \geq kS_x$ を満たすようなデータ x_i の個数を n_k とする．このとき，常に $n_k/n \leq 1/k^2$ が成り立つ．

データに関するチェビシェフの不等式は，次のようにして確かめられる．$|x_i - \overline{x}| \geq kS_x$ を満たすようなインデックス i の集合を A とする．すなわち，$A = \{i : |x_i - \overline{x}| \geq kS_x\}$ である．集合 A に入る i の個数が n_k となる．A の補集合を A^c で表すと

$$nS_x^2 = \sum_{i=1}^{n}(x_i - \overline{x})^2 = \sum_{i \in A}(x_i - \overline{x})^2 + \sum_{i \in A^c}(x_i - \overline{x})^2 \geq \sum_{i \in A}(x_i - \overline{x})^2$$

となる．ここで，A に属する i については $(x_i - \overline{x})^2 \geq k^2 S_x^2$ が常に成り立つので

$$\sum_{i \in A}(x_i - \overline{x})^2 \geq \sum_{i \in A} k^2 S_x^2 = n_k k^2 S_x^2$$

となる．したがって，$nS_x^2 \geq n_k k^2 S_x^2$，即ち $n \geq n_k k^2$ が成り立つので，上の不等式が得られる．

■分位点の定義

本文で与えられた分位点の定義はデータの個数 n が大きければさほど問題は生じないが，矛盾無く定義されたものではない．分位点の 1 つの合理的な定義の仕方は以下で与えられる．$0 < \alpha < 1$ に対して，

$q_\alpha^L = (x_i \leq x$ となる x_i の個数が $n\alpha$ 以上となるような x の最小値)

$q_\alpha^R = (x_i \geq x$ となる x_i の個数が $n(1-\alpha)$ 以上となるような x の最大値)

とおく．例えば，q_α^L は，$x_i \leq x$ となる x_i の個数が $n\alpha$ となるような x の最小値によって与えられる．このとき，下側 $100\alpha\%$ 点 q_α は

$$q_\alpha = \frac{q_\alpha^L + q_\alpha^R}{2} \tag{2.2}$$

により定義される．この方法は，分布関数の分位点に関して竹村（1991）により与えられたもので，同じ値を持つデータ（対をもつデータ）が複数

第 2 章 分布の特徴を探る

入っていても分位点は一意的に定まる. $\alpha = 0.5$ のときには $q_{0.5}$ はメディアンに一致することがわかる.

例えば, 順序データ $x_{(1)} < x_{(2)} < \cdots < x_{(n)}$ について第 1 四分位点 ($\alpha = 0.25$) を (2.2) の定義に沿って求めてみると, m を自然数とすると, $n = 4m$ に対しては $q_{0.25} = (x_{(m)} + x_{(m+1)})/2$, $n = 4m+1, 4m+2, 4m+3$ に対しては $q_{0.25} = x_{(m+1)}$ となる.

■スタージェスの公式

非負の整数値をとる n 個のデータ $x_1, \ldots, x_n$ からヒストグラムを作成する方法として, 分割の個数 k_n を

$$k_n = 1 + 3.32 \log_{10} n \tag{2.3}$$

により定めるスタージェスの公式が知られている. Sturges (1926, *Journal of the American Statistical Association*) の議論を次のように 2 項分布の近似として解釈することができる. 確率や 2 項分布については 5 章以降で説明されるので, そこで学んだ後に以下の内容を理解するのが望ましい. 2 項分布の定義から

$$\sum_{i=0}^{k_n-1} {}_{k_n-1}C_i \left(\frac{1}{2}\right)^i \left(\frac{1}{2}\right)^{k_n-1-i} = \left(\frac{1}{2} + \frac{1}{2}\right)^{k_n-1} = 1$$

が成り立つので, これを書き換えると $\sum_{i=0}^{k_n-1} {}_{k_n-1}C_i = 2^{k_n-1}$ となる. n 個のデータが k_n 個の階級に分割されるとき, 各階級に入る個数を ${}_{k_n-1}C_0$, ${}_{k_n-1}C_1, \ldots, {}_{k_n-1}C_{k_n-1}$ とすると, $n = \sum_{i=0}^{k_n-1} {}_{k_n-1}C_i$ とおくことができる. したがって, $n = 2^{k_n-1}$ という方程式に書き換えられるので, これを解くことによってスタージェスの公式が得られる.

スタージェスの公式は一つの方法であるが, 最適なものではない. もう少し考察を深めると, n 個のデータよりヒストグラムを作成する問題は未知の密度関数 $f(x)$ を n 個のデータより推定する問題とみなすことができる. ヒストグラムを密度関数の推定値 $\hat{f}_n(x)$ で表すと, $f(x)$ を $\hat{f}_n(x)$ で推定するときの誤差を

第 I 部　基 礎 事 項

$$MISE = \int E[\{\hat{f}_n(x) - f(x)\}^2]dx$$

で測ることができる．これを平均積分 2 乗誤差 (Mean Integrated Squared Error) という．Scott (1979, Biometrika) は，これを最小化する問題を考え，区間幅 h_n として

$$h_n = 3.49 \frac{S_x}{n^{1/3}}$$

とすることを提案した．ここで S_x はデータの標準誤差である．この選択は真の分布が正規分布である場合には最適な選択になる．他方，Freedman and Diaconis (1981, Probability Theory and Related Fields) は，四分位範囲 IQC を用いて $h_n = 2\mathrm{IQC}/n^{1/3}$ とすることが最適であることを主張している．これら 2 つの方法はいずれもデータ数 n が大きいときの推定効率が良いことによる正当化とみることができる．また通常の密度関数の推定では $n^{1/5}$ が議論されているのに対して $n^{1/3}$ となることが興味深いが，ヒストグラム（階段関数）を用いることから生じるバイアス項によると考えられる．関連する内容については国友（2015, 7 章）を参照してほしい．

【 問 　題 】————————————————————————————

問 1. 男子大学生 20 名の身長の平均を調べたところ 172 cm であったという．ところが，そのうち 2 名の女子学生のデータが混入していたことが後日わかった．女子学生のデータは 158 cm, 164 cm であった．男子学生 18 人の平均を求めよ．

問 2. 1 本の値段が 100 円，80 円，40 円，20 円の 4 種類の鉛筆がある．総額 4,800 円で 4 種類の鉛筆を次のルールで買うことにする．

　(1) 4 種類の鉛筆を同額ずつ購入する場合，平均価格はいくらか．

　(2) 4 種類の鉛筆を同数ずつ購入する場合，平均価格はいくらか．

問 3. データ $x_1, \ldots, x_n$ が与えられたとする．

　(1) 平均 $\bar{x}$, メディアン med_x, 分散 S_x^2 を求めよ．

　(2) 実数 a, b に対して $ax_1 + b, \ldots, ax_n + b$ と変換したとき，それらの平均，メディアン，分散 を，$\bar{x}$, med_x, S_x^2 を用いて表せ．

(3) x_i を標準化せよ．標準化されたデータはどのような性質をもつか．

問 4. メディアンについては線形性は一般に成り立たない．例えば $\mathrm{med}(x_1 + y_1, \ldots, x_n + y_n) = \mathrm{med}(x_1, \ldots, x_n) + \mathrm{med}(y_1, \ldots, y_n)$ が成り立たない例（反例）をあげてみよ．

問 5. 期末試験の答案を 40 点満点で採点したところ，各人の点数 x_1, $x_2, \ldots, x_n$ の平均は 25 点，標準偏差は 5 点になった．

(1) これを 100 点満点の得点に直すため $2x_i + 20$ を各人の得点とした．このとき得点の平均と標準偏差を求めよ．

(2) 得点 $ax_i + b$ の平均が 50，標準偏差が 10 になるようにするためには，定数 a, b をどのように定めたらよいか．

問 6. 小学生（4 年），中学生（2 年），高校生（2 年）の男子の体重の平均と標準偏差が次の表で与えられているとする．

	平均	標準偏差
小学生	30	4
中学生	50	10
高校生	60	11

変動係数の意味で最もバラツキの大きいのはどのグループか．

問 7. n 年間の年経済成長率を $g_1, g_2, \ldots, g_n$ とし，年平均経済成長率を g とすると

$$(1 + g)^n = (1 + g_1)(1 + g_2) \cdots (1 + g_n)$$

が成り立つ．この等式を用いて，次で与えられる，昭和 40 年代前半と昭和 50 年代前半の日本の経済成長率について，年平均経済成長率を求めよ．

昭和 41 年度:11.35%，42:11.06%，43:13.02%，44:12.09%，

昭和 51 年度:5.12%，52:5.27%，53:5.05%，54:5.31%

問 8. 次のデータは，男子大学生 20 名の体重である．平均，分散，メディアン，第 1 四分位点，第 3 四分位点を求めよ．

65 72 85 79 59 68 62 62 60 71 73 57 66 58 63 77 64 82 75 65

問 9. 分位点が (2.2) で定義されているとき，順序データ $x_{(1)} < x_{(2)} <$

第 I 部　基 礎 事 項

$\cdots < x_{(n)}$ について次の問に答えよ.

(1)第 1 四分位点 $(\alpha = 0.25)$ は，m を自然数とすると，$n = 4m$ に対しては $q_{0.25} = (x_{(m)} + x_{(m+1)})/2$, $n = 4m+1, 4m+2, 4m+3$ に対しては $q_{0.25} = x_{(m+1)}$ となることを示せ.

(2)第 3 四分位点 $(\alpha = 0.75)$ は，どのようになるか.

(3)$q_{0.5} = \mathrm{med}_x$ となることを確かめよ.

問 10. 次の不等式を示せ.

(1)$\overline{x}$ を算術平均とする．すべての実数 c に対して

$$\sum_{i=1}^{n}(x_i - c)^2 \geq \sum_{i=1}^{n}(x_i - \overline{x})^2$$

が成り立つ.

(2)x_M をメディアンとする．すべての実数 c に対して

$$\sum_{i=1}^{n}|x_i - c| \geq \sum_{i=1}^{n}|x_i - x_M|$$

が成り立つ.

問 11. やや難　正のデータ $x_1, \ldots, x_n$ と $-1 \leq t \leq 1$ に対して $M(t) = \left(n^{-1}\sum_{i=1}^{n} x_i^t\right)^{1/t}$ とおく．このとき，次の性質を証明せよ.

(1) $M(t)$ は t に関して単調増加する.

(2)$\lim_{t \to 0} M(t) = G_x$ が成り立つ.

(3)(1), (2)から $H_x \leq G_x \leq \overline{x}$ が成り立つ.

---

2 章から 11 章の章末問題の解答例については，以下のサイトを参照のこと．ただし，内容は適宜更新される.

https://sites.google.com/site/ktatsuya77/

第3章

度数分布から不平等度を測る

　　データが収集されると，度数分布にまとめ，ヒストグラムを描く
ことにより全体の分布の様子をみることを 2.1 節で学んだ．実際，
膨大なデータが与えられたとき，整理された形で分布の内容を記述
するのに度数分布表は便利である．またその度数分布表からヒスト
グラムを作れば分布の様子を視覚的に把握することもできる．この
章では，度数分布表とヒストグラムについて詳しく学ぶとともに，
度数分布の応用として，所得の不平等度を表すローレンツ曲線とジ
ニ係数について学ぶ．

3.1 度数分布とヒストグラム

　ある地域で勤労男性 440 人の所得を調査し，度数分布表にまとめたもの
が次の表である．440 人の所得のデータの内容を度数分布表の形で整理して
おくと，分布の概略が捉えやすいだけでなく，この表を基に平均や分散など
の特性値も概ねの値なら求めることもできる．

階級	階級値	度数	相対度数	累積相対度数
C1	162	54	0.12	0.12
C2	291	167	0.38	0.50
C3	496	124	0.28	0.78
C4	682	82	0.19	0.97
C5	857	13	0.03	1.00
計		440	1.00	

各項目を説明すると，階級は C1 から C5 までの 5 階級に分かれ，C1(0 以
上 200 未満)，C2(200 以上 400 未満)，C3(400 以上 600 未満)，C4(600 以上

43

第 I 部　基 礎 事 項

800 未満), C5(800 以上 1,000 以下) である. 階級値は, その階級の代表値
で, 階級の幅の中点, 例えば C1(100), C2(300), C3(500), C4(700), C5(900)
が取られたり, 各階級に含まれるデータの平均値がとられたりする. 上の度
数分布表では階級の平均値を用いている. 度数はその階級に入るデータの
数, 相対度数は度数を総数 (今の場合 440) で割ったものである. 累積相対
度数は相対度数を下の階級から順次足し合わせたもので, 例えば C3 の累積
相対度数は $0.12 + 0.38 + 0.28 = 0.78$ となる.

　一般に記号を用いて度数分布表を表してみる. k 個の階級 C1, ..., Ci, ...,
Ck を考え, 階級 Ci の階級値を x_i^*, 度数を n_i とする. $N = n_1 + \cdots + n_k$
とおくと, 相対度数, 累積相対度数は以下の表で表される.

階級	階級値	度数	相対度数	累積相対度数
C1	x_1^*	n_1	$\dfrac{n_1}{N}$	$\dfrac{n_1}{N}$
$\vdots$				
Ci	x_i^*	n_i	$\dfrac{n_i}{N}$	$\dfrac{n_1 + \cdots + n_i}{N}$
$\vdots$				
Ck	x_k^*	n_k	$\dfrac{n_k}{N}$	$\dfrac{n_1 + \cdots + n_k}{N}$
計		N	1.00	

度数分布が与えられたときに, 平均は次で与えられる.

$$(\text{平均}) = \overline{x}^* = \frac{n_1 x_1^* + \cdots + n_k x_k^*}{N} = \sum_{i=1}^{k} \frac{n_i}{N} x_i^*$$

これは, 相対度数を重みにもつときの $x_1^*, \ldots, x_k^*$ の加重平均である. 階級
値が階級平均値の場合には, この加重平均が全データの平均値に等しくな
る. 同様にして分散は

$$(\text{分散}) = S_{x^*}^2 = \sum_{i=1}^{k} \frac{n_i}{N} (x_i^* - \overline{x}^*)^2$$
$$= \frac{n_1 (x_1^* - \overline{x}^*)^2 + \cdots + n_k (x_k^* - \overline{x}^*)^2}{N}$$

で定義される. この場合, 階級値が階級平均値であっても, $S_{x^*}^2$ が全デー
タの分散に等しくならないことに注意する. 上の度数分布表の例では, (平

44

均) = 424, (分散) = 34,686 となる．これに対して，全データから平均値と分散を計算してみると，平均値は 422, 分散は 37,335 となる．平均の値が若干異なるのは，度数分布表で与えられている階級値は小数点第1位を四捨五入した値であり，こうした丸め誤差の影響によるものである．

上で与えられた度数分布表のヒストグラムを描くと図 3.1 のようになる．モードは最頻値を与える階級の階級値なので 291, 平均値は 422, 幾何平均は 376 となる．メディアンは，累積相対度数が 0.5 になる点であるから，400 となる．

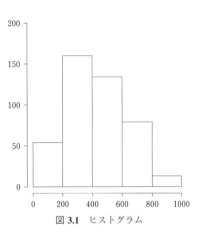

図 3.1 ヒストグラム

上の例では，累積相対度数が 0.5 となる点が区間のちょうど区切りの点 400 と一致していた．しかし累積相対度数が 0.5 となる点が区間の内部にあるような場合が一般的である．例えば，2.1 節の初めで取り上げた数学の得点データについて，3 つの階級 40〜50, 50〜60, 60〜100 を考えると，度数分布表は

階級	階級値	度数	相対度数	累積相対度数
40〜50	45.0	2	0.2	0.2
50〜60	54.25	4	0.4	0.6
60〜100	74.0	4	0.4	1.0
計		10	1.00	

となる．

累積相対度数が 0.5 となる点は階級 50〜60 に入ることになるので，メディアンはその階級のどこかにとる必要がある．この度数分布表は階級の幅が異なっている．この点を考慮に入れたヒストグラムは図 3.2 のようになる．このヒストグラムを描く上で注意することは，**各階級の長方形の柱の面積が度数を表しているのであって，柱の高さではない**という点である．したがって，例えば区間 [40, 45] に入る度数は

第 I 部　基礎事項

$$(高さ) \times (底辺の長さ) = 2 \times \frac{5}{10} = 1$$

より，度数は 1 となる．メディアンは，階級 50～60 に入っており，この階級の度数は 4 である．階級 40～50 の度数が 2 であるから，5−2 = 3 より，メディアンは区間 (50,60) の $10 \times 3/4$ に対応する点で与えられる．すなわち，メディアンを x とすると，

$$(高さ) \times (底辺の長さ) = 4 \times \frac{x - 50}{10}$$
$$= 5 - 2$$

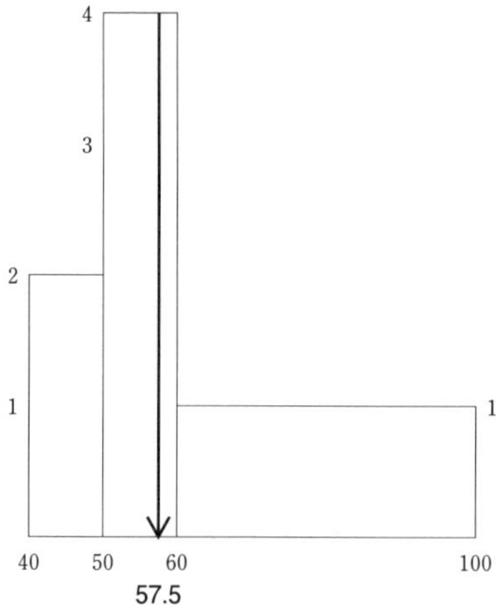

を満たすことになる．これを解いて $x = 57.5$ となる．

図 3.2　メディアン

3.2　ローレンツ曲線とジニ係数

さて，累積相対度数の重要な応用例として，所得分配の不平等度を視覚的に表現するローレンツ曲線と，そこに現れる不平等度を数値で表したジニ係数について説明しよう．

まず，各階級の所得の合計を計算する．階級値がその階級の平均値であれば（階級値）×（度数）で計算できる．この値は，下の表では「所得」という項目で与えられている．その所得の値を総所得（今の場合 185,820）で割ったものを相対所得といい，相対所得を下の階級から順次足し合わせたものを累積相対所得という．これらの値が下の表で与えられている．

階級	階級値	度数	相対度数	累積相対度数	所得	相対所得	累積相対所得
C1	162	54	0.12	0.12	8,753	0.047	0.047
C2	291	167	0.38	0.50	48,520	0.261	0.308
C3	496	124	0.28	0.78	61,469	0.331	0.639
C4	682	82	0.19	0.97	55,942	0.301	0.940
C5	857	13	0.03	1.00	11,136	0.060	1.000
計		440	1.00		185,820	1.000	

第3章 度数分布から不平等度を測る

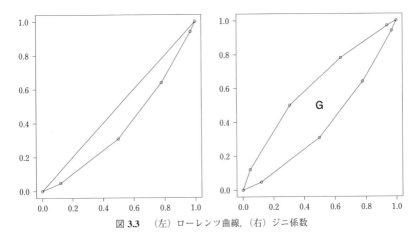

図 **3.3** （左）ローレンツ曲線，（右）ジニ係数

このとき，累積相対度数を x 座標に，累積相対所得を y 座標にとって，各点 (x,y) を原点 $(0,0)$ から $(1,1)$ まで折れ線で結んだものを**ローレンツ曲線**という．先ほどの例では，

	C1	C2	C3	C4	C5
累積相対度数 x	0.12	0.50	0.78	0.97	1.00
累積相対所得 y	0.047	0.308	0.639	0.940	1.000

となるので，ローレンツ曲線を描いてみると，図 3.3 の左の図のようになる．ここで，線分 $y = x$ は完全平等線と呼ばれる．データが1点に集中していると，その点で累積相対度数も累積相対所得もともに1になるので，ローレンツ曲線は $y = x$ という直線になる．そこで，線分 $y = x$ とローレンツ曲線で囲まれた面積は不平等度を表していると理解できる．この面積の2倍，すなわち図 3.3 の右図の中で囲まれた面積 G をジニ係数という．

一般的な記号で表してみる．階級 Ci の階級値の所得を m_i とし，$M = m_1 + \cdots + m_k$ とおくと，相対所得，累積相対所得は以下の表で表される．

第I部 基礎事項

階級	階級値	度数	相対度数	累積相対度数	所得	相対所得	累積相対所得
C1	x_1^*	n_1	$\dfrac{n_1}{N}$	$\dfrac{n_1}{N}$	m_1	$\dfrac{m_1}{M}$	$\dfrac{m_1}{M}$
⋮							
Ci	x_i^*	n_i	$\dfrac{n_i}{N}$	$\dfrac{n_1+\cdots+n_i}{N}$	m_i	$\dfrac{m_i}{M}$	$\dfrac{m_1+\cdots+m_i}{M}$
⋮							
Ck	x_k^*	n_k	$\dfrac{n_k}{N}$	$\dfrac{n_1+\cdots+n_k}{N}$	m_k	$\dfrac{m_k}{M}$	$\dfrac{m_1+\cdots+m_k}{M}$
計		N	1.00		M	1.00	

ここで，累積相対度数と累積相対所得を

$$a_i = \frac{n_1+\cdots+n_i}{N}, \quad b_i = \frac{m_1+\cdots+m_i}{M}$$

で表すと，ローレンツ曲線は $(0,0), (a_1, b_1), \ldots, (a_{k-1}, b_{k-1}), (1,1)$ を線分で結ぶことにより得られる．

次にジニ係数を求めてみよう．例えば，$k=4$ の場合，図3.4のようになるので，ローレンツ曲線と $y=x$ とで囲まれた面積を求めてみる．三角形と台形の面積の和で表されるので，

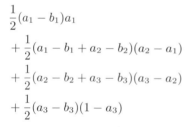
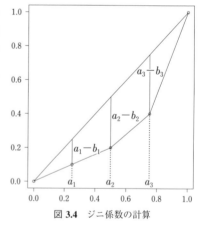

$$\frac{1}{2}(a_1-b_1)a_1$$
$$+ \frac{1}{2}(a_1-b_1+a_2-b_2)(a_2-a_1)$$
$$+ \frac{1}{2}(a_2-b_2+a_3-b_3)(a_3-a_2)$$
$$+ \frac{1}{2}(a_3-b_3)(1-a_3)$$

図3.4 ジニ係数の計算

と書ける．これを整理すると，

$$\frac{1}{2}(a_1-b_1)a_2 + \frac{1}{2}(a_2-b_2)(a_3-a_1) + \frac{1}{2}(a_3-b_3)(1-a_2)$$

となる．この2倍がジニ係数になるので，一般にジニ係数は

$$G = \sum_{i=1}^{k-1}(a_i-b_i)(a_{i+1}-a_{i-1})$$

と書けることがわかる. ただし $a_0 = 0$, $a_k = 1$ とする.

度数分布表が与えられたときのローレンツ曲線とジニ係数の計算を扱ってきた. 度数分布表ではなく, データそのものが与えられていて, そのデータ $x_1, \ldots, x_n$ に基づいたローレンツ曲線とジニ係数について説明しよう. データを小さい順に並べた順序データ $x_{(1)} \leq \ldots \leq x_{(n)}$ を考える. $x_{(1)} + \cdots + x_{(n)} = x_1 + \cdots + x_n = n\overline{x}$ が成り立つことに注意する. いま

$$ a_i = \frac{i}{n}, \quad b_i = \frac{x_{(1)} + \cdots + x_{(i)}}{n\overline{x}} \tag{3.1} $$

とおくと, これらが累積相対度数と累積相対所得に対応する. したがって,

$$ (0, 0), (a_1, b_1), \ldots, (a_{n-1}, b_{n-1}), (1, 1) $$

を線分で結ぶとローレンツ曲線が得られる. またジニ係数は, 上の G に (3.1) の a_i, b_i を代入することにより,

$$ G = \frac{2}{n} \sum_{i=1}^{n-1} \Big(\frac{i}{n} - \frac{x_{(1)} + \cdots + x_{(i)}}{n\overline{x}} \Big) $$

となる. $i = n$ のときには, $n/n = 1$, $\{x_{(1)} + \cdots + x_{(n)}\}/(n\overline{x}) = 1$ より, $n/n - \{x_{(1)} + \cdots + x_{(n)}\}/(n\overline{x}) = 0$ となるので,

$$ G = \frac{2}{n} \sum_{i=1}^{n} \Big(\frac{i}{n} - \frac{x_{(1)} + \cdots + x_{(i)}}{n\overline{x}} \Big) = \frac{n+1}{n} - \frac{2}{n^2 \overline{x}} \sum_{i=1}^{n} \sum_{j=1}^{i} x_{(j)} $$

と書き直すことができる. さらに, G は

$$ G = \frac{1}{2n^2 \overline{x}} \sum_{i=1}^{n} \sum_{j=1}^{n} |x_i - x_j| $$

なる形に変形できる. この変形の証明は, 章末で与えられている.

3.3 ローレンツ曲線の例

不平等度や集中度の尺度としてローレンツ曲線とジニ係数が使われること

第I部 基礎事項

を説明してきた．ここではその例をいくつか紹介しよう．

例 3.1 学力の格差 2つの教科 A，B について 10 人の学生の成績を調べたところ，A の成績は 100, 100, 90, 90, 90, 90, 70, 30, 20, 20．B の成績は 90, 90, 80, 80, 80, 60, 60, 60, 50, 50 で与えられているとする．いずれも平均は 70 であるが，標準偏差は A が 33.33，B が 15.63 となり，変動係数は A が 0.47，B が 0.22 となり，いずれも A の方が

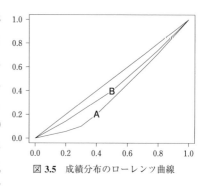

図 3.5 成績分布のローレンツ曲線

かなり大きい．この違いはローレンツ曲線においてどのように現れるのであろうか．図 3.5 はそのローレンツ曲線を描いたもので，A の方が B より下側に位置しており，完全平等線との開きが大きいことがわかる．実際，A のジニ係数は 0.23 であり，B のジニ係数 0.11 よりかなり大きくなっている．

例 3.2 所得・資産の格差 所得や資産の分布は右に歪んだ分布の代表例で，資産の分布の方が所得の分布より歪みが大きいことが容易に想像がつく．総務省統計局のホームページにある「家計調査」の項目から年収と貯蓄現在高のデータをとってきて表にすると以下の通りになる．2 人以上の世帯に関する 2014 年年間収入の十分位階級別世帯分布は次のようになる．

階級	I	II	III	IV	V	VI	VII	VIII	IX	X
階級値	219	305	360	416	481	554	644	757	916	1436
度数	845	778	769	800	785	788	769	781	722	732

また 2 人以上の世帯に関する 2014 年貯蓄現在高の階級別世帯分布が次で与えられる．ただし階級については，例えば 100 は～100，200 は 100～200 を意味しており，階級値は各階級の中点，最後の階級については中点がとれないので 4500 としている．

第 3 章　度数分布から不平等度を測る

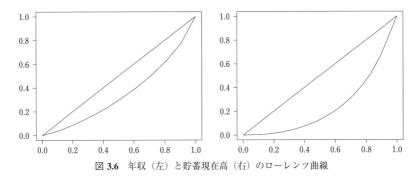

図 3.6　年収（左）と貯蓄現在高（右）のローレンツ曲線

階級	100	200	300	400	500	600	700	800	900	1000
階級値	50	150	250	350	450	550	650	750	850	950
度数	701	382	373	334	273	314	259	218	218	196

階級	1200	1400	1600	1800	2000	2500	3000	4000	4000〜
階級値	1100	1300	1500	1700	1900	2250	2750	3500	4500
度数	353	279	254	206	195	393	257	394	667

　貯蓄現在高の度数分布は明らかに年収の度数分布より大きく右に歪んでいる．このことは，貯蓄現在高の格差が年収の格差より大きいことを意味していると考えられる．そこで，これらのローレンツ曲線を描いてみたのが図 3.6 である．いずれも不平等度が大きいことがわかるが，貯蓄現在高の格差がより大きいことが見てとれる．年収のジニ係数は 0.29，貯蓄現在高のジニ係数は 0.51 となる．

例 3.3　マーケット・シェアの集中度　ローレンツ曲線を用いてマーケット・シェアの集中度をみることができる．ある産業の総企業数を n，第 i 企業の売り上げ金額を x_i とすると，その企業のマーケット・シェアは $100 \times x_i / \sum_{j=1}^{n} x_j$ により求まる．このマーケット・シェアを大きい順に並べたものを $C_1, \ldots, C_n$, $C_1 \geq \cdots \geq C_n$，とし，大きい方から累積したものを $\mathrm{CR}_k = \sum_{i=1}^{k} C_i$ とおき，累積シェアという．また，産業における企業の集中度の程度を示す指数としてハーフィンダール・ハーシュマン指数（HHI）というものが使われ，$\mathrm{HHI} = \sum_{i=1}^{n} C_i^2$ で定義される．

様々な産業の累積シェア CR_k と HHI の値が公正取引委員会のホームページで見ることができる．ただし，企業が特定されることを避けるため CR_3 の値から与えられており CR_1, CR_2 の値を見ることはできない．例えばビールについては，CR_3 の値は，1976 年が93.1%，2003 年が 93.4% であり，上位3 社のシェアの合計は変わらない．し

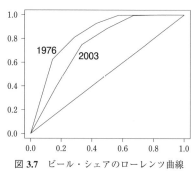

図 **3.7** ビール・シェアのローレンツ曲線

かし，HHI の値については，1976 年のとき 4,223 であるのに対して 2003年では 3,529 と減少している．HHI は各企業のシェアの 2 乗の和であるから，独占企業があれば大きい値を示すことになるので，集中度を表す一つの尺度であると考えられる．したがって，1976 年の集中度は 2003 年に比べてはるかに大きいことが予想される．そこで，$C_1, \ldots, C_n$ を大きい順に並べたデータだと考えて，ビールのシェアについてローレンツ曲線を描いたのが図 3.7 である．1976 年の方がシェアの集中度が高いことがわかる．ジニ係数は，1976 年が 0.67, 2003 年が 0.50 である．

ハーフィンダール・ハーシュマン指数とはどのようなものなのかを調べるため，$\sum_{i=1}^{n} x_i^2 = nS_x^2 + n\overline{x}^2$ を用いて HHI を変形してみると

$$\text{HHI} = 10^4 \frac{\sum_{i=1}^{n} x_i^2}{n^2 \overline{x}^2} = \frac{10^4}{n}\left\{\left(\frac{S_x}{\overline{x}}\right)^2 + 1\right\}$$

と表すことができる．実は，これは変動係数の 2 乗に基づいた量であることがわかる．

例 3.4 人口の集中度の変化 人口の都市部への集中化が年々どの程度進んでいるのかを調べるのに，人口密度に基づいたローレンツ曲線とジニ係数を利用することができる．47 の都道府県の人口密度を大きい順に並べたものを $D_1, \ldots, D_{47}$ とし，これを大きい順に並べたデータだと考えて，1920 年と 2000 年のローレンツ曲線を描いたものが図 3.8 である．2000 年の方が人口の集中度が高いことがわかる．ジニ係数は，1920 年が 0.43, 2000 年が

第 3 章　度数分布から不平等度を測る

0.61 である．このようなジニ係数を
10 年ごとに計算すると人口の集中度が
年々高くなっているか否かを調べるこ
とができる.

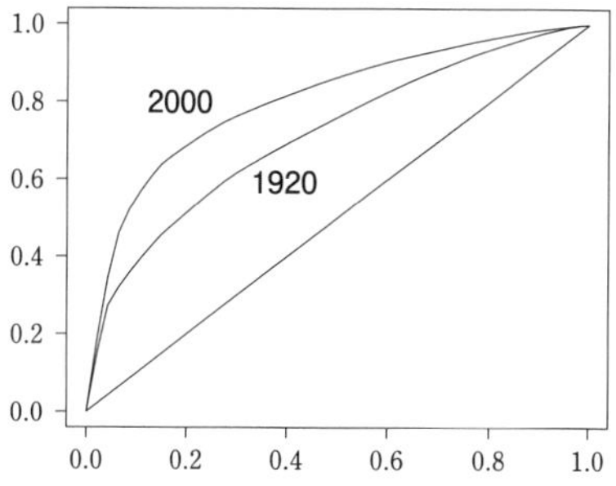

図 **3.8**　人口密度のローレンツ曲線

3.4　発展的事項

■ジニ係数の変形

　以下では，ジニ係数が

$$G = \frac{n+1}{n} - \frac{2}{n^2 \overline{x}} \sum_{i=1}^{n} \sum_{j=1}^{i} x_{(j)} = \frac{1}{2n^2 \overline{x}} \sum_{i=1}^{n} \sum_{j=1}^{n} |x_i - x_j|$$

と，変形できることを確かめよう.

$$
\begin{aligned}
\frac{n+1}{n} - \frac{2}{n^2 \overline{x}} \sum_{i=1}^{n} \sum_{j=1}^{i} x_{(j)} &= \frac{1}{n^2 \overline{x}} \Big\{ (n+1) \sum_{i=1}^{n} x_i - 2 \sum_{i=1}^{n} \sum_{j=1}^{i} x_{(j)} \Big\} \\
&= \frac{1}{n^2 \overline{x}} \Big\{ (n+1) \sum_{i=1}^{n} x_i - 2 \sum_{i=1}^{n} \Big(\sum_{j=1}^{i-1} x_{(j)} + x_{(i)} \Big) \Big\} \\
&= \frac{1}{n^2 \overline{x}} \Big\{ (n-1) n \overline{x} - 2 \sum_{i=1}^{n} \sum_{j=1}^{i-1} x_{(j)} \Big\}
\end{aligned}
$$

となる．一方，

$$
\begin{aligned}
\sum_{i=1}^{n} \sum_{j=1}^{n} |x_i - x_j| &= \sum_{i=1}^{n} \sum_{j=1}^{n} |x_{(i)} - x_{(j)}| = 2 \sum_{i=1}^{n} \sum_{j=1}^{i-1} (x_{(i)} - x_{(j)}) \\
&= 2 \sum_{i=1}^{n} (i-1) x_{(i)} - 2 \sum_{i=1}^{n} \sum_{j=1}^{i-1} x_{(j)}
\end{aligned}
$$

と書けるので，等式が成り立つためには

$$(n-1) n \overline{x} - 2 \sum_{i=1}^{n} \sum_{j=1}^{i-1} x_{(j)} = \sum_{i=1}^{n} (i-1) x_{(i)} - \sum_{i=1}^{n} \sum_{j=1}^{i-1} x_{(j)}$$

53

第 I 部 基礎事項

すなわち,

$$(n-1)n\overline{x} = \sum_{i=1}^{n}(i-1)x_{(i)} + \sum_{i=1}^{n}\sum_{j=1}^{i-1}x_{(j)}$$

を示せばよい. ここで, 和をとる順番を交換して

$$\sum_{i=1}^{n}\sum_{j=1}^{i-1}x_{(j)} = \sum_{j=1}^{n-1}\sum_{i=j+1}^{n}x_{(j)} = \sum_{j=1}^{n}(n-j)x_{(j)} = \sum_{i=1}^{n}(n-i)x_{(i)}$$

が成り立つことに注意すると, 上の等式が成り立つことがわかる.

【 問 題 】

問1. 次の度数分布表について, (1)平均, (2)メディアン, (3)分散を求めよ.

階 級	階級値	度数
40 以上 50 未満	45	1
50 以上 60 未満	55	2
60 以上 70 未満	65	2

問2. ある大学の学生についてアルバイトに関する調査をしたところ, 1 週間あたりの収入について次のような度数分布表が得られたと仮定する. 収入の低い方から度数が等しくなるように 4 つの階級 A, B, C, D に分け, 階級値は各階級における収入の平均値をとったものとする. このときローレンツ曲線を描き, 各点の座標を与えよ. またジニ係数を求めよ.

階級	階級値	相対度数
A	1 万円	25%
B	2 万円	25%
C	3 万円	25%
D	4 万円	25%

問3. 次の度数分布表について, $N = n_1 + n_2 + n_3$ とおいて, (a)平均 A, (b)分散 V を与えよ.

第 3 章 度数分布から不平等度を測る

階　級	階級値	度数
40 以上 50 未満	$\overline{x}_1$	n_1
50 以上 60 未満	$\overline{x}_2$	n_2
60 以上 70 未満	$\overline{x}_3$	n_3

問 4. 3 つのデータ x_1, x_2, x_3 が $0 < x_1 < x_2 < x_3$ をみたすとき，以下の問いに答えよ.

(1) 相加平均 $\overline{x}$, 幾何平均 G, 調和平均 H の定義を与えて，その大小関係を記せ. また標本分散 S^2, レンジ R, 変動係数 CV を与えよ.

(2) x_1, x_2, x_3 を，平均 50, 標準偏差 10 の変数 z_1, z_2, z_3 に変換したい. 変換の計算式を記せ.

(3) x_1, x_2, x_3 に基づいてローレンツ曲線を描くには，$(0,0)$, $(\Box,\Box)$, $(\Box,\Box)$, $(1,1)$ なる 4 つの点を順に結べばよい. $T = x_1 + x_2 + x_3$ として $\Box$ に入るものを記せ.

(4) ジニ係数 G はどのように定義されるか. 何を測る尺度として利用されるか. x_1, x_2, x_3 に基づいてジニ係数を与えよ.

問 5. k 個のデータ $x_1,\ldots,x_k$ が $x_1 \leq \cdots \leq x_k$ なる順序に並んでいるものとする. このときローレンツ曲線と完全平等線とで囲まれる面積を S とすると，

$$2S = \frac{1}{2k \sum_{i=1}^{k} x_i} \sum_{i=1}^{k} \sum_{j=1}^{k} |x_i - x_j|$$

なる等式が成り立つことを示せ.

第4章

変数間の関係性をみる

いくつかの変数についてのデータが観測されるときには，それらの変数間の関係の程度を数値的に表すことができる．例えば，数学と理科の得点からは，相関係数を通して数学と理科の成績の関係の程度をみることができる．また，語学に費やした時間数と語学試験の得点のデータから，回帰分析を通して両者の間の因果関係を直線で表すことができる．このように，変数間の関係性を数値を用いて表すことは統計分析の醍醐味の一つであり，この章では相関と回帰の基本的な考え方を学ぶ．

4.1 相関

数学と理科の成績を調べたところ，6人の学生の（数学の得点，理科の得点）はそれぞれ $(52, 43), \ldots, (58, 55)$ であったとする．数学と理科の平均と標準偏差を含めて次の表で表しておく．

生徒	1	2	3	4	5	6	平均	標準偏差
数学 x	52	80	45	70	53	58	59.7	11.8
理科 y	43	75	44	65	58	55	56.7	11.2

これらを x-y 平面にプロットしたのが図 4.1（左）である．数学の得点が高いほど理科の得点も高いことがわかる．このような関係を定量的に測るために，x と y の平均 $(\overline{x}, \overline{y}) = (59.7, 56.7)$ を通り，図 4.1（右）のように x 軸と y 軸に平行な直線を引いてみよう．これらの直線によって x-y 平面を区切るとき，右上の領域を A, 左上，左下，右下の領域をそれぞれ，B, C, D とする．

第 I 部 基礎事項

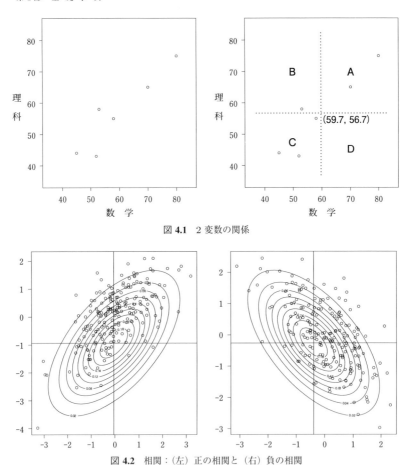

図 **4.1** 2 変数の関係

図 **4.2** 相関：（左）正の相関と（右）負の相関

一般に，n 個の 2 変数データ $(x_1, y_1), \ldots, (x_i, y_i), \ldots, (x_n, y_n)$ について，その平均値を $(\overline{x}, \overline{y})$ とおくと，(x_i, y_i) が A，C の領域にあるときには，$(x_i - \overline{x})(y_i - \overline{y}) > 0$ となり，(x_i, y_i) が B，D の領域にあるときには，$(x_i - \overline{x})(y_i - \overline{y}) < 0$ となる．したがって，データが図 4.2（左）のように分布していれば，$\sum_{i=1}^{n}(x_i - \overline{x})(y_i - \overline{y}) > 0$ となるだろうし，図 4.2（右）のように分布していれば，$\sum_{i=1}^{n}(x_i - \overline{x})(y_i - \overline{y}) < 0$ となるであろう．$\sum_{i=1}^{n}(x_i - \overline{x})(y_i - \overline{y}) > 0$ のときには，x が大きく（小さく）なれば y も大きく（小さく）なる傾向があるので，x と y との間には**正の相関**があるという．また，

第4章　変数間の関係性をみる

$\sum_{i=1}^{n}(x_i - \overline{x})(y_i - \overline{y}) < 0$ のときには，x が大きく（小さく）なれば y は小さく（大きく）なる傾向があるので，x と y との間には**負の相関**があるという．そこで，2 変数の間の関係を測るために，

$$S_{xy} = \frac{1}{n}\sum_{i=1}^{n}(x_i - \overline{x})(y_i - \overline{y})$$

となる量を考えるのが自然である．これを x と y の**共分散** (covariance) という．S_{xy} は

$$S_{xy} = \frac{1}{n}\sum_{i=1}^{n}(x_i y_i - \overline{x}y_i - \overline{y}x_i + \overline{x}\,\overline{y}) = \frac{1}{n}\Big\{\sum_{i=1}^{n}x_i y_i - n\overline{x}\,\overline{y}\Big\}$$

と変形できる．これは，$S_x^2 = n^{-1}(\sum_{i=1}^{n}x_i^2 - n\overline{x}^2)$ と変形できることに対応している．また S_{xy} で y を x で置き換えると $S_{xx} = S_x^2$ となるので，分散を S_{xx} で表現するのは整合的であることがわかる．

　共分散の問題点は，x_i, y_i のスケールに依存する点である．この点を説明すると，定数 a, b, c, d に対して $x_i \to ax_i + b$, $y_i \to cy_i + d$ と変換したときの共分散 $S_{ax+b,cy+d}$ は

$$S_{ax+b,cy+d} = \frac{1}{n}\sum_{i=1}^{n}\{(ax_i + b) - (a\overline{x} + b)\}\{(cy_i + d) - (c\overline{y} + d)\}$$
$$= ac\frac{1}{n}\sum_{i=1}^{n}(x_i - \overline{x})(y_i - \overline{y}) = acS_{xy}$$

となり，スケールが大きければ，共分散の値も大きくなることがわかる．

　そこで，共分散を x と y の標準偏差で割ったものを考える．すなわち，x と y の標準偏差

$$S_x = \Big\{\frac{1}{n}\sum_{i=1}^{n}(x_i - \overline{x})^2\Big\}^{1/2}, \quad S_y = \Big\{\frac{1}{n}\sum_{i=1}^{n}(y_i - \overline{y})^2\Big\}^{1/2}$$

を用いて，r_{xy} を

59

第 I 部 基礎事項

$$r_{xy} = \frac{S_{xy}}{S_x S_y} = \frac{\sum_{i=1}^{n}(x_i - \overline{x})(y_i - \overline{y})}{\sqrt{\sum_{i=1}^{n}(x_i - \overline{x})^2}\sqrt{\sum_{i=1}^{n}(y_i - \overline{y})^2}}$$

と定義する．これを x と y の**相関係数** (correlation coefficient) という．r_{xy} > 0 のとき**正の相関**，$r_{xy} < 0$ のとき**負の相関**といい，r_{xy} が 0 に近いときには x と y は**無相関**であるという．

x_i, y_i を $x_i \to ax_i + b$, $y_i \to cy_i + d$ と変換すると，$S_{ax+b} = |a|S_x$, $S_{cy+d} = |c|S_y$ となるので，相関係数は

$$r_{ax+b,cy+d} = \frac{acS_{xy}}{|a||c|S_x S_y} = \frac{ac}{|a||c|}r_{xy}$$

となる．$ac > 0$ なら $r_{ax+b,cy+d} = r_{xy}$，$ac < 0$ なら $r_{ax+b,cy+d} = -r_{xy}$ となるので，符号を除いてスケールの影響を受けないことがわかる．

■相関係数の性質

(1) x_i, y_i を $ax_i + b$, $cy_i + d$ に変換すると，相関係数は，$ac > 0$ のとき $r_{ax+b,cy+d} = r_{xy}$，$ac < 0$ のとき $r_{ax+b,cy+d} = -r_{xy}$ となる．

(2) x_i と y_i の標準化を用いると，相関係数は

$$r_{xy} = \frac{1}{n}\sum_{i=1}^{n}\frac{x_i - \overline{x}}{S_x}\frac{y_i - \overline{y}}{S_y}$$

と変形できる．すなわち，相関係数は標準化された変数の共分散で表される．

(3) r_{xy} は，$-1 \leq r_{xy} \leq 1$ を満たす．ただし，等号 $r_{xy} = 1$ が成り立つ必要十分条件は $t_0 = S_y/S_x$ に対して $y_i - \overline{y} = t_0(x_i - \overline{x})$，また等号 $r_{xy} = -1$ が成り立つ必要十分条件は $y_i - \overline{y} = t_0(x_i - \overline{x})$，となる．

(4) $\boldsymbol{a} = (a_1, \ldots, a_n) = (x_1 - \overline{x}, \ldots, x_n - \overline{x})$, $\boldsymbol{b} = (b_1, \ldots, b_n) = (y_1 - \overline{y}, \ldots, y_n - \overline{y})$ とおき，2 つの n-次元ベクトル $\boldsymbol{a}$, $\boldsymbol{b}$ のなす角を θ とする．このとき，相関係数は

$$r_{xy} = \cos(\theta)$$

と表される.

(**証明**) (1), (2)については自明. (3)については,

$$h(t) = \frac{1}{n} \sum_{i=1}^{n} \{(x_i - \overline{x})t - (y_i - \overline{y})\}^2$$
$$= \frac{1}{n} \sum_{i=1}^{n} \{(x_i - \overline{x})^2 t^2 - 2(x_i - \overline{x})(y_i - \overline{y})t + (y_i - \overline{y})^2\}$$
$$= S_x^2 t^2 - 2S_{xy}t + S_y^2$$

と書けることを用いて証明する. $h(t)$ は t の2次関数であり, すべての t に対して $h(t) \geq 0$ となることから, 2次関数の判別式は0以下になる. すなわち,

$$D/4 = S_{xy}^2 - S_x^2 S_y^2 \leq 0$$

あるいは

$$r_{xy}^2 = \frac{S_{xy}^2}{S_x^2 S_y^2} \leq 1$$

となる. したがって, $-1 \leq r_{xy} \leq 1$ が示される. 等号成立の必要十分条件については, $r_{xy} = 1$ を仮定すると, $S_{xy} = S_x S_y$ であるから, $h(t) = S_x^2 t^2 - 2S_x S_y t + S_y^2 = (S_x t - S_y)^2$ となる. $t_0 = S_y / S_x$ とおくと $h(t_0) = 0$ となる. $h(t_0)$ を書き表すと,

$$0 = h(t_0) = \frac{1}{n} \sum_{i=1}^{n} \{(x_i - \overline{x})t_0 - (y_i - \overline{y})\}^2$$

と書ける. $\{(x_i - \overline{x})t_0 - (y_i - \overline{y})\}^2 \geq 0$ であり, その総和が0になることから,

$$(x_i - \overline{x})t_0 - (y_i - \overline{y}) = 0$$

なる方程式がすべての $i = 1, \ldots, n$ に関して成り立つことがわかる. よって $y_i - \overline{y} = t_0(x - \overline{x})$ が成り立つ. $r_{xy} = -1$ のときも同様に示される.

(4)については, 一般に2つのベクトル $\boldsymbol{a}$ と $\boldsymbol{b}$ の内積は $<\boldsymbol{a}, \boldsymbol{b}>=$

61

第I部 基礎事項

$\sum_{i=1}^{n} a_i b_i$ で定義され，$\boldsymbol{a}$ と $\boldsymbol{b}$ のノルム（長さ）は $\|\boldsymbol{a}\| = \sqrt{\sum_{i=1}^{n} a_i^2}$，$\|\boldsymbol{b}\| = \sqrt{\sum_{i=1}^{n} b_i^2}$ で定義される．$\boldsymbol{a}$ と $\boldsymbol{b}$ のなす角を θ とおくと，$\boldsymbol{a}$ と $\boldsymbol{b}$ の内積は

$$<\boldsymbol{a},\boldsymbol{b}> = \|\boldsymbol{a}\|\,\|\boldsymbol{b}\|\cos(\theta)$$

と書くことができる．これに $a_i = x_i - \overline{x}$, $b_i = y_i - \overline{y}$ を代入すると，

$$\cos(\theta) = \frac{<\boldsymbol{a},\boldsymbol{b}>}{\|\boldsymbol{a}\|\,\|\boldsymbol{b}\|} = \frac{\sum_{i=1}^{n} a_i b_i}{\sqrt{\sum_{i=1}^{n} a_i^2}\sqrt{\sum_{i=1}^{n} b_i^2}} = \frac{S_{xy}}{S_x S_y} = r_{xy}$$

となるので，(4)の性質が成り立つことがわかる．

■コーシー・シュバルツの不等式

上の(3)で与えられる不等式は

$$\left\{\sum_{i=1}^{n} a_i b_i\right\}^2 \leq \sum_{i=1}^{n} a_i^2 \sum_{i=1}^{n} b_i^2$$

と表すことができる．これを**コーシー・シュバルツの不等式**といい，統計で用いられる基本的な不等式の1つである．

■相関係数の注意点

(1)相関係数は，一方が増加すれば他方は増加もしくは減少するという直線的関係の強さを測るのであって，直線的な関係でなければ，無相関であっても強い関係がある場合がある．例えば，単位円周上の8点 $(1,0), (1/\sqrt{2}, 1/\sqrt{2}), (0,1), (-1/\sqrt{2}, 1/\sqrt{2})$, $(-1,0)$, $(-1/\sqrt{2}, -1/\sqrt{2})$, $(0,-1), (1/\sqrt{2}, -1/\sqrt{2})$ をプロットすると，図4.3のようになる．x と

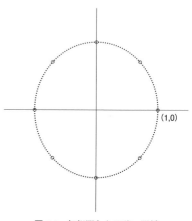

図 **4.3** 無相関となる強い関係

y の間には $x^2 + y^2 = 1$ という強い関係があるにもかかわらず，これらの点の相関係数は0になってしまう．したがって，2つの変数が無相関であることは線形関係がないことを意味しているのであって，場合によっては線形以外の関係が存在しているかもしれないことに注意する必要がある．

(2) 相関関係と因果関係は別の概念である．例えば，数学の得点と理科の得点との間に相関関係があっても因果関係は考えられない．因果関係を考えるのが次の 4.2 節で学ぶ回帰分析である．

(3) **見かけの相関**に注意する．例えば，成人男性200人について血圧と収入のデータをプロットしたのが図 4.4（左）であり，相関係数を計算すると，$r_{xy} = 0.32$ になったという．多少の正の相関が認められるので，血圧と収入の間に相関関係があることになる．しかし，血圧が上がると収入が上がるというのは明らかにおかしな話である．そこで，血圧と年齢，収入と年齢との関係を調べたところ，いずれの間にも強い正の相関が認められたという．すなわち，血圧と収入については，年齢という共通な第3の変数を介して見かけ上相関関係が生じてしまったと考えられる．経済指標のように時間とともに変動する変数の間には，時間という第3の変数を介してこのような見かけの相関が生じる可能性があることを注意したい．なお，見かけの相関ではなく真の相関をみたいときには偏相関を計算する．これについては後の節で説明する．

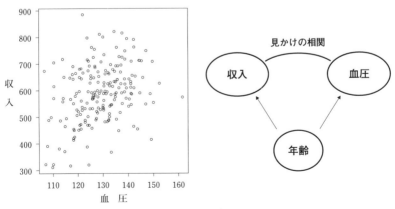

図 **4.4** 見かけの相関

第 I 部　基 礎 事 項

⑷相関係数は外れ値の影響を受ける．例えば，1章例 1.2 で扱った 200 人の
学生の数学と社会の得点の関係については，相関係数が -0.12 となり，
ほとんど無相関であった．ところが 1 人の学生について，数学 50 点，社
会 50 点のところを誤ってそれぞれ 500 点と入力してしまった場合，相関
係数は 0.91 となってしまう．たった 1 個のデータであってもかなり外れ
た値が混入されると相関係数は大きく変化してしまうので注意する必要が
ある．

■スピアマンの順位相関係数

上の⑷で注意したように，相関係数は外れ値の影響を受けてしまう欠点が
ある．そこで，外れ値の影響を受けないロバストな相関係数が望まれる．そ
の要請に応えるのがスピアマン (spearman) の**順位相関係数**である．

いま，2 次元の順位（ランク）データ $(x_1, y_1), \ldots, (x_n, y_n)$ が与えられて
いるとする．ここで，x_i は変数 x に関して小さい方からの順位で $1, \ldots, n$
のどれかの値をとり，y_i も変数 y に関して小さい方からの順位で $1, \ldots, n$
のどれかの値をとるものとする．例えば，x_i が変数 x の中で 5 番目，y_i が
変数 y の中で 2 番目とすると，$(x_i, y_i) = (5, 2)$ となる．この 2 次元の順位
データに関して相関係数を計算したものがスピアマンの順位相関係数で，

$$\rho_{xy} = 1 - \frac{6\sum_{i=1}^n (x_i - y_i)^2}{n(n^2 - 1)}$$

により与えられる．例えば，1 章の例 1.2 で扱った 200 人の学生の数学と
社会の得点の関係については，相関係数が -0.12 であるのに対して，スピ
アマンの順位相関係数は -0.05 となる．また，1 人の学生について数学 500
点，社会 500 点のデータを加えた場合，相関係数は 0.91 となってしまった
のに対して，スピアマンの順位相関係数は -0.04 となり，外れ値の影響を
受けないことがわかる．

ここで実際，相関係数が ρ_{xy} で書けることを示そう．

64

$$\sum_{i=1}^{n} x_i = \sum_{i=1}^{n} i = \frac{n(n+1)}{2} = \sum_{i=1}^{n} y_i,$$

$$\sum_{i=1}^{n} (x_i - \overline{x})^2 = \sum_{i=1}^{n} x_i^2 - n(\overline{x})^2 = \sum_{i=1}^{n} i^2 - \frac{1}{n}\Big(\sum_{i=1}^{n} x_i\Big)^2$$

$$= \frac{n(n+1)(2n+1)}{6} - \frac{n(n+1)^2}{4} = \frac{n(n^2-1)}{12}$$

$$= \sum_{i=1}^{n} (y_i - \overline{y})^2$$

となることに注意する．また

$$\sum_{i=1}^{n} (x_i - y_i)^2 = \sum_{i=1}^{n} \Big\{ (x_i - \overline{x}) - (y_i - \overline{y}) \Big\}^2$$

$$= \sum_{i=1}^{n} (x_i - \overline{x})^2 + \sum_{i=1}^{n} (y_i - \overline{y})^2 - 2\sum_{i=1}^{n} (x_i - \overline{x})(y_i - \overline{y})$$

$$= 2\Big\{ \sum_{i=1}^{n} (x_i - \overline{x})^2 - \sum_{i=1}^{n} (x_i - \overline{x})(y_i - \overline{y}) \Big\}$$

より

$$\sum_{i=1}^{n} (x_i - \overline{x})(y_i - \overline{y}) = \sum_{i=1}^{n} (x_i - \overline{x})^2 - \frac{1}{2}\sum_{i=1}^{n} (x_i - y_i)^2$$

と表される．したがって，順位データの相関係数は

$$r_{xy} = \frac{\sum_{i=1}^{n} (x_i - \overline{x})(y_i - \overline{y})}{\sqrt{\sum_{i=1}^{n} (x_i - \overline{x})^2 \sum_{i=1}^{n} (y_i - \overline{y})^2}} = \frac{\sum_{i=1}^{n} (x_i - \overline{x})(y_i - \overline{y})}{\sum_{i=1}^{n} (x_i - \overline{x})^2}$$

$$= 1 - \frac{\sum_{i=1}^{n} (x_i - y_i)^2}{2\sum_{i=1}^{n} (x_i - \overline{x})^2} = 1 - \frac{6\sum_{i=1}^{n} (x_i - y_i)^2}{n(n^2-1)} = \rho_{xy}$$

となることがわかる．

例 4.1　次の表は 15 組の夫婦の年齢のデータである．上の欄が年齢で，下の欄が年齢順位である．同順位のときには平均をとることにする．

第 I 部 基礎事項

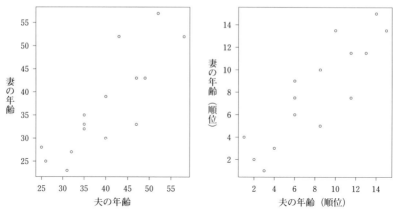

図 4.5 夫婦の年齢の関係：(左) 年齢のプロットと (右) 年齢順位のプロット

番号	1	2	3	4	5	6	7	8
夫の年齢	49	25	40	52	58	32	43	47
妻の年齢	43	28	30	57	52	27	52	43
夫の順位	13	1	8.5	14	15	4	10	11.5
妻の順位	11.5	4	5	15	13.5	3	13.5	11.5

番号	9	10	11	12	13	14	15
夫の年齢	31	26	40	35	35	35	47
妻の年齢	23	25	39	32	35	33	33
夫の順位	3	2	8.5	6	6	6	11.5
妻の順位	1	2	10	6	9	7.5	7.5

このデータを x-y 平面にプロットしたものが図 4.5 である．左図が年齢をプロットしたもの，右図が年齢の順位をプロットしたものである．相関係数を計算すると $r_{xy} = 0.83$ となり，スピアマンの順位相関係数は 0.86 となる．この例では両者の間にはほとんど差がない．同順位があるときには表の下欄の年齢順位について相関係数を求めたものがスピアマンの順位相関係数になる．

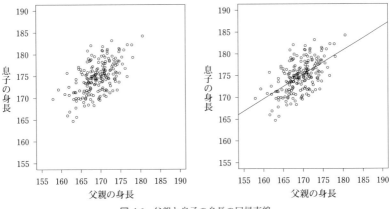

図 4.6　父親と息子の身長の回帰直線

4.2 回帰

2つの変数の間の線形関係の強さを測る尺度として相関係数を学んできた．しかし，これは2つの変数の間の因果関係の強さを測るものではなかった．この節では，一方から他方への因果の方向性が想定されていて，その因果関係を直線で表現することを学ぼう．

1章の例 1.4 で扱った親子（父親と息子）の身長のデータを x-y 平面にプロットしたものを思い出そう．息子の身長は父親の身長に比例して高くなっており，父親の身長が高ければ息子の身長も高くなる傾向がある（図 4.6）．そこで，父親から息子への因果の方向を想定し，父親の身長で息子の身長を説明する直線を引くことを考える．

一般に，データが次のように与えられているとしよう．

番号	1	2	$\cdots$	i	$\cdots$	n
父親の身長 x	x_1	x_2	$\cdots$	x_i	$\cdots$	x_n
息子の身長 y	y_1	y_2	$\cdots$	y_i	$\cdots$	y_n

このデータに基づいて，x から y への因果の方向を

$$y = \alpha + \beta x$$

となる直線で表現する．ここで，α, β はアルファ，ベータと呼ばれるギリ

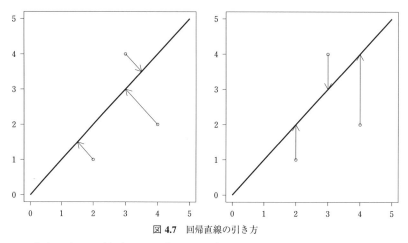

図 4.7 回帰直線の引き方

シャ文字である．統計では，値がまだ定まっていない変数を未知母数といい，ギリシャ文字で表すことが多い．α が直線の y-切片，β が直線の傾きを表す．β は**回帰係数**と呼ばれる．これを，y を x に**回帰**する直線（**回帰直線**）といい，x を**説明変数**もしくは**独立変数**，y を**被説明変数**もしくは**従属変数**という．

それでは，回帰直線をどのように引いたらよいであろうか．一つの方法は，各点と直線との距離を考えることである．図 4.7（左）のように各点 (x_i, y_i) からその直線に垂線を引き，その交点と (x_i, y_i) までの長さを (x_i, y_i) と直線までの距離という．全てのデータに関して直線までの距離の総和を考えて，その総和を最小にするように直線を引くのが一つの方法である．これは，2 次元データ全体の分布の様子を直線で表現することを意味している．このような考え方で，多次元のデータを解析する手法が主成分分析と呼ばれる方法である．しかし，この方法は，x から y への因果の方向を考える回帰直線とはなじまない．

■最小 2 乗法

回帰直線 $y = \alpha + \beta x$ は y を x で説明するための直線なので，各データ (x_i, y_i) について，x_i が与えられたときに x_i により説明される y の値は $\alpha + \beta x_i$ となる．図 4.7（右）のように，この説明された値 $\alpha + \beta x_i$ と実際

のデータの値 y_i との差 $d_i = |\alpha + \beta x_i - y_i|$ を考える.

$$d_1 = |\alpha + \beta x_1 - y_1|, \ldots, d_i = |\alpha + \beta x_i - y_i|, \ldots, d_n = |\alpha + \beta x_n - y_n|$$

これらの総和 $\sum_{i=1}^{n} |\alpha - \beta x_i - y_i|$ を最小にするように直線を求めることも考えられるが，具体的な α, β の値を求めるのは易しくない．そこで，d_i の2乗和

$$S(\alpha, \beta) = \sum_{i=1}^{n} d_i^2 = \sum_{i=1}^{n} (\alpha + \beta x_i - y_i)^2$$

を考える．これを最小にする α, β を求めることを**最小 2 乗法** (least squares method) という．この方法で求まる解を**最小 2 乗解**といい，α, β の最小 2 乗解を a, b で表すと，

$$a = \overline{y} - b\overline{x}, \quad b = \frac{S_{xy}}{S_x^2} \tag{4.1}$$

で与えられる．このことから，回帰直線は，$y = a + bx = \overline{y} + b(x - \overline{x})$, すなわち

$$y - \overline{y} = b(x - \overline{x}) = \frac{S_{xy}}{S_x^2}(x - \overline{x}) \tag{4.2}$$

と書ける．

以下で，α, β の最小 2 乗解が上の a, b で与えられることを示そう．始めに，$\alpha + \beta x_i - y_i = (\alpha + \beta \overline{x} - \overline{y}) - \{y_i - \overline{y} - \beta(x_i - \overline{x})\}$ と変形できるので，$c_i = y_i - \overline{y} - \beta(x_i - \overline{x})$ とおくと，

$$\begin{aligned}
S(\alpha, \beta) &= \sum_{i=1}^{n} \{(\alpha + \beta \overline{x} - \overline{y}) - c_i\}^2 \\
&= \sum_{i=1}^{n} (\alpha + \beta \overline{x} - \overline{y})^2 - 2(\alpha + \beta \overline{x} - \overline{y}) \sum_{i=1}^{n} c_i + \sum_{i=1}^{n} c_i^2
\end{aligned}$$

と書ける．ここで，$\sum_{i=1}^{n} c_i = \sum_{i=1}^{n} (y_i - \overline{y}) - \beta \sum_{i=1}^{n} (x_i - \overline{x}) = 0$ であるから，

第 I 部　基礎事項

$$S(\alpha, \beta) = n(\alpha + \beta\overline{x} - \overline{y})^2 + \sum_{i=1}^{n}\{(y_i - \overline{y}) - \beta(x_i - \overline{x})\}^2$$

となる．第 1 項を最小にするためには α, β は

$$\alpha + \beta\overline{x} - \overline{y} = 0 \tag{4.3}$$

をみたす必要がある．第 2 項を最小にする β を求めるために第 2 項を β の
2 次関数で表すと

$$\sum_{i=1}^{n}\{(y_i - \overline{y}) - \beta(x_i - \overline{x})\}^2$$

$$= \sum_{i=1}^{n}(y_i - \overline{y})^2 - 2\beta\sum_{i=1}^{n}(y_i - \overline{y})(x_i - \overline{x}) + \beta^2\sum_{i=1}^{n}(x_i - \overline{x})^2$$

$$= nS_y^2 - 2nS_{xy}\beta + nS_x^2\beta^2$$

$$= nS_x^2\Big(\beta - \frac{S_{xy}}{S_x^2}\Big)^2 + n\frac{S_x^2 S_y^2 - S_{xy}^2}{S_x^2}$$

となる．したがって，第 2 項を最小にする β は $\beta = S_{xy}/S_x^2$ で与えられる．
これと (4.3) とから，最小 2 乗解が (4.1) で与えられることがわかる．

■回帰直線の性質

⑴回帰直線は 点 $(\overline{x}, \overline{y})$ を通り，傾きが $b = S_{xy}/S_x^2$ の直線である．

⑵$x_1, \ldots, x_n$ 及び $y_1, \ldots, y_n$ についていずれも標準化したときには，回帰
　直線の傾きの絶対値は 1 以下になる．実際，相関係数 $r_{xy} = S_{xy}/S_x S_y$ を
　用いると，回帰直線 (4.2) は $y - \overline{y} = r_{xy}(S_y/S_x)(x - \overline{x})$，すなわち

$$\frac{y - \overline{y}}{S_y} = r_{xy}\frac{x - \overline{x}}{S_x}$$

と表される．$(y - \overline{y})/S_y, (x - \overline{x})/S_x$ は標準化された変数を表しており，
このとき回帰直線の傾きは相関係数 r_{xy} になる．$|r_{xy}| \leq 1$ であるから，
このときの回帰直線の傾きの絶対値は 1 以下であることがわかる．した
がって，傾きが 1 もしくは -1 の直線よりも，緩やかな傾きをもつことに
なる．

第 4 章　変数間の関係性をみる

■残差

　データ (x_i, y_i) に関して，$a + bx_i$ は x_i が与えられたときの回帰直線上の
値であり，これを $\hat{y}_i$ で表すと $\hat{y}_i = a + bx_i$ である．この回帰直線上の理論
値と実際の値 y_i との差を $e_i = y_i - \hat{y}_i$ と書き**残差** (residual) という．すなわ
ち

$$e_i = y_i - \hat{y}_i = y_i - (a + bx_i) = (y_i - \overline{y}) - b(x_i - \overline{x})$$

と書ける．このようにして n 個のデータについて残差 $e_1, \ldots, e_n$ が計算で
きる．

(1)残差の平均は 0，すなわち $\overline{e} = n^{-1} \sum_{i=1}^{n} e_i = 0$ である．

(2)残差 e と説明変数 x は無相関，すなわち $S_{ex} = 0$ である．このことから，
　残差は，y_i から，回帰直線 $y = a + bx$ を通して説明変数 x_i の影響を取り
　除いた量であることがわかる．

　　実際，(1)については容易に確かめられる．(2)については，

$$\sum_{i=1}^{n} (e_i - \overline{e})(x_i - \overline{x}) = \sum_{i=1}^{n} e_i(x_i - \overline{x}) - \overline{e} \sum_{i=1}^{n} (x_i - \overline{x}) = \sum_{i=1}^{n} e_i(x_i - \overline{x})$$
$$= \sum_{i=1}^{n} \{(y_i - \overline{y}) - b(x_i - \overline{x})\}(x_i - \overline{x})$$
$$= \sum_{i=1}^{n} (y_i - \overline{y})(x_i - \overline{x}) - b \sum_{i=1}^{n} (x_i - \overline{x})^2$$
$$= nS_{xy} - \frac{S_{xy}}{S_x^2} nS_x^2 = 0$$

となることからわかる．

例 4.2　次の表はある県の 15 の市について人口 (x) と一般行政職員数 (y) を
調べたデータである．ただし人口の単位は 10,000 人，職員数の単位は 100
人である．

第 I 部 基 礎 事 項

番号	1	2	3	4	5	6	7	8
人口	7.7	4.7	14.4	7.8	5.3	5.2	8.1	4.6
職員数	3.4	2.1	7.1	3.9	2.7	2.7	4.4	2.6

番号	9	10	11	12	13	14	15
人口	20.0	5.7	11.2	11.1	4.0	4.9	6.6
職員数	11.5	3.3	6.6	6.7	2.5	3.1	4.3

このデータを x-y 平面にプロットしたものが図 4.8 である．一般行政職員数は人口に応じて決まると考えられるので，$y = \alpha + \beta x$ なる関係を設定するのが自然である．α, β の最小 2 乗解を求めると，$a = -0.07$, $b = 0.56$ となるので，$y = -0.07 + 0.56x$ なる回帰直線を引くことができ，図 4.8 に図示されている．

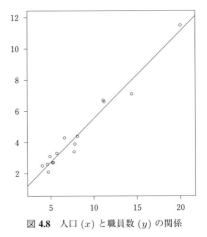

図 **4.8** 人口 (x) と職員数 (y) の関係

4.3 偏相関

　相関を調べるとき見かけの相関に注意することを述べた．例えば，成人男性の血圧と収入の間の相関関係を調べてみたところ，両者とも年齢という共通な第 3 の要因によって説明されるため，血圧と収入の間に見かけの相関が生じてしまう．経済指標のように時間とともに変動する変数の間には，時間という第 3 の変数によって説明される場合，見かけの相関が生じている可能性がある．そこで，見かけの相関ではなく真の相関を求めてみたい．それが偏相関である．

　見かけの相関が生まれる状況をわかりやすく説明した例を与えよう．図 4.9 の右図は，人工的なデータ $(y_1, z_1), \ldots, (y_{16}, z_{16})$ を横軸に y，縦軸に z をとりプロットしたもので，y と z の相関係数は 0.74 になり正の相関があ

第4章 変数間の関係性をみる

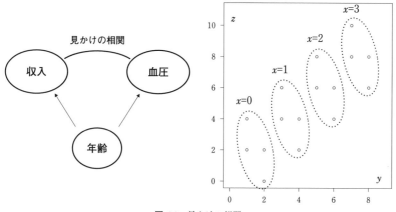

図 4.9 見かけの相関

ることがわかる.しかし,左下の4点は $x=0$ のときの (y,z) の点であり,隣右斜め上の4点は $x=1$ のときの点,以下 $x=2, x=3$ の点であるとする.各 x の値を固定すると,y と z の間には負の相関があることがわかる.しかし,x の増加とともに y も z も増加するので,結局 y と z の間に正の見かけの相関が生じていることになる.

それでは,見かけの相関から第3の変数の影響を取り除いた相関を求めてみよう.一般に,データが次のように与えられているとしよう.

番号	1	2	$\cdots$	i	$\cdots$	n
x	x_1	x_2	$\cdots$	x_i	$\cdots$	x_n
y	y_1	y_2	$\cdots$	y_i	$\cdots$	y_n
z	z_1	z_2	$\cdots$	z_i	$\cdots$	z_n

このとき,y, z から x の影響を取り除くため

$$\begin{cases} y = \alpha_1 + \beta_1 x \\ z = \alpha_2 + \beta_2 x \end{cases}$$

として,y と z を x に回帰することを考える.その結果,最小2乗法により $\alpha_1, \beta_1, \alpha_2, \beta_2$ の最小2乗解

第 I 部 基 礎 事 項

$$a_1 = \overline{y} - b_1\overline{x}, \quad b_1 = S_{xy}/S_x^2,$$

$$a_2 = \overline{z} - b_2\overline{x}, \quad b_2 = S_{xz}/S_x^2$$

が求まる．これより，y, z の残差

$$\begin{cases} e_i = y_i - a_1 - b_1 x_i \\ d_i = z_i - a_2 - b_2 x_i \end{cases}, \quad i = 1, \ldots, n$$

が計算できる．前節で学んだように，残差 e_i, d_i は x_i と無相関であり，y_i，z_i から x_i の影響を取り除いた量である．したがって，残差 $(e_1, d_1), \ldots,$ (e_n, d_n) の相関係数を求めれば，x_i の影響を取り除いた y と z の本来の相関を求めることができる．残差の平均は $\overline{e} = 0, \overline{d} = 0$ より，

$$r_{ed} = \frac{S_{ed}}{S_e S_d} = \frac{\sum_{i=1}^n e_i d_i}{\sqrt{\sum_{i=1}^n e_i^2}\sqrt{\sum_{i=1}^n d_i^2}}$$

を**偏相関係数**という．これを $r_{ed} = r_{yz|x}$ と書く．

最後に，偏相関係数が

$$r_{yz|x} = \frac{S_{yz}S_{xx} - S_{yx}S_{zx}}{\sqrt{S_{yy}S_{xx} - S_{yx}^2}\sqrt{S_{zz}S_{xx} - S_{zx}^2}} = \frac{r_{yz} - r_{yx}r_{zx}}{\sqrt{1 - r_{yx}^2}\sqrt{1 - r_{zx}^2}} \quad (4.4)$$

と表されることを示そう．ここで，$S_{xx} = S_x^2, S_{yy} = S_y^2, S_{zz} = S_z^2$ である．実際，

$$\begin{aligned} \frac{1}{n}\sum_{i=1}^n e_i^2 &= \frac{S_{yy}S_{xx} - S_{yx}^2}{S_{xx}}, \\ \frac{1}{n}\sum_{i=1}^n d_i^2 &= \frac{S_{zz}S_{xx} - S_{zx}^2}{S_{xx}}, \\ \frac{1}{n}\sum_{i=1}^n e_i d_i &= \frac{S_{yz}S_{xx} - S_{yx}S_{zx}}{S_{xx}} \end{aligned} \quad (4.5)$$

と書けることに注意すると，$r_{yz|x}$ が (4.4) で書けることがわかる．

図 4.9（右）のデータについて偏相関を計算すると，$r_{yz|x} = -0.71$ となる．同様にして，z の影響を取り除いたときの x と y の偏相関は $r_{xy|z} = 0.97$, y の影響を取り除いたときの x と z の偏相関は $r_{xz|y} = 0.83$ となる．

74

第 4 章 変数間の関係性をみる

x の影響を取り除いた y と z の偏相関が -0.71 であるにもかかわらず，y と x 及び z と x の間に高い正の偏相関が存在するため，y と z の間に 0.74 という高い正の相関が生じたことになる．

例 4.3 下の表は 2010 年（平成 22 年）の都道府県別人口動態統計のデータである．

	死亡率	婚姻率	20～40 歳割合		死亡率	婚姻率	20～40 歳割合
北海道	10.1	5.2	23.3	滋賀	8.4	5.5	25.9
青森	11.7	4.3	21.0	京都	9.1	5.3	25.8
岩手	11.9	4.3	20.7	大阪	8.8	5.9	26.0
宮城	9.4	5.1	25.4	兵庫	9.4	5.4	24.3
秋田	13.2	4.0	19.1	奈良	9.4	4.7	23.3
山形	12.1	4.4	20.7	和歌山	12.1	4.8	20.9
福島	11.3	4.7	21.9	鳥取	11.9	4.8	21.8
茨城	9.8	5.1	24.1	島根	12.8	4.6	19.9
栃木	10.0	5.4	24.4	岡山	10.5	5.1	23.6
群馬	10.3	4.9	23.2	広島	9.7	5.4	24.0
埼玉	7.8	5.5	26.4	山口	12.3	4.8	21.1
千葉	8.2	5.7	25.9	徳島	11.9	4.6	21.5
東京	8.1	7.1	29.9	香川	11.2	5.0	22.2
神奈川	7.6	6.1	27.5	愛媛	11.5	4.9	21.5
新潟	11.3	4.7	21.9	高知	12.8	4.4	20.6
富山	11.0	4.6	22.2	福岡	9.3	5.8	25.3
石川	10.0	5.0	23.8	佐賀	10.9	5.0	22.0
福井	10.6	4.7	22.0	長崎	11.5	4.7	20.5
山梨	10.9	5.0	22.2	熊本	10.6	5.0	21.9
長野	10.9	4.9	21.6	大分	10.9	5.1	21.8
岐阜	9.9	4.9	22.9	宮崎	10.9	5.2	21.1
静岡	9.8	5.5	23.3	鹿児島	11.9	5.1	20.9
愛知	8.1	6.2	26.9	沖縄	7.3	6.4	26.1
三重	10.3	5.2	23.1				

第 1 列 (X) が死亡率，第 2 列 (Y) が婚姻率で，1,000 人あたりの 1 年間の数である．X と Y の関係をプロットしたものが図 4.10 の上の図であり，相関係数を求めてみると $r_{xy} = -0.845$ となり，強い負の相関関係があることがわかる．しかし，死亡率と婚姻率とは本来関係がないものと思われるのに，婚姻率が高い県では死亡率が低くなる傾向があるというのは不思議で

第I部 基礎事項

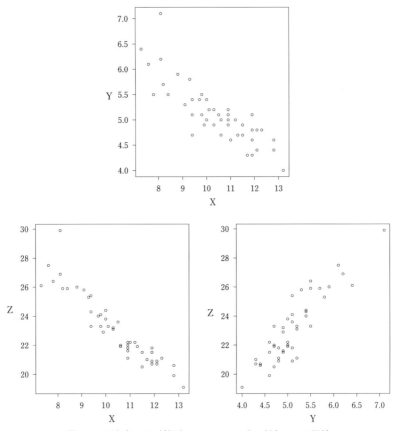

図 4.10 死亡率 (X), 婚姻率 (Y), 20〜40 歳の割合 (Z) の関係

ある.そこで,各県の総人口のうち 20 歳から 40 歳までの人口の割合（%）を求めて,上の表の第 3 列 (Z) に与えてみた.Z と X, Z と Y の関係をプロットしてみると図 4.10 の下の 2 つの図のようになり,それぞれの相関係数は $r_{zx} = -0.937$, $r_{zy} = 0.892$ となり,Z が第 3 の変数となって X と Y の間に見かけの相関が生じていたことがわかる.実際,20 歳から 40 歳までの人口の割合 (Z) の影響を取り除いたときの死亡率と婚姻率の偏相関係数を計算してみると,

第4章　変数間の関係性をみる

$$r_{xy|z} = \frac{r_{xy} - r_{xz}r_{yz}}{\sqrt{1 - r_{xz}^2}\sqrt{1 - r_{yz}^2}}$$

$$= \frac{-0.845 - (-0.937) \times 0.892}{\sqrt{1 - (-0.937)^2}\sqrt{1 - 0.892^2}} = -0.058$$

となり，婚姻率は死亡率とは関係がないという結論が出てくる．婚姻率が高い県では適齢期の人口が多く Z の値が大きくなる傾向にあり，死亡率の高い県では総人口に占める老人の割合が高くなるので Z の値が小さくなる傾向にあるために，婚姻率と死亡率の間に見かけの相関が現れることになる．この例は，『人文・社会科学の統計学』（東京大学教養学部統計学教室編）で扱われた例に最近のデータを当てはめたものである．

4.4　発展的事項

■分割表における相関係数

　1章の例1.3で喫煙と肺ガンの間の関係を調べる分割表データを紹介した．関係性の尺度として相関係数を用いるとき，分割表データの相関係数はどのように与えられるであろうか．n 人について喫煙しているか否か，肺ガンか否かを調べた結果を $(x_1, y_1), \ldots, (x_n, y_n)$ で表すことにする．ここで，

$$x_i = \begin{cases} 1 & \text{喫煙している} \\ 0 & \text{喫煙していない} \end{cases} \qquad y_i = \begin{cases} 1 & \text{肺ガンの患者} \\ 0 & \text{健常者} \end{cases}$$

である．$f_{11} = \sum_{i=1}^n x_i y_i$, $f_{12} = \sum_{i=1}^n x_i(1 - y_i)$, $f_{21} = \sum_{i=1}^n (1 - x_i)y_i$, $f_{22} = \sum_{i=1}^n (1 - x_i)(1 - y_i)$ とおくと，分割表は

$x \backslash y$	1	0	計
1	f_{11}	f_{12}	$f_{1\cdot}$
0	f_{21}	f_{22}	$f_{2\cdot}$
計	$f_{\cdot 1}$	$f_{\cdot 2}$	n

で与えられることになる．ここで $f_{1\cdot} = n\overline{x}$, $f_{\cdot 1} = n\overline{y}$, $f_{2\cdot} = n(1 - \overline{x})$, $f_{\cdot 2} = n(1 - \overline{y})$ である．$x_i^2 = x_i$, $y_i^2 = y_i$ に注意すると，x の分散を n 倍したものは $\sum_{i=1}^n (x_i - \overline{x})^2 = \sum_{i=1}^n x_i^2 - n\overline{x}^2 = \sum_{i=1}^n x_i - n\overline{x}^2 = n\overline{x}(1 - \overline{x}) = f_{1\cdot}f_{2\cdot}/n$

第 I 部 基 礎 事 項

と表される。同様にして $\sum_{i=1}^{n}(y_i - \overline{y})^2 = f_{\cdot 1}f_{\cdot 2}/n$ と書ける。また x と y の共分散を n 倍したものは $\sum_{i=1}^{n}(x_i - \overline{x})(y_i - \overline{y}) = \sum_{i=1}^{n}x_i y_i - n\overline{xy}$ であり，$n\overline{x} = f_{12} + f_{11}, n\overline{y} = f_{21} + f_{11}, n = f_{11} + f_{12} + f_{21} + f_{22}$ に注意すると，

$$n\overline{x}n\overline{y} = f_{12}f_{21} + (f_{12} + f_{21} + f_{11})f_{11} = f_{12}f_{21} + (n - f_{22})f_{11}$$

と書けることがわかる。$\sum_{i=1}^{n}x_i y_i = f_{11}$ であるから

$$\sum_{i=1}^{n}(x_i - \overline{x})(y_i - \overline{y}) = f_{11} - \frac{1}{n}\{f_{12}f_{21} + (n - f_{22})f_{11}\}$$
$$= \frac{1}{n}(f_{11}f_{22} - f_{12}f_{21})$$

となる。したがって，相関係数 r_{xy} は

$$r_{xy} = \frac{f_{11}f_{22} - f_{12}f_{21}}{\sqrt{f_{\cdot 1}f_{\cdot 2}f_{\cdot 1}f_{\cdot 2}}}$$

と表される。例えば分割表データが次のように与えられるときには，相関係数は 0.30 になる。

カテゴリー	肺ガンの患者	健常者	計
喫煙していた	60	32	92
喫煙していない	3	11	14
計	63	43	106

■偏相関の計算

　少し難しい内容になるが，行列と行列式を用いると，偏相関係数が逆行列の成分を用いて簡単に表現できるようになる。行列の基本的な性質が付録 2 でまとめられているので参照されるとよい。3 次の行列 $\boldsymbol{S}$ とその逆行列 $\boldsymbol{S}^{-1}$ を

$$\boldsymbol{S} = \begin{pmatrix} S_{xx} & S_{yx} & S_{zx} \\ S_{yx} & S_{yy} & S_{yz} \\ S_{zx} & S_{yz} & S_{zz} \end{pmatrix}, \quad \boldsymbol{S}^{-1} = \begin{pmatrix} S^{xx} & S^{yx} & S^{zx} \\ S^{yx} & S^{yy} & S^{yz} \\ S^{zx} & S^{yz} & S^{zz} \end{pmatrix}$$

で定義する。例えば S^{xx} は $\boldsymbol{S}$ の逆行列 $\boldsymbol{S}^{-1}$ の $(1,1)$ 成分を表す。このと

き，S の行列式を $|S|$ で表すと，逆行列に関する公式から

$$S^{yz} = -\frac{S_{yz}S_{xx} - S_{yx}S_{zx}}{|S|},$$

$$S^{yy} = \frac{S_{zz}S_{xx} - S_{zx}^2}{|S|},$$

$$S^{zz} = \frac{S_{yy}S_{xx} - S_{yx}^2}{|S|}$$

と書ける．これらを (4.4) に代入すると，

$$r_{yz|x} = -\frac{S^{yz}}{\sqrt{S^{yy}S^{zz}}} \tag{4.6}$$

となる．同様にして

$$r_{xy|z} = -\frac{S^{xy}}{\sqrt{S^{xx}S^{yy}}}$$

$$r_{xz|y} = -\frac{S^{xz}}{\sqrt{S^{xx}S^{zz}}}$$

が成り立つ．

【 問 題 】

問 1. 次の表は，7 本の河川の長さと流域面積のデータである．ただし，長さの単位は 10 km, 面積の単位は 1,000 km^2 である．

番号	1	2	3	4	5	6	7
長さ x	26	25	30	37	8	20	12
流域面積 y	14.3	10.2	16.8	12.0	8.2	3.7	2.9

このデータをプロットせよ．x と y の相関係数を求めよ．河川の長さで流域面積を説明する回帰直線を求めてプロットせよ．

問 2. 2 次元の変数 (x, y) のデータ $(x_1, y_1), \ldots, (x_n, y_n)$ が与えられている．

(1) x と y の相関係数 r_{xy} を与えよ．

(2) r_{xy} の主な性質を 2 点あげよ．

(3)相関係数を用いる際の主な注意事項を 2 点あげよ．

問 3. 2 次元のデータ $(x_1, y_1), \ldots, (x_n, y_n)$ が与えられたとして，次の問に

第 I 部　基 礎 事 項

答えよ.

(1)相関係数 r_{xy} について，0 でない定数 a, b, c, d に対して，データを $(ax_1 + b, cy_1 + d), \ldots, (ax_n + b, cy_n + d)$ と線形変換したときの相関係数を $r_{ax+b, cy+d}$ とおく．このとき，$r_{ax+b, cy+d}$ を r_{xy} を用いて表せ．また $r_{ax+b, cy+d}$ の取り得る値の範囲を記せ.

(2)y を x に回帰するとき，i 番目のデータ (x_i, y_i) について，残差 e_i を定義せよ．残差の和 $\sum_{i=1}^{n} e_i$ の値を与えよ．$(x_1, e_1), \ldots, (x_n, e_n)$ の相関係数 r_{xe} の値を与えよ.

問 4.　2 次元の変数 (x, y) のデータ $(x_1, y_1), \ldots, (x_n, y_n)$ が与えられ，この 2 つの変数の間に線形関係 $y = \alpha + \beta x$ が認められるという.

(1)最小 2 乗法について説明し，α と β の値を与えよ.

(2)3 組の変数 (x, y, z) のデータが与えられたとき，y と z の偏相関係数について説明し，それを用いる目的について述べよ.

問 5.　残差の平方和などに関する関係式が (4.5) で与えられている．それらの式が成り立つことを示せ.

問 6.　偏相関が (4.4) の形に書けることを示せ.

第II部

確　率

第5章

確率の基礎

　宝くじの当選予想，競馬の予想，天気予報など，私たちの周りには ランダムネス（不確実性やリスク）を伴う現象が沢山ある．このような現象を確率現象という．そのランダムネスには起こりやすさの法則があり，それを確率という．様々な自然現象や社会現象を確率に基づいて説明したものを確率モデル，統計モデルといい，観測データに基づいて統計モデルに関して推論することを統計的推測 (statistical inference) という．この章以降で，確率に基づいた統計的推測の内容を学んでいく．

5.1 確率と事象

　簡単な例を通して確率について考えてみよう．1枚100円で以下のような宝くじを1枚購入した．

1 等	1,000 円	1 枚
2 等	500 円	10 枚
3 等	100 円	20 枚
ハズレ	0 円	69 枚

1等が当たる確率は，100枚中1枚であるから明らかに1/100である．同様に考えて，

第 II 部　確　率

$$P[\{1\,\text{等}\}] = \frac{1}{100}$$

$$P[\{2\,\text{等}\}] = \frac{10}{100} = \frac{1}{10}$$

$$P[\{3\,\text{等}\}] = \frac{20}{100} = \frac{1}{5}$$

$$P[\{\,\text{はずれ}\,\}] = \frac{69}{100}$$

となる. これに基づいて, 1 等または 2 等が当たる確率は

$$P[\{1\,\text{等}\}\,\text{または}\,\{2\,\text{等}\}] = P[\{1\,\text{等}\}] + P[\{2\,\text{等}\}]$$
$$= \frac{1}{100} + \frac{10}{100} = \frac{11}{100}$$

となり, 1 等, 2 等, 3 等のどれかが当たる確率は

$$P[\{1\,\text{等}\}\,\text{または}\,\{2\,\text{等}\}\,\text{または}\,\{3\,\text{等}\}]$$
$$= P[\{1\,\text{等}\}] + P[\{2\,\text{等}\}] + P[\{3\,\text{等}\}]$$
$$= \frac{1}{100} + \frac{10}{100} + \frac{20}{100} = \frac{31}{100}$$

となる. このように, 確率は {1 等, 2 等, 3 等, はずれ } の部分集合に対して
与えられる.

■事象

　一般に, 起こりうる結果の全体を**全事象**といい, Ω で表す. Ω はギリシ
ャ文字でオメガの大文字を表す. 個々の結果を $\omega_1, \omega_2, \ldots, \omega_n$ 等で表す. す
なわち,

$$\Omega = \{\omega_1, \omega_2, \ldots, \omega_n\}$$

である. ω はギリシャ文字でオメガの小文字である. 宝くじの例では, $\Omega = $
{1 等, 2 等, 3 等, はずれ } である. 起こりうる結果の集合を**事象**という. こ
れは, Ω の部分集合のことであり,

$$\emptyset, \{\omega_1\}, \ldots, \{\omega_n\}, \{\omega_1, \omega_2\}, \ldots, \Omega$$

はすべて事象である．ここで $\emptyset$ は空集合を表す．$\{\omega_1\}, \ldots, \{\omega_n\}$ を**基本事象**という．宝くじの例では，{1等 }, {2等 }, {3等 }, { はずれ } が基本事象となり，空集合 $\emptyset$ を含め，

{1等 }, {2等 }, {3等 }, { はずれ }, {1等, 2等 }, {1等, 3等 }, {1等, はずれ },
{2等, 3等 }, {2等, はずれ }, {3等, はずれ }, {1等, 2等, 3等 },
{1等, 2等, はずれ }, {1等, 3等, はずれ },
{2等, 3等, はずれ }, {1等, 2等, 3等, はずれ }

が事象となる．

2 つの事象 A と B がともに起こる事象を**積事象** (intersection) といい，A か B の少なくともどちらかが起こる事象を**和事象** (union) という．これらはそれぞれ積集合（共通集合），和集合に対応していて，

$$A \cap B = \{x | x \in A \text{ かつ } x \in B\}, \quad A \cup B = \{x | x \in A \text{ または } x \in B\}$$

と書ける．A に属さない結果の集合を余事象という．これは A の**補集合** (complement) に対応しており A^c で表す．宝くじの例で，$A = \{3\text{等以上 }\}$，$B = \{1\text{等もしくははずれ }\}$ とすると，$A \cap B = \{1\text{等 }\}$，$A \cup B = \Omega$，$A^c = \{ \text{ はずれ }\}$，$(A \cup B)^c = \emptyset$ となる．

■確率の公理

宝くじの例からわかるように，確率は事象に対して定義されており，必ず 0 以上 1 以下で，全事象の確率が 1 になっている．一般に，事象に対して区間 $[0, 1]$ の実数を対応させる関数 $P(\cdot)$ で，次の 3 つの性質を満たすものを**確率** (probability) という．

(P1) すべての事象 A に対して $P(A) \geq 0$

(P2) $P(\Omega) = 1$

(P3) 事象 A, B が $A \cap B = \emptyset$ のとき，$P(A \cup B) = P(A) + P(B)$ が成り立つ．

宝くじの例では，(P1) は明らかであり，(P2) は

第 II 部 確　率

$$P[\{1\text{ 等}\} \text{ または } \{2\text{ 等}\} \text{ または } \{3\text{ 等}\} \text{ または } \{\text{ はずれ}\}]$$

$$= P[\{1\text{ 等}\}] + P[\{2\text{ 等}\}] + P[\{3\text{ 等}\}] + P[\{\text{ はずれ}\}]$$

$$= \frac{1}{100} + \frac{10}{100} + \frac{20}{100} + \frac{69}{100} = 1$$

より成り立つ．(P3) も容易に確かめることができる．

条件 (P3) は厳密には不十分で，正確には無限の集合の列に関する次のような条件となる．$A_1, A_2, \ldots, A_i, \ldots$ を無限個の集合の列で，$i \neq j$ に対して $A_i \cap A_j = \emptyset$ とする．こうした集合の列に対して $P(\cup_{i=1}^{\infty} A_i) = \sum_{i=1}^{\infty} P(A_i)$ が成り立つ．このような確率の公理に基づいて確率論の様々な性質が構築されている．例えば，確率についての次のような基本的な性質は上の 3 つの条件から出てくる．

命題 5.1　(P1), (P2), (P3) から，確率について次の性質が導かれる．

(1) $P(A^c) = 1 - P(A)$

(2) $A \subset B$ ならば $P(A) \leq P(B)$

(3) $0 \leq P(A) \leq 1$

(4) $P(A \cup B) = P(A) + P(B) - P(A \cap B)$

(証明)　命題の(1)については，(P3) を用いると $\Omega = A \cup A^c$, $A \cap A^c = \emptyset$ より $P(\Omega) = P(A) + P(A^c)$ となる．これと (P2) より $P(A^c) = 1 - P(A)$ が成り立つ．

(2)については $B = A \cup (B \cap A^c)$, $A \cap (B \cap A^c) = \emptyset$ より $P(B) = P(A) + P(B \cap A^c)$ となる．(P1) より(2)が成り立つ．(3)は，(P1) と(1)より明らか．

(4)については $A = (A \cap B) \cup (A \cap B^c)$, $B = (B \cap A) \cup (B \cap A^c)$ と分解すると (P3) より $P(A) + P(B) = P(A \cap B) + \{P(A \cap B^c) + P(A \cap B) + P(B \cap A^c)\} = P(A \cap B) + P(A \cup B)$ となる．

5.2 条件付き確率と事象の独立性

■条件付き確率

確率を扱う上で重要な概念に条件付き確率がある．2つの事象 A と B について，$P(B) > 0$ のとき，B が与えられたときの A の**条件付き確率** (conditional probability) は

$$P(A \mid B) = \frac{P(A \cap B)}{P(B)} \tag{5.1}$$

で定義される．例えば宝くじの例では，3等以上当たったという条件のもとで1等が当たる条件付き確率は

$$
\begin{aligned}
P(\{1\,等\,\} \mid \{3\,等以上\,\}) &= \frac{P(\{1\,等\,\} \cap \{3\,等以上\,\})}{P(\{3\,等以上\,\})} \\
&= \frac{P(\{1\,等\,\})}{P(\{3\,等以上\,\})} = \frac{1}{31}
\end{aligned}
$$

となる．

例 5.1 20歳の男女について飲酒と男女の違いを調べたところ，男性で飲酒する確率は $P(男 \cap 飲酒) = 5/12$，女性で飲酒する確率は $P(女 \cap 飲酒) = 1/3$ となったという．男女比は $P(男) = 1/2$，$P(女) = 1/2$ で与えられているとする．これを表にまとめると次のようになる．

	男	女	計
飲酒	5/12	1/3	3/4
非飲酒	1/12	1/6	1/4
計	1/2	1/2	1

男性に関して飲酒している条件付き確率 $P(飲酒 \mid 男)$ は

$$P(飲酒 \mid 男) = \frac{P(男 \cap 飲酒)}{P(男)} = \frac{5}{12} \div \frac{1}{2} = \frac{5}{6}$$

となる．非飲酒のもとで女性である条件付き確率は

$$P(女 \mid 非飲酒) = \frac{P(女 \cap 非飲酒)}{P(非飲酒)} = \frac{1}{6} \div \frac{1}{4} = \frac{2}{3}$$

第 II 部　確　率

となる.

命題 5.2　条件付き確率に関連して次の性質が成り立つ. ここで $P(B) > 0$, $P(B^c) > 0$, $P(A) > 0$ とする.

(1) $P(A \cap B) = P(A \mid B)P(B) = P(B \mid A)P(A)$

(2) $P(A) = P(A \mid B)P(B) + P(A \mid B^c)P(B^c)$

(3) 事象 A を与えたときの B もしくは B^c の条件付き確率は次のように表される.

$$P(B \mid A) = \frac{P(A \mid B)P(B)}{P(A \mid B)P(B) + P(A \mid B^c)P(B^c)}$$

$$P(B^c \mid A) = \frac{P(A \mid B^c)P(B^c)}{P(A \mid B)P(B) + P(A \mid B^c)P(B^c)}$$

(証明)　(1)は, 条件付き確率の定義から得られる. (2)については, $\Omega = B \cup B^c$ であるから, 集合の分配法則から $A = A \cap \Omega = A \cap (B \cup B^c) = (A \cap B) \cup (A \cap B^c)$ と書けることに注意する. $(A \cap B) \cap (A \cap B^c) = \emptyset$ であるから, (P3) を用いると

$$P(A) = P\{(A \cap B) \cup (A \cap B^c)\} = P(A \cap B) + P(A \cap B^c)$$
$$= P(A \mid B)P(B) + P(A \mid B^c)P(B^c)$$

となる.

(3)の性質は, 条件付き確率 $P(B \mid A)$ が逆向きの条件付き確率 $P(A \mid B)$, $P(A \mid B^c)$ に基づいて計算できるというもので, **ベイズの公式 (定理)** (Bayes theorem) と呼ばれる. $P(B \mid A) = P(A \cap B)/P(A)$, $P(B^c \mid A) = P(A \cap B^c)/P(A)$ であり, 分母の $P(A)$ に(2)を適用すればよい.

例 5.2　情報を 0 と 1 に符号化して送る際に, 受信者が 1 割の確率で間違って受信してしまう場合を想定してみる. 送信者が, 0 を 1/3 の確率, 1 を 2/3 の確率で送信していることがわかっているとする. このとき次の問題を考えてみよう.

(1) 0 を受信する確率を求めよ.

(2) 0を受信したとするとき，それが間違って受信した確率を求めよ．1を
受信したときには，間違って受信する確率はどうなるか．

0を送信する事象をB, 1を送信する事象をB^cとし，0を受診する事象を
A, 1を受診する事象をA^cとする．このとき，$P(B) = 1/3$, $P(B^c) = 2/3$,
$P(A \mid B) = P(A^c \mid B^c) = 9/10$, $P(A \mid B^c) = P(A^c \mid B) = 1/10$である．
(1)については

$$P(A) = P(A \mid B)P(B) + P(A \mid B^c)P(B^c)$$
$$= \frac{9}{10}\frac{1}{3} + \frac{1}{10}\frac{2}{3} = \frac{11}{30}$$

となる．(2)については，ベイズの定理より

$$P(B^c \mid A) = \frac{P(A \mid B^c)P(B^c)}{P(A)} = \frac{1}{10}\frac{2}{3} \div \frac{11}{30} = \frac{2}{11}$$
$$P(B \mid A^c) = \frac{P(A^c \mid B)P(B)}{P(A^c)} = \frac{1}{10}\frac{1}{3} \div \frac{19}{30} = \frac{1}{19}$$

となる．

■事象の独立性

条件付き確率の定義から，2つの事象AとBが同時に起こる確率は
$P(A \cap B) = P(A \mid B)P(B)$と書ける．ここで$A$と$B$が全く独立に起き
る場合を考えよう．この場合，Bが起こったという条件があってもなくて
も，Aが起こる確率は変わらない．即ち，$P(A \mid B) = P(A)$であり，した
がって$P(A \cap B) = P(A)P(B)$となる．これを事象AとBの**独立性** (inde-
pendence) の定義にしよう．

2つの事象AとBが

$$P(A \cap B) = P(A)P(B) \tag{5.2}$$

をみたすとき，AとBは**独立** (independent) であるという．

例 5.3　ある大学で飲酒と男女の違いを調べたところ，男性で飲酒する確率
は$P(男 \cap 飲酒) = 1/6$, 女性で飲酒する確率は$P(女 \cap 飲酒) = 1/12$となっ

第 II 部　確　率

たという．男女比は $P(男) = 2/3$, $P(女) = 1/3$ で与えられているとして，男女の違いと飲酒とは関係があるか否かを調べよう．これを表にまとめると次のようになる．

	男	女	計
飲酒	1/6	1/12	1/4
非飲酒	1/2	1/4	3/4
計	2/3	1/3	1

この表から，$P(男 \cap 飲酒) = P(男)P(飲酒)$, $P(女 \cap 飲酒) = P(女)P(飲酒)$, $P(男 \cap 非飲酒) = P(男)P(非飲酒)$, $P(女 \cap 非飲酒) = P(女)P(非飲酒)$ が成り立っていることがわかる．したがって，この表からは，飲酒するか否かは男女の違いと独立であることになる．

5.3　発展的事項

命題 5.2 で与えられた条件付き確率の性質は次のような形で一般化される．

事象 $A_1, \ldots, A_n$ に対して

$$P(A_1 \cap \cdots \cap A_n)$$
$$= P(A_n \mid A_1 \cap \cdots \cap A_{n-1}) \times \cdots \times P(A_3 \mid A_1 \cap A_2)P(A_2 \mid A_1)P(A_1)$$
(5.3)

が成り立つ．

事象 $B_1, \ldots, B_n$ が，$i \neq j$ に対して $B_i \cap B_j = \emptyset$ をみたすとする．このことを，$B_1, \ldots, B_n$ は互いに**排反** (disjoint) であるという．また $P(B_k) > 0$, $\cup_{k=1}^n B_k = \Omega$ をみたすとき，事象 A の確率は

$$P(A) = \sum_{k=1}^n P(A \mid B_k)P(B_k) \tag{5.4}$$

と分解できる．これを**全確率の公式** (Law of total probability) という．

ベイズの定理は次のような形に一般化できる．$B_1, \ldots, B_n$ を互いに排反

90

な事象とし，$P(B_k) > 0$，$\cup_{k=1}^{n} B_k = \Omega$ を満たすとする．このとき事象 A に対して条件付き確率 $P(B_j \mid A)$ は次のように表される．

$$P(B_j \mid A) = \frac{P(A \mid B_j)P(B_j)}{\sum_{k=1}^{n} P(A \mid B_k)P(B_k)} \tag{5.5}$$

【 問 題 】

問 1. $P(A) = 0.5$，$P(B) = 0.3$，$P(A \cap B) = 0.2$ であるような 2 つの事象 A, B について，$P(A^c)$，$P(A \cup B)$，$P(A^c \cap B)$ の確率を求めよ．

問 2. $P(A) = 0.5$，$P(B|A) = 0.4$，$P(A|B) = 0.8$ であるような 2 つの事象 A, B について，$P(B)$，$P(A \cup B)$，$P(B^c \cap A)$ の確率を求めよ．

問 3. 事象 A と B が独立であり，$P(A) = 0.5$，$P(B) = 0.4$ であるとする．このとき，$P(A|B)$，$P(A \cap B)$，$P(A \cup B)$，$P(A^c \cap B^c)$ の確率を求めよ．

問 4. $P(A^c \cap B^c)$，$P(A^c \cup B^c)$ を $P(A \cap B)$，$P(A \cup B)$ を用いて表せ．

問 5. 事象 A_1, A_2, A_3 に対して次を示せ．

$P(A_1 \cup A_2 \cup A_3)$

$= P(A_1) + P(A_2) + P(A_3) - P(A_1 \cap A_2) - P(A_2 \cap A_3) - P(A_3 \cap A_1)$

$+ P(A_1 \cap A_2 \cap A_3)$

問 6. (5.3) を示せ．

問 7. (5.4) を示せ．また (5.5) を示せ．

問 8. ある特定の病気について疾患の有無を調べる簡易的な検査方法がある．この方法によると，間違えて陽性反応（疾患があると判断）が出てしまう確率は 10% であり，一方，間違えて陰性（疾患がないと判断）となる確率は 1% 程度の精度になっているという．その病気にかかっているのは全体の 10% であるとする．陽性反応が出たとき，病気にかかっている確率を求めよ．

問 9. B_1, B_2, B_3, B_4 と名前の付いた 4 つの壺から 1 つをランダムに選び，選ばれた壺の中から玉を 1 つランダムに選ぶと仮定する．k 番目の壺 B_k には k 個の赤玉と $10 - k$ 個の白玉が入っているものとする．このとき，

(1)赤玉が選ばれる確率．

91

第 II 部　確　率

(2)赤玉が選ばれたときに，それが 4 番目の壺からとられる確率．

を求めよ．

問 10.　ある銀行において貸出審査の結果が「優」「良」「可」に分類され，それぞれの確率が 0.2, 0.5, 0.3 であったという．また完済できたか，返済不能になったか，いずれかの結果がわかっており，審査で「優」のランクの貸付のうち完済できた確率が 0.9,「良」のうち完済できた確率が 0.6,「可」のうち完済できた確率が 0.4 とする．このとき，

(1)完済できた貸付のうち，それが「優」のランクである確率を求めよ．

(2)返済不能となった貸付のうち，それが「優」のランクである確率を求めよ．

問 11.　ある薬の服用と特定の病気の治癒の間に関係があるか否かに関心があるとする．事象 A_1, A_2 をそれぞれ薬の服用，非服用とし，B_1, B_2 をそれぞれ病気が治癒する事象，治癒しない事象とする．いま，$P(A_1) = c$, $P(B_1) = b$, $P(A_1 \cap B_1) = a$, $P(A_1 \cap B_2) = 1/9$, $P(A_2 \cap B_1) = 4/9$ で与えられているとする．

	B_1	B_2	計
A_1	a	$1/9$	c
A_2	$4/9$	d	$1 - c$
計	b	$1 - b$	1

(1)薬の服用と病気の治癒の間に因果関係がないとした場合，a, b, c, d はどのような値をとるか．

(2)薬の服用と病気の治癒の間には独立性が成り立っていないとする．$P(A_2 \cap B_2) = d$ の値を適当に与え，独立ではないときの a, b, c の値を与えよ．また，その場合の条件付き確率 $P(B_1 \mid A_1)$ を求めよ．

第6章

確率分布と期待値

確率は事象に対して定義されることを述べたが，事象を直接扱うよりもそれを要約したものを扱った方が便利な場合が多い．例えば，やや歪んだコインを 10 回投げる実験を行って「表」が出る確率を計算する場合，「表」が出るとき 1，「裏」が出るとき 0 と割り振ると，全事象 Ω は $2^{10} = 1,024$ 個の元からなる．しかし，興味があるのは，個々の実験で「表」「裏」のどちらが出るかということではなく，「表」が出る回数である．この回数を X とおくと X の取り得る値の集合は $\{0, 1, \ldots, 10\}$ となるので，上述の全事象を扱うよりもはるかに扱い易い．X は全事象から実数への関数とみることができるが，これを確率変数という．

この節では，確率変数とその確率分布，確率分布の平均と分散など，確率分布の基本事項について学ぶ．

6.1 離散確率変数と確率関数

5.1 節で取り上げた例について，1 枚の宝くじを購入したとき，結果が発表される前の獲得金額を X で表す．X が 1,000 になることは，1 等が当たることと等しいので，その確率は $1/100$ になる．同様に考えて

$$P[X = 1,000] = P[\{1 \text{ 等 }\}] = \frac{1}{100}$$

$$P[X = 500] = P[\{2 \text{ 等 }\}] = \frac{1}{10}$$

$$P[X = 100] = P[\{3 \text{ 等 }\}] = \frac{1}{5}$$

$$P[X = 0] = P[\{ \text{ はずれ }\}] = \frac{69}{100}$$

第 II 部　確　率

となることがわかる.

X の値	0	100	500	1,000
確率	$\dfrac{69}{100}$	$\dfrac{1}{5}$	$\dfrac{1}{10}$	$\dfrac{1}{100}$

すなわち, この時点では, X は確率的に変動する変数である. そこで, X のことを確率変数という. 結果が発表され, X の金額が x 円であると定まったとき, x を X の実現値という. 通常, 確率変数は大文字で, 実現値はその小文字で表す.

　直感的には確率変数は確率的に変動する変数であると理解できるが, 次のような見方をすることもできる. $X(\{1\,\text{等}\}) = 1,000,\ X(\{2\,\text{等}\}) = 500,$ $X(\{3\,\text{等}\}) = 100,\ X(\{\,\text{はずれ}\,\}) = 0$ というように, 確率変数とは各基本事象に対して実数値を対応させる関数であると理解することができる. したがって, 各実現値にはそれに対応する事象があり, その事象には確率が定義されているので, 確率変数が確率的に変動することがわかる. 例えば, $X = 1,000$ となる確率は, $P[X = 1,000] = P[\{\omega | X(\omega) = 1,000\}] =$ $P[\{1\,\text{等}\}] = 1/100$ というように, 確率変数がある実現値をとる確率が事象の確率を通して与えることができる. こうした考え方を用いると, 確率変数の定義を一般的な形で与えることができる.

　これまでは, 基本事象の個数が有限個の場合を例として扱ってきたが, これからは, $\Omega = \{\omega_0, \omega_1, \omega_2, \ldots\}$ として, 要素が無限個の場合を考えることにする.

　一般に **確率変数** (random variable) は Ω から実数への関数 $X(\cdot)$ として定義される. これを X と書く. 確率変数 X の **実現値** とは, $\omega_i \in \Omega$ に対して $X(\omega_i)$ の値のことであり, 実現値の全体は $\mathcal{X} = \{X(\omega_i) \mid \omega_i \in \Omega, i = 0, 1, 2, \ldots\}$ と表される. これを X の **標本空間** (sample space) という. いま標本空間が

$$\mathcal{X} = \{x_0, x_1, x_2, \ldots, x_k, \ldots\}$$

で与えられるとする. ここで, $x_0 < x_1 < x_2 < \cdots$ のように小さい順に並んでいるものとする. このとき, $X = x_k$ となる確率 $P(X = x)$ は

94

$$P(X = x_k) = P(\{\omega \in \Omega | X(\omega) = x_k\})$$

で計算される. 即ち, $X(\omega) = x_k$ を満たすすべての基本事象 ω について確率をとることになる. X は離散点で確率をもつので**離散確率変数** (discrete random variable) という. 簡単のために $P(X = x_k)$ を $p(x_k)$ で表すことにする.

X の値	x_0	x_1	x_2	$\cdots$	x_k	$\cdots$
確率	$p(x_0)$	$p(x_1)$	$p(x_2)$	$\cdots$	$p(x_k)$	$\cdots$

一般に, $p(x_k)$ が次の性質をみたすとき, **確率関数** (probability function) という.

(a) $0 \leq p(x_k) \leq 1, \quad k = 0, 1, 2, \ldots$

(b) $\sum_{k=0}^{\infty} p(x_k) = 1$

確率変数 X が x 以下となる確率を $F(x)$ で表して**累積分布関数**という. すなわち,

$$F(x) = P(X \leq x) = \sum_{k:x_k \leq x} p(x_k)$$

として定義される. ここで, $\sum_{k:x_k \leq x}$ は $x_k \leq x$ を満たすすべての x_k に関して和をとるという意味である. 累積確率分布関数 $F(x)$ は非減少な関数で, $x \to \infty$ とすると $F(x) \to 1$, $x \to -\infty$ とすると $F(x) \to 0$ となることがわかる.

例6.1 あるスポーツ競技の決勝で 5 人の選手が競うことになり, 1 位には 10 万円, 2 位には 5 万円, 3 位から 5 位には 1 万円の賞金がもらえるとする.

(1)標本空間を $\mathcal{X} = \{10, 5, 1\}$ とすると, 確率変数はどのような関数として表されるか. ただし単位は万円としている.

(2)ある選手 A の 1 位を取る確率は $P(\{1\,\text{位}\}) = 1/2$ で, 以下 $P(\{2\,\text{位}\}) = 1/5$, $P(\{3\,\text{位}\}) = P(\{4\,\text{位}\}) = P(\{5\,\text{位}\}) = 1/10$ で与えられているとする. このとき, $P(X = 1)$, $P(X \geq 5)$ の確率を求めよ.

第 II 部 確　率

(1)については，$X(\{1\,\text{位}\}) = 10,\ X(\{2\,\text{位}\}) = 5,\ X(\{3\,\text{位}\}) = X(\{4\,\text{位}\}) = X(\{5\,\text{位}\}) = 1$ となる．また(2)については，$P(X = 1) = P(\{\omega | X(\omega) = 1\}) = P(\{3\,\text{位}, 4\,\text{位}, 5\,\text{位}\}) = P(\{3\,\text{位}\}) + P(\{4\,\text{位}\}) + P(\{5\,\text{位}\}) = 3/10,\ P(X \geq 5) = P(\{\omega | X(\omega) \geq 5\}) = P(\{1\,\text{位}, 2\,\text{位}\}) = P(\{1\,\text{位}\}) + P(\{2\,\text{位}\}) = 7/10$ となる．

例 6.2　コイン投げを行って表が出る事象を H, 裏が出る事象を T とし，3 回コインを投げて表が出る個数を X とする．このとき標本空間は $\mathcal{X} = \{0, 1, 2, 3\}$ である．表も裏も等確率で出るものとして $X = x$ となる確率を求めてみよう．事象 ω と X の実現値 $X(\omega) = x$ をまとめたものが次の表である．例えば，HHT は表表裏の順で出る事象を表す．

ω	HHH	HHT	HTH	THH	TTH	THT	HTT	TTT
$X(\omega) = x$	3	2	2	2	1	1	1	0

この表から，確率は $p(3) = P(X = 3) = 1/8,\ p(2) = P(X = 2) = 3/8,\ p(1) = P(X = 1) = 3/8,\ p(0) = P(X = 0) = 1/8$ となることがわかる．このとき，累積分布関数を求めてみると，

$$F(x) = \begin{cases} 0 & (-\infty < x < 0 \text{ のとき}) \\ 1/8 & (0 \leq x < 1 \text{ のとき}) \\ 1/2 & (1 \leq x < 2 \text{ のとき}) \\ 7/8 & (2 \leq x < 3 \text{ のとき}) \\ 1 & (3 \leq x < \infty \text{ のとき}) \end{cases} \tag{6.1}$$

となり，図 6.1 のような**階段関数**の形をとる．

第6章 確率分布と期待値

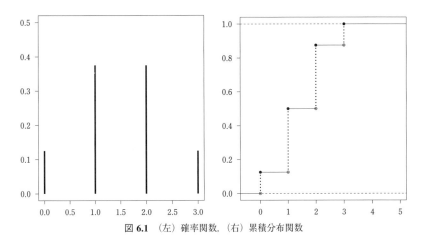

図 **6.1** （左）確率関数，（右）累積分布関数

6.2 連続確率変数と確率密度関数

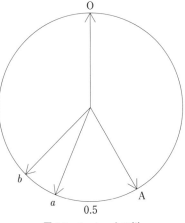

図 **6.2** ルーレットの例

さて，確率変数が連続的な値をもつ場合を説明しよう．この場合は，前節の離散確率の場合と確率の考え方が異なってくる．例えば，図6.2のようなルーレットの例を考えてみよう．1周の弧の長さが1のルーレットの針を回転させ，止まった点をAとする．基準点OからAまでの弧OAの長さを時計回りの方向に測る実験を考える．弧OAの長さをXで表すと，Xは$0 < X \leq 1$をみたす実数である．ルーレットの針がスムーズに回転するものとすれば，針が円周上のどの点に止まるのも同じ起こりやすさであるとしてよい．言い換えると，Xは区間$(0,1]$上の点を一様にとりうる．したがって，$P[0 < X \leq 1] = 1$であり，$0 < a \leq 1$に対して$0 < X \leq a$となる確率は

97

第 II 部　確　率

$$P[0 < X \leq a] = a$$

となる．この場合，全事象は区間 $(0,1]$ であり，その部分集合が事象になり，事象に対して確率が与えられる．例えば，$0 \leq a < b < 1$ に対して，$a < X \leq b$ となる確率は

$$P[a < X \leq b] = b - a$$

となる．X は区間 $(0,1]$ 上に値をとる連続な確率変数である．

ここで注意するのが，X が 1 点の値をとる確率は 0 になってしまうということである．例えば，$P[a < X \leq b] = b - a$ において a を b に近づけていくと，区間 $(a, b]$ は 1 点 b に近づき，右辺は 0 に近づくので，

$$P[X = b] = 0$$

となり，1 点の確率が 0 になる．ここが離散確率分布と異なる点である．

それでは，連続確率分布の場合，確率とはどのように考えたらよいだろうか．そこで，

$$P[0 < X \leq a] = a = a \times 1 = (底辺) \times (高さ)$$

と表してみる．すると，**確率は面積を表している**ことがわかる．1 点 a は面積がないのでその確率は 0 になってしまうのである．高さの部分を**確率密度**という（図 6.3）．

一般に，標本空間すなわち X の実現値の空間が連続である場合に定義される確率変数を**連続確率変数**という．これ以降は確率変数 X が実数直線上に実現値 x をとる場合を考える．関数 $f(x)$ が次の性質をみたすとき，**確率密度関数** (probability density function) という．

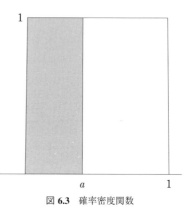

図 **6.3**　確率密度関数

(a) すべての x に対して $f(x) \geq 0$ である.
(b) $\int_{-\infty}^{\infty} f(x) \mathrm{d}x = 1$ をみたす.

ここで，$\int_{-\infty}^{\infty} f(x) \mathrm{d}x$ は関数 $f(x)$ を $-\infty < x < \infty$ の範囲で積分することを意味している．この積分は関数 $f(x)$ と x 軸で囲まれた部分の面積を意味しており，基本的な考え方が付録 2 で与えられている．

連続な確率変数の確率は確率密度関数を用いて積分の形で表される．すなわち，$a \leq X \leq b$ となる確率は

$$P[a \leq X \leq b] = \int_a^b f(x) \mathrm{d}x$$

であり図 6.4 のような面積となる．

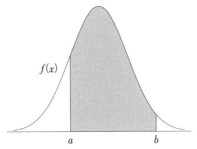

図 **6.4** 連続分布の確率

連続な確率変数 X について，離散確率変数の累積確率分布関数に対応す

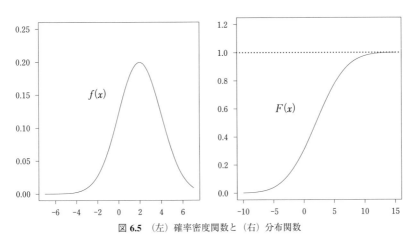

図 **6.5** （左）確率密度関数と（右）分布関数

第 II 部 確 率

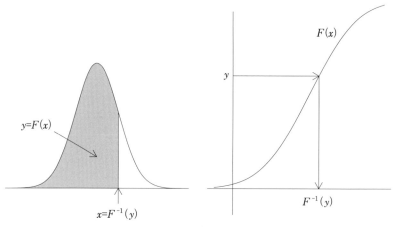

図 6.6 分位点

るものが，**確率分布関数** (probability distribution function) で，

$$F(x) = P(X \leq x) = \int_{-\infty}^{x} f(t)dt, \quad -\infty < x < \infty \tag{6.2}$$

により定義される．$F(x)$ は連続で単調増加な関数で，$x \to -\infty$ とすると $F(x) \to 0$ に近づき，$x \to \infty$ とすると $F(x) \to 1$ に近づくことがわかる（図 6.5）．また，$F(x)$ を x に関して微分すると $f(x)$ が生ずることがわかる．確率変数 X の確率密度関数，確率分布関数であることを明記するために，これから $f_X(x)$, $F_X(x)$ と記すこともある．$y = F(x)$ となる x を分位点といい，$F(x)$ の逆関数 $F^{-1}(y)$ を用いると $x = F^{-1}(y)$ で与えられる．$F(x)$ とその分位点との関係は図 6.6 で示されている．

命題 6.1　連続型確率変数 X の確率密度関数と分布関数を $f(x)$, $F(x)$ とすると，次の関係式が成り立つ．

$$f(x) = \frac{d}{dx}F(x), \quad \int_{-\infty}^{x} f(t)dt = F(x)$$

集合 A の指示関数 $I_A(x)$ を

$$I_A(x) = \begin{cases} 1 & x \in A \text{ のとき} \\ 0 & x \in A^c \text{のとき} \end{cases} \tag{6.3}$$

と定義すると，先ほどのルーレットの例で登場した確率密度関数は

$$f(x) = I_{(0,1]}(x) = \begin{cases} 1 & 0 < x \le 1 \text{ のとき} \\ 0 & x \le 0 \text{ もしくは } x > 1 \text{ のとき} \end{cases}$$

と表され，分布関数は，$\int_0^x dt = x$ より

$$F(x) = \int_{-\infty}^x f(t)dt = \begin{cases} 0 & x \le 0 \text{ のとき} \\ x & 0 < x \le 1 \text{ のとき} \\ 1 & x > 1 \text{ のとき} \end{cases}$$

となる．これを微分すると，$F'(x) = I_{(0,1]}(x)$ となることは容易に確かめられる．

例 6.3　ある連続な確率変数 X の確率密度関数 $f(x)$ が

$$f(x) = Cx^2 I_{[0,1]}(x)$$

の形で与えられるとき，定数 C を求めてみよう．確率密度関数になるためには $\int_{-\infty}^{\infty} f(x)dx = 1$, 即ち，

$$\int_{-\infty}^{\infty} f(x)dx = C\int_0^1 x^2 dx = \frac{C}{3} = 1$$

をみたす必要があるので，$C = 3$ となる．このように全確率が 1 になるように調整される定数 C を**正規化定数** (normalizing constant) という．また分布関数は

$$F(x) = \int_{-\infty}^x 3t^2 I_{[0,1]}(t)dt = \begin{cases} 0 & (x < 0 \text{ のとき}) \\ x^3 & (0 \le x < 1 \text{ のとき}) \\ 1 & (x > 1 \text{ のとき}) \end{cases}$$

で与えられる．

第 II 部　確　率

6.3　確率分布の平均と分散

■期待値

6.1 節の冒頭で扱った宝くじの例に戻ってみる．1 枚の宝くじを 100 円で購入する場合，どの程度の損得が生ずるであろうか．そこで，宝くじ 1 枚の期待金額を求めてみよう．この期待金額は記号 $E[X]$ で表され，次のようにして求めることができる．

$$
\begin{aligned}
E[X] &= 0 \times p(0) + 100 \times p(100) + 500 \times p(500) + 1000 \times p(1000) \\
&= 0 \times \frac{69}{100} + 100 \times \frac{1}{5} + 500 \times \frac{1}{10} + 1000 \times \frac{1}{100} \\
&= 0 + 20 + 50 + 10 = 80
\end{aligned}
$$

となる．したがって，100 円で宝くじを購入すると平均的には 80 円戻ってくることになる．20 円の損失分は夢をみるために支払っていると思えば，それほど損をしているようには感じないかもしれない．

一般に，離散確率変数 X の確率関数が $p(x_k)$, $k = 0, 1, 2, \ldots$, で与えられるとき，X の期待値は

$$
E[X] = \sum_{k=0}^{\infty} x_k p(x_k) = x_0 p(x_0) + x_1 p(x_1) + x_2 p(x_2) + \cdots
$$

で定義される．

連続な確率変数の場合にも和記号 $\sum$ を積分記号 $\int$ で置き換えることによって期待値が求まる．連続な確率変数 X の確率密度関数を $f(x)$ とすると，X の期待値は

$$
E[X] = \int_{-\infty}^{\infty} x f(x) \mathrm{d}x
$$

で与えられる．例えば，ルーレットの例では，

$$
E[X] = \int_0^1 x \mathrm{d}x = \left[\frac{x^2}{2} \right]_0^1 = \frac{1}{2}
$$

となる．

102

確率変数 X の関数 $g(X)$ の**期待値** (expected value) を $E[g(X)]$ で表し,

$$E[g(X)] = \begin{cases} \sum_{k=0}^{\infty} g(x_k)p(x_k) & （Xが離散確率変数のとき） \\ \int_{-\infty}^{\infty} g(x)f(x)dx & （Xが連続確率変数のとき） \end{cases} \tag{6.4}$$

で定義する. すなわち, $g(X)$ の期待値とは, $g(x)$ に対して, $X = x$ の値をとる確率もしくは確率密度を掛けて平均化したもの, いいかえると, $g(X)$ を X の確率分布で平均をとったものである. ここで注意することは, x の無限の範囲について和もしくは積分をとることになるので必ずしも期待値が存在するとは限らない点である. したがって, $g(X)$ の期待値が存在すること, すなわち $g(X)$ の絶対値の期待値 $E[|g(X)|]$ が有限であること $E[|g(X)|] < \infty$ を仮定する必要がある.

$E[\cdot]$ を期待値記号といい, 今後 X が離散確率変数でも連続確率変数でも同じ期待値記号 $E[\cdot]$ を用いることにする. 期待値記号に関する性質をまとめておく. a, b, c を定数とし, 関数 $g(X)$, $g_1(X)$, $g_2(X)$ の期待値が存在すると仮定する. このとき次の事項が成り立つ.

⑴ $E[c] = c$, 特に $E[1] = 1$

⑵ $E[ag_1(X) + bg_2(X)] = aE[g_1(X)] + bE[g_2(X)]$ （線形性）

⑶ すべての x に対して $g(x) \geq 0$ ならば, $E[g(X)] \geq 0$

⑷ すべての x に対して $g_1(x) \geq g_2(x)$ であるならば, $E[g_1(X)] \geq E[g_2(X)]$

⑸ $|E[g(X)]| \leq E[|g(X)|]$

いずれも容易に確かめられる.

(6.4) において $g(X) = X$ とおくとき, $E[X]$ を X の期待値もしくは**平均** (mean) といい, $\mu = E[X]$ で表す. μ はギリシャ文字でミューと読む. $E[|X|] < \infty$ のとき,

$$\mu = E[X] = \begin{cases} \sum_{k=0}^{\infty} x_k p(x_k) & （Xが離散確率変数のとき） \\ \int_{-\infty}^{\infty} x f(x)dx & （Xが連続確率変数のとき） \end{cases}$$

となる.

第 II 部　確　率

例 6.4(**セント・ペテルスブルグのパラドックス**)　コインを投げ続けてい
き，k 回目に表がでたら 2^k 円もらえる賭けを行う．このとき期待値はどう
なるであろうか．もらえる金額を X とすると，$p(2^k) = P(X = 2^k) = 1/2^k$
となる．実際 $\sum_{k=1}^{\infty} p(2^k) = 0.5/(1 - 0.5) = 1$ となり確率分布になってい
る．このとき，期待値は $E[X] = \sum_{k=1}^{\infty} 2^k p(2^k) = 1 + 1 + \cdots$ となり発散し
てしまう．したがって期待値は存在しない．このように非常に小さい確率で
も極めて大きい利益が得られる賭については期待値が発散してしまう場合が
ある．この例をセント・ペテルスブルグのパラドックスという．したがって
期待値が存在するための条件 $E[|X|] < \infty$ が成り立っているか否かには注意
する必要がある．

■**分散**

　確率変数 X の分布の平均的な散らばりは，平均 $\mu = E[X]$ からの長さの
2 乗 $(X - \mu)^2$ を，X の確率分布で平均したものとして与えられる．すなわ
ち，(6.4) において $g(X) = (X - \mu)^2$ と置いたもの

$$\sigma^2 = \text{Var}(X) = E[(X - \mu)^2]$$

$$= \begin{cases} \sum_{k=0}^{\infty} (x_k - \mu)^2 p(x_k) & (\text{X が離散確率変数のとき}) \\ \int_{-\infty}^{\infty} (x - \mu)^2 f(x) dx & (\text{X が連続確率変数のとき}) \end{cases}$$

を X の**分散** (variance) といい，$\text{Var}(X)$ もしくは σ^2 で表す．σ はギリシャ
文字でシグマと読む．$\sigma = \sqrt{\text{Var}(X)}$ を X の**標準偏差** (standard devia-
tion) といい，$\text{SD}(X)$ で表す．ただし $E[X^2] < \infty$ のときに分散が存在す
ることに注意する．

　宝くじの例では

$$\text{Var}(X) = (0 - 80)^2 \times p(0) + (100 - 80)^2 \times p(100)$$

$$+ (500 - 80)^2 \times p(500) + (1000 - 80)^2 \times p(1000)$$

$$= 6400 \times \frac{69}{100} + 400 \times \frac{1}{5} + 176400 \times \frac{1}{10} + 846400 \times \frac{1}{100}$$

$$= 4416 + 80 + 17640 + 8464 = 30600$$

となり，標準偏差は $\sqrt{30600} \fallingdotseq 175$ となる．また，ルーレットの例では

$$\mathrm{Var}(X) = \int_0^1 \left(x - \frac{1}{2}\right)^2 f(x)\mathrm{d}x = \left[\frac{1}{3}\left(x - \frac{1}{2}\right)^3\right]_0^1$$
$$= \frac{1}{3}\left\{\frac{1}{8} + \frac{1}{8}\right\} = \frac{1}{12}$$

となる．

期待値記号 $E[\cdot]$ の性質を用いると，$\mathrm{Var}(X) = E[X^2 - 2\mu X + \mu^2] = E[X^2] - \mu^2$ より，分散は

$$\mathrm{Var}(X) = E[X^2] - \mu^2 = E[X(X-1)] + \mu - \mu^2 \tag{6.5}$$

と表される．また $aX+b$ の平均と分散は $E[aX+b] = aE[X]+b$, $\mathrm{Var}(aX+b) = E[\{aX + b - E[aX+b]\}^2] = a^2 E[(X - E[X])^2]$ となる．即ち，

$$\mathrm{Var}(aX+b) = a^2\mathrm{Var}(X)$$

となり，分散は平均移動には不変であるが，尺度を変えると尺度の 2 乗倍だけ影響を受けることがわかる．これより，$SD(aX+b) = |a|SD(X)$ が成り立つ．

例 6.5 確率変数 X の確率関数が例 6.2 で与えられるとき，平均は $\mu = E[X] = \sum_{k=0}^3 kp(k) = 0 \times (1/8) + 1 \times (3/8) + 2 \times (3/8) + 3 \times (1/8) = 12/8 = 3/2$ となる．同様にして $E[X^2] = \sum_{k=0}^3 k^2 p(k) = 0^2 \times (1/8) + 1^2 \times (3/8) + 2^2 \times (3/8) + 3^2 \times (1/8) = 24/8 = 3$ となるので，分散は $\mathrm{Var}(X) = E[(X-\mu)^2] = 3 - (3/2)^2 = 3/4$ となる．

例 6.6 確率変数 X の確率密度関数が例 6.3 で与えられるとき，平均は $\mu = \int_0^1 x \cdot 3x^2 dx = 3/4$ となる．$E[X^2] = \int_0^1 x^2 \cdot 3x^2 dx = 3/5$ より，分散は $\mathrm{Var}(X) = 3/5 - (3/4)^2 = 3/80$ となる．

105

第II部 確 率

■チェビシェフの不等式

データに関するチェビシェフの不等式を 2.5 節で紹介したが，ここでは確率に関するチェビシェフの不等式を導こう．これは，9 章で標本平均の確率収束を示すのに使われる．

まず，(6.3) で与えられた指示関数

$$I_A(X) = \begin{cases} 1 & X \in A \text{のとき} \\ 0 & \text{その他} \end{cases}$$

について

$$E[I_A(X)] = \sum_{k=0}^{\infty} I_A(x_k)p(x_k) = \sum_{k:x_k \in A} p(x_k) = P(A)$$

となることに注意する．次に，a を適当な実数，c を正の実数とし，$(X-a)^2$ の期待値を $|X-a| > c$ と $|X-a| \le c$ の 2 つの領域に分けて

$$
\begin{aligned}
E[(X-a)^2] &= E[(X-a)^2\{I_{\{|X-a|>c\}} + I_{\{|X-a|\le c\}}\}] \\
&\ge E[(X-a)^2 I_{\{|X-a|>c\}}] \\
&\ge E[c^2 I_{\{|X-a|>c\}}] = c^2 E[I_{\{|X-a|>c\}}] \\
&= c^2 P(|X-a| > c)
\end{aligned}
$$

となる．したがって，**チェビシェフ (Chebyshev) の不等式**

$$P(|X-a| > c) \le \frac{E[(X-a)^2]}{c^2}, \quad P(|X-a| \le c) \ge 1 - \frac{E[(X-a)^2]}{c^2} \tag{6.6}$$

が得られる．

チェビシェフの不等式において，$a = \mu = E[X]$，$c = k\sigma$ とおくと，$E[(X-\mu)^2] = \text{Var}(X) = \sigma^2$ であるから，

$$P(|X-\mu| > k\sigma) \le \frac{1}{k^2}, \quad P(|X-\mu| \le k\sigma) \ge 1 - \frac{1}{k^2}$$

と表される．例えば，$k = 3$ とおくと，$1 - 1/3^2 = 8/9$ であるから，どんな

106

確率分布もほぼ9割は

$$\mu - 3\sigma \leq X \leq \mu + 3\sigma$$

の間に分布していることになる.

6.4 確率変数の標準化と変数変換

■確率変数の標準化

データの標準化について 2.4 節で説明したが,確率変数についても標準化して平均 0,分散 1 の確率変数をつくることができる.

確率変数 X の平均と分散が $\mu = E[X]$, $\sigma^2 = \text{Var}(X)$ で与えられるとき,

$$Z = (X - \mu)/\sigma \tag{6.7}$$

とおくと,$E[Z] = 0$, $\text{Var}(Z) = 1$ となる.実際,$E[Z] = E[X - \mu]/\sigma = 0$, $\text{Var}(Z) = E[Z^2] = E[(X - \mu)^2]/\sigma^2 = 1$ となることからわかる.このようにして得られた Z を確率変数 X の**規準化** (normalization) または**標準化** (standardization) という.

逆に,平均 0,分散 1 をもつ確率変数 Z が与えられたときには,

$$X = \sigma Z + \mu \tag{6.8}$$

とおくと,$E[X] = \mu$, $\text{Var}(X) = \sigma^2$ となる.

■歪度と尖度

データの分布についての歪みや尖りを 2 章で扱ったが,確率変数 X の分布についても**歪度** (skewness),**尖度** (kurtosis) を考えることができ,それぞれ

$$\beta_1 = E[Z^3] = \frac{E[(X - \mu)^3]}{\sigma^3}, \quad \beta_2 = E[Z^4] = \frac{E[(X - \mu)^4]}{\sigma^4}$$

で定義される.これらは,X を $aX + b$ に変えても変わらない.即ち平均と尺度の変換に関して不変になっている.

第 II 部　確　率

■モーメント

ここで，一般的なモーメント（積率）の定義を与えておこう．$k = 1, 2,$ ... に対して，$\mu'_k = E[X^k]$ を原点まわりの k 次の**モーメント** (moment) もしくは**積率**といい，$\mu_k = E[(X - \mu)^k]$ を平均まわりの k 次のモーメント（積率）という．また，$E[X(X - 1) \cdots (X - k + 1)]$ を k 次**階乗モーメント** (factorial moment) という．

平均 $E[X]$ は $E[X] = \mu = \mu'_1$，分散 $\mathrm{Var}(X)$ は $\sigma^2 = \mu_2$，歪度及び尖度は $\beta_1 = \mu_3/\mu_2^{3/2}$，$\beta_2 = \mu_4/\mu_2^2$ とも表される．

■変数変換

いま連続な確率変数 Z の確率密度関数が $f_Z(z)$ で与えられているとする．$\sigma > 0$ に対して

$$X = \sigma Z + \mu$$

とおくとき，X の確率密度関数はどのような形で書けるだろうか．ここでは，確率変数 X の確率密度関数 $f_X(x)$ を $f_Z(z)$ から求めることを考える．

X の分布関数を $F_X(x)$ とすると，

$$\begin{aligned}
F_X(x) &= P(X \leq x) = P(\sigma Z + \mu \leq x) \\
&= P\left(Z \leq \frac{x - \mu}{\sigma}\right) = F_Z\left(\frac{x - \mu}{\sigma}\right)
\end{aligned}$$

と表すことができる．ここで，$F_Z(z)$ は Z の分布関数であり，

$$\frac{d}{dz} F_Z(z) = f_Z(z) \tag{6.9}$$

が成り立つことに注意する．$f_X(x)$ は $F_X(x)$ を x で微分することにより得られるので，合成微分をすることにより

$$f_X(x) = \frac{d}{dx} F_Z\left(\frac{x - \mu}{\sigma}\right) = \frac{dz}{dx}\frac{d}{dz} F_Z(z)\Big|_{z = (x - \mu)/\sigma}$$

と書けることに注意する．ここで $z = (x - \mu)/\sigma$ より $dz/dx = 1/\sigma$ であり，また (6.9) より

108

$$f_X(x) = \frac{1}{\sigma} f_Z(z)\Big|_{z=(x-\mu)/\sigma} = \frac{1}{\sigma} f_Z\left(\frac{x-\mu}{\sigma}\right) \tag{6.10}$$

と書けることがわかる．$f_Z(\cdot)$ の前に $1/\sigma$ がかかるのは，次のような置換積分を考えてみると理解することができる．

$$1 = \int_{-\infty}^{\infty} f_Z(z)dz$$

において，$x = \sigma z + \mu$ とおくと，$z = (x-\mu)/\sigma$, $dz/dx = 1/\sigma$ より，置換積分により

$$\int_{-\infty}^{\infty} f_Z(z)dz = \int_{-\infty}^{\infty} f_Z\left(\frac{x-\mu}{\sigma}\right)\frac{dz}{dx}dx$$
$$= \int_{-\infty}^{\infty} f_Z\left(\frac{x-\mu}{\sigma}\right)\frac{1}{\sigma}dx$$

と書ける．$dz = (1/\sigma)dx$ より，z の変数に基づいた単位面積は x の変数に基づいた単位面積に $1/\sigma$ 倍したものに等しい．このように $1/\sigma$ を掛けることにより全範囲の積分が 1 になるように調整される．この調整量 $1/\sigma$ をヤコビアンと呼んでいる．より一般的な変数変換の公式については次節の発展的事項で与えられているので，興味のある方は参照してほしい．

以上の説明から，確率密度関数 $f_Z(z)$ に基づいて

$$f_X(x) = \frac{1}{\sigma} f_Z\left(\frac{x-\mu}{\sigma}\right)$$

となる形の確率密度関数を生成することができることがわかった．これは**位置尺度分布族** (location-scale family) と呼ばれ，μ を**位置母数** (location parameter)，σ を**尺度母数** (scale parameter) という．次の章で扱う正規分布など代表的な連続型分布の多くはこの形をしている．

例 6.7　例 6.3 でとりあげられた確率密度関数 $f_Z(z) = 3z^2 I_{[0,1]}(z)$ について，確率変数 Z がこの分布にしたがっているとする．$X = \sigma Z + \mu$ とすると，X の従う確率密度関数は

$$f_X(x) = \frac{3}{\sigma}\left(\frac{x-\mu}{\sigma}\right)^2 I_{[\mu,\mu+\sigma]}(x)$$

第 II 部　確　率

となる．この分布の平均と分散は，$E[X] = 3\sigma/4 + \mu$, $\mathrm{Var}(X) = 3\sigma^2/80$ となる．

6.5　発展的事項

■一般的な変数変換

連続な確率変数 Z を関数 $g(\cdot)$ を通して $X = g(Z)$ と変数変換したとき，X の確率密度関数 $f_X(x)$ を Z の確率密度関数 $f_Z(z)$ から導くことを考えよう．$F_X(x) = P(X \leq x) = P(g(Z) \leq x)$ と書けるので，X の確率密度関数は一般に

$$f_X(x) = \frac{d}{dx} F_X(x) = \frac{d}{dx} P(g(Z) \leq x) \tag{6.11}$$

から導かれる．

特に $g(\cdot)$ が単調増加関数のときには，$g(\cdot)$ の逆関数 $g^{-1}(\cdot)$ が存在するから，$g(Z) \leq x$ は $Z \leq g^{-1}(x)$ と書ける．したがって，$P(g(Z) \leq x) = P(Z \leq g^{-1}(x)) = F_Z(g^{-1}(x))$ と表されるので，(6.11) より

$$f_X(x) = f_Z(g^{-1}(x)) \frac{d}{dx} g^{-1}(x)$$

となる．ここで $g(g^{-1}(x)) = x$ の両辺を x に関して微分すると

$$g'(g^{-1}(x)) \frac{d}{dx} g^{-1}(x) = 1 \ \text{ すなわち } \ \frac{d}{dx} g^{-1}(x) = \frac{1}{g'(g^{-1}(x))}$$

と書けるので，これを代入すると，X の確率密度関数は

$$f_X(x) = f_Z(g^{-1}(x)) \frac{1}{g'(g^{-1}(x))}$$

で与えられることがわかる．$g(\cdot)$ が単調減少関数の場合も同様の議論により，次の命題が成り立つ．

命題 6.2 確率変数 Z の確率密度関数を $f_Z(z)$ とし，$X = g(Z)$ とする．$g(z)$ が単調な関数とし，$g^{-1}(x)$ は微分可能であるとする．このとき，次の式が成り立つ．

$$f_X(x) = f_Z(g^{-1}(x)) \left| \frac{d}{dx} g^{-1}(x) \right| = f_Z(g^{-1}(x)) \frac{1}{|g'(g^{-1}(x))|}$$

$g(x)$ に単調性がない場合は，(6.11) を直接扱う必要がある.

命題 6.3（平方変換）　確率変数 Z の確率密度関数を $f_Z(z)$ とし，$f_Z(z)$ は原点に関して対称，すなわち $f_Z(z) = f_Z(-z)$ であるとする. Z の平方変換 $X = Z^2$ に対しては，X の確率密度関数は

$$f_X(x) = \frac{1}{\sqrt{x}} f_Z(\sqrt{x})$$

で与えられる.

実際，$x > 0$ に対して $\{z \mid z^2 \le x\} = \{z \mid -\sqrt{x} \le z \le \sqrt{x}\}$ であるから，(6.11) より

$$f_X(x) = \frac{d}{dx} P(-\sqrt{x} \le Z \le \sqrt{x}) = \frac{d}{dx} 2 \int_0^{\sqrt{x}} f_Z(z) dz = \frac{1}{\sqrt{x}} f_Z(\sqrt{x})$$

となる.

【 問 題 】────────────────────────────

問 1. 準々決勝，準決勝，決勝からなるトーナメント方式で優勝を競うサッカーの大会で，ある強豪チームが勝ち進む確率は次のように与えられているとする.

　　準々決勝で勝つ確率は $4/5$
　　準決勝で勝つ確率は $3/4$
　　決勝で勝つ確率は $1/2$

このチームがトーナメント方式の中で勝利する回数を X とするとき次の問に答えよ.

(1) $P(X = 0)$, $P(X = 1)$, $P(X = 2)$, $P(X = 3)$ を求めよ. これらの和が 1 になることを確かめよ.

第 II 部 確 率

⑵ $E[X]$, $\mathrm{Var}(X)$ の値を求めよ.

⑶大会への参加費を 5 万円とし,賞金を $2X^2$ 万円とする.期待される利益額はいくらになるか.

問 2. ある講義で使用する教科書について用意する冊数を事前に決める必要がある.聴講学生の人数 X は $\{80, 100, 120\}$ の値をとり,その確率は,$P(X = 80) = 1/8$, $P(X = 100) = 1/2$, $P(X = 120) = 3/8$ で与えられるとする.

⑴ $E[X]$ を求めよ.

⑵人数が多くなり追加注文した場合には 1 冊あたり 100 円の損失,また売れ残ったときには 1 冊あたり 200 円の損失が出るという.用意する教科書の数を 80, 100, 120 とするとき,どれを選んだらよいか.それぞれの期待損失を計算して,最適な数を答えよ.

問 3. ある人気のある食品について,1 日当たりの販売数は平均 100 個,標準偏差が 10 の確率分布にしたがっているという.1 個の利益が 50 円のとき,1 日当たりの期待される利益を求めよ.売れ残ると 1 個あたり 100 円の損失になるという.120 個を用意した場合,期待される利益はいくらになるか.

問 4. $f(k) = 1/2^{k+1}$, $k = 0, 1, \ldots,$ が確率関数になることを示せ.この分布の平均と分散を求めよ.

問 5. 確率変数 X が $P[X = 1] = p$, $P[X = 0] = 1 - p$ となる確率分布をもつとする.このとき X^2 の平均と分散を求めよ.

問 6. 次の関数が密度関数になるように正規化定数 C を与えよ.また分布関数を求めよ.

⑴ $f(x) = Cx^3$, $0 < x < 2$

⑵ $f(x) = Ce^{-|x|}$, $-\infty < x < \infty$

問 7. 連続型確率変数 X について,

⑴ $E[(X - t)^2]$

⑵ $E[|X - t|]$

をそれぞれ最小にする t を求めよ.

問 8. やや難 X を非負の整数上で確率をもつ離散型確率変数とする.非

第 6 章　確率分布と期待値

負整数 k に対して $F(k) = P(X \leq k)$ とするとき，X の期待値が次のように表されることを示せ．

$$E[X] = \sum_{k=0}^{\infty} \{1 - F(k)\}$$

第7章

代表的な確率分布

　　確率分布とはどのようなものなのかを前の章で説明してきたが，確率分布の定義を満たすものは無限に存在する．この章では，そのうち基本となる代表的な確率分布を紹介する．離散確率変数の分布としては，ベルヌーイ分布，2項分布，ポアソン分布をとりあげ，連続確率変数の分布としては，一様分布，正規分布，ガンマ分布，カイ2乗分布，指数分布をとりあげる．

7.1　離散確率分布

7.1.1　ベルヌーイ分布

　歪んだコインを投げて表が出るか裏が出るかという実験を行い，表が出たら $X = 1$，裏が出たら $X = 0$ として，1と0の2つの値をとる確率変数 X を定める．すなわち

$$
X = \begin{cases} 1 & \text{表が出るとき} \\ 0 & \text{裏が出るとき} \end{cases}
$$

とする．表が出る確率を p，裏が出る確率を $1 - p$ とすると，$p(1) = P(X = 1) = p$, $p(0) = P(X = 0) = 1 - p$ と書ける．ただし，$0 < p < 1$ である．

x	0	1
$p(x)$	$1 - p$	p

したがって，X の確率関数は，

第 II 部 確 率

$$p(x) = P(X = x) = p^x(1-p)^{1-x}, \quad x = 0, 1 \tag{7.1}$$

と書ける．これを**ベルヌーイ分布** (Bernoulli distribution) といい，$Ber(p)$ で表すことにする．コイン投げのように結果が 2 種類しかない試行をベルヌーイ試行といい，実験の成功・失敗，内閣の支持・不支持，薬の効果の有・無などは，この枠組みに入る．

ベルヌーイ分布の平均は

$$\mu = E[X] = 0 \times (1-p) + 1 \times p = p$$

となる．また $E[X^2] = 0^2 \times (1-p) + 1^2 \times p = p$ より，ベルヌーイ分布の分散は

$$\sigma^2 = \mathrm{Var}(X) = E[X^2] - \mu^2 = p - p^2 = p(1-p)$$

となる．$\mathrm{Var}(X) = -(p - 1/2)^2 + 1/4$ より，$p = 1/2$ のときに分散が最大になる．

7.1.2 2 項分布

独立なベルヌーイ試行を n 回繰り返したときの和の分布が 2 項分布である．いま，コインを n 回投げて表の出た回数を X とすると，X は確率変数でその実現値 x は $0, 1, 2, \ldots, n$ の値を取り得る．例えば，$n = 3$ のときには，$x = 0, 1, 2, 3$ の値をとる．表を H，裏を T で表し，例えば 1 回目に表，2 回目に裏，3 回目に表が出る事象を HTH と書くことにする．$x = 0$ のときは 3 回とも裏であり，コインを投げた結果は独立に起こるので，

$$P(\{1 回目 \text{ T}\} \cap \{2 回目 \text{ T}\} \cap \{3 回目 \text{ T}\})$$
$$= P(\{1 回目 \text{ T}\})P(\{2 回目 \text{ T}\})P(\{3 回目 \text{ T}\})$$
$$= (1-p)^3$$

となる．TTT となる場合の数は 1 通りなので

$$P(X = 0) = (1 - p)^3$$

となる. $x = 1$ のときは HTT, THT, TTH の 3 通りあり, それぞれ

$$P(\{1 \text{ 回目 H}\} \cap \{2 \text{ 回目 T}\} \cap \{3 \text{ 回目 T}\})$$
$$= P(\{1 \text{ 回目 H}\})P(\{2 \text{ 回目 T}\})P(\{3 \text{ 回目 T}\})$$
$$= p(1 - p)^2$$

なので

$$P(X = 1) = 3p(1 - p)^2$$

となる. 同様に考えて, $P(X = 2), P(X = 3)$ の確率は下の表のようになる.

x の値	場合の数	確率
$x = 0$	TTT の 1 通り	$_3C_0\,(1 - p)^3$
$x = 1$	HTT, THT, TTH の 3 通り	$_3C_1\,p(1 - p)^2$
$x = 2$	HHT, HTH, THH の 3 通り	$_3C_2\,p^2(1 - p)$
$x = 3$	HHH の 1 通り	$_3C_3\,p^3$

ここで, 記号 $_nC_x$ は n 個から x 個を選ぶ組み合わせの数で

$$_nC_x = \frac{n!}{x!(n - x)!}$$

である. したがって,

$$p(x) = P(X = x) = {}_3C_x p^x (1 - p)^{3-x}, \quad x = 0, 1, 2, 3$$

と表される.

一般に n 回コインを投げて x 回表が出る場合, $P(X = x)$ となる確率は

x の値	場合の数	確率
$x = 0$	すべて T は 1 通り	$_nC_0\,(1 - p)^n$
$\vdots$	$\vdots$	$\vdots$
$x = k$	H が k 回現れるのは $_nC_k$ 通り	$_nC_k\,p^k(1 - p)^{n-k}$
$\vdots$	$\vdots$	$\vdots$
$x = n$	すべて H は 1 通り	$_nC_n\,p^n$

第II部 確率

より，
$$p(x) = P(X=x) = {}_nC_x p^x (1-p)^{n-x}, \quad x=0,1,2,\ldots,n \quad (7.2)$$

と書ける．これを **2項分布** (binomial distribution) といい，$Bin(n,p)$ と書く（図7.1）．${}_nC_x$ を2項係数という．

ここで，次の2項定理が成り立つことに注意する．

$$(a+b)^n = \sum_{x=0}^{n} {}_nC_x a^x b^{n-x} \quad (7.3)$$

$a=p, b=1-p$ とおくと，

$$1 = \{p+(1-p)\}^n = \sum_{x=0}^{n} {}_nC_x a^x b^{n-x} = \sum_{x=0}^{n} p(x)$$

となり，$p(x)$ が確率分布になることがわかる．また，2項定理から $\sum_{x=0}^{n} {}_nC_x = 2^n$ が成り立つことがわかる．2項係数については，有名なパスカルの3角形（図7.2）が成り立つことが知られているが，これは2項係数についての次の関係式から示される．

$${}_nC_k = {}_{n-1}C_{k-1} + {}_{n-1}C_k \quad (7.4)$$

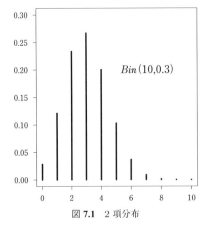

図 **7.1** 2項分布

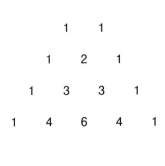

図 **7.2** パスカルの3角形

第 7 章 代表的な確率分布

命題 7.1 2 項分布 $Bin(n, p)$ に従う確率変数 X の平均と分散は $E[X] = np$, $\mathrm{Var}(X) = np(1 - p)$ である.

平均については

$$E[X] = \sum_{x=0}^{n} x \frac{n!}{x!(n-x)!} p^x (1-p)^{n-x}$$

$$= \sum_{x=1}^{n} \frac{n!}{(x-1)!(n-x)!} p^x (1-p)^{n-x}$$

となるので, $y = x - 1$ とおくと, y が 0 から $n - 1$ までの和になり, $x = y + 1$, $n - x = (n - 1) - y$ となるので,

$$E[X] = np \sum_{y=0}^{n-1} \frac{(n-1)!}{y!(n-1-y)!} p^y (1-p)^{n-1-y}$$

$$= np(p + 1 - p)^{n-1} = np$$

となる. また分散については

$$E[X(X-1)] = \sum_{x=0}^{n} x(x-1) \frac{n!}{x!(n-x)!} p^x (1-p)^{n-x}$$

$$= \sum_{x=2}^{n} \frac{n!}{(x-2)!(n-x)!} p^x (1-p)^{n-x}$$

となるので, $y = x - 2$ とおくと, y が 0 から $n - 2$ までの和になり, $x = y + 2$, $n - x = (n - 2) - y$ となるので,

$$E[X(X-1)] = n(n-1)p^2 \sum_{y=0}^{n-2} \frac{(n-2)!}{y!(n-2-y)!} p^y (1-p)^{n-2-y}$$

$$= n(n-1)p^2 (p + 1 - p)^{n-2} = n(n-1)p^2$$

となる. したがって,

$$\mathrm{Var}(X) = E[X(X-1)] + E[X] - (E[X])^2$$

$$= n(n-1)p^2 + np - n^2 p^2 = np(1 - p)$$

と書けることがわかる.

119

例 7.1 5匹の金魚を購入してきた．個々の金魚が1週間以上生き残る確率は 10% として次の確率を計算してみよう．(1) 1週間後に少なくとも1匹の金魚が生き残る確率．(2) 多くても1匹しか生き残れない確率．

1週間後に生き残る金魚の個数を X とすると，(1)については，$P(X \geq 1) = 1 - P(X = 0) = 1 - (0.9)^5 \fallingdotseq 0.41$ となり，(2)については $P(X \leq 1) = P(X = 0) + P(X = 1) = (0.9)^5 + 5 \times 0.1 \times (0.9)^4 \fallingdotseq 0.59 + 5 \times 0.06 = 0.92$ となる．

7.1.3 ポアソン分布

'希な現象の大量観測' によって発生する現象の個数の分布を表すのにポアソン分布が用いられる．例えば，ある都市の1日に起こる交通事故の件数の分布や，ある都市で1年間に肺がんによって亡くなる人数（死亡数）の分布をポアソン分布で表すことが多い．このような希な現象が起こる個数を X で表すとき，確率関数が

$$p(x) = P(X = x) = \frac{\lambda^x}{x!} e^{-\lambda},$$
$$x = 0, 1, 2, \ldots, \tag{7.5}$$

で与えられる確率分布を**ポアソン分布** (Poisson distribution) といい，$Po(\lambda)$ で表す（図 7.3）．ここで，λ は**強度** (intensity) もしくは**生起率**と呼ばれるパラメータであり，希な現象が起こる回数の平均を表す．$\lambda > 0$ であり，ギリシャ文字でラムダの小文字である．e は自然対数の底で

$$e = \lim_{n \to \infty} \left(1 + \frac{1}{n}\right)^n \fallingdotseq 2.7182$$

の値をもち，$e^x = \exp(x)$ を指数関数という．また $0! = 1$ と定める．

(7.5) で与えられる確率の和が1に

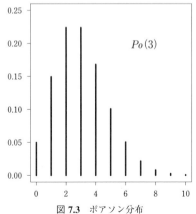

図 **7.3** ポアソン分布

なることは，e^λ を $\lambda = 0$ の周りでテーラー展開することにより得られる．
関数 $f(x)$ の $x = a$ の周りでの**テーラー展開**は

$$f(x) = f(a) + f'(a)(x - a) + \frac{f''(a)}{2!}(x - a)^2 + \frac{f'''(a)}{3!}(x - a)^3 + \cdots$$
$$= \sum_{k=0}^{\infty} \frac{f^{(k)}(a)}{k!}(x - a)^k \tag{7.6}$$

で与えられる．ここで，$f'(x) = (d/dx)f(x)$，$f''(x) = (d^2/dx^2)f(x)$，
$f^{(k)}(x) = (d^k/dx^k)f(x)$，$f^{(0)}(x) = f(x)$ などと定義される．$f(\lambda) = e^\lambda$
とおいて $\lambda = 0$ の周りでテーラー展開すると

$$e^\lambda = 1 + \lambda + \frac{\lambda^2}{2!} + \frac{\lambda^3}{3!} + \cdots = \sum_{x=0}^{\infty} \frac{\lambda^x}{x!}$$

となるので，

$$1 = \sum_{x=0}^{\infty} \frac{\lambda^x}{x!} e^{-\lambda} = \sum_{x=0}^{\infty} p(x)$$

となることからわかる．

命題 7.2 ポアソン分布 $Po(\lambda)$ に従う確率変数 X の平均と分散は等しく
$E[X] = \mathrm{Var}(X) = \lambda$ となる．
（証明） 平均については，

$$E[X] = \sum_{x=0}^{\infty} x \frac{\lambda^x}{x!} e^{-\lambda} = \lambda \sum_{x=1}^{\infty} \frac{\lambda^{x-1}}{(x-1)!} e^{-\lambda}$$

より，$y = x - 1$ とおくと

$$E[X] = \lambda \sum_{y=0}^{\infty} \frac{\lambda^y}{y!} e^{-\lambda} = \lambda$$

となる．また

第II部　確　率

$$E[X(X-1)] = \sum_{x=0}^{\infty} x(x-1)\frac{\lambda^x}{x!}e^{-\lambda} = \lambda^2 \sum_{x=2}^{\infty} \frac{\lambda^{x-2}}{(x-2)!}e^{-\lambda}$$

より, $y = x - 2$ とおくと

$$E[X(X-1)] = \lambda^2 \sum_{y=0}^{\infty} \frac{\lambda^y}{y!}e^{-\lambda} = \lambda^2$$

となるので, X の分散は

$$\mathrm{Var}(X) = E[X(X-1)] + E[X] - \{E[X]\}^2$$
$$= \lambda^2 + \lambda - \lambda^2 = \lambda$$

と書けることがわかる.

　実は, ポアソン分布は, 2項分布において np が一定, すなわち $np = \lambda$ のもとで $n \to \infty$, $p \to 0$ に近づけることにより得られる. 例えば, ある都市に住む n 人のうち, 1年間に肺ガンで死亡する人数を X, また1人の人が肺ガンで死亡する確率を p とすると, X は2項分布 $Bin(n,p)$ に従うと考えることができる. ここでポアソン分布の前提である‘大量観測’とは n が極めて大きいことを意味しており, ‘希な現象’とは p が極めて小さいことを意味している. これは, $n \to \infty$, $p \to 0$ という状況に対応する. そして, $np = \lambda$ のもとで $n \to \infty$, $p \to 0$ とすると, 2項分布はポアソン分布に近づくことになる. このことは, 大量に観測される中で生ずる希な事象を説明するのにポアソン分布が適していることを意味している.

命題7.3　$np = \lambda$ のもとで $n \to \infty$, $p \to 0$ とすると, 2項分布 $Bin(n,p)$ はポアソン分布 $Po(\lambda)$ に収束する.

(**証明**)　$p = \lambda/n$ を代入すると, 2項分布の確率関数は

$$
{}_nC_x\, p^x (1-p)^{n-x} = \frac{n!}{x!(n-x)!} \left(\frac{\lambda}{n}\right)^x \left(1 - \frac{\lambda}{n}\right)^{n-x}
$$
$$
= \frac{\lambda^x}{x!} \frac{n \times (n-1) \times \cdots \times (n-x+1)}{n \times n \times \cdots \times n} \left(1 - \frac{\lambda}{n}\right)^{n-x}
$$
$$
= \frac{\lambda^x}{x!} \times 1 \times \left(1 - \frac{1}{n}\right) \times \cdots \times \left(1 - \frac{x-1}{n}\right) \frac{(1-\lambda/n)^n}{(1-\lambda/n)^x}
$$

と変形できる. ここで, $n \to \infty$ とすると, $(1-\lambda/n)^x \to 1, (x-1)/n \to 0$ である. また,

$$
\left(1 - \frac{\lambda}{n}\right)^n = \left(\frac{n-\lambda}{n-\lambda+\lambda}\right)^n = \frac{1}{(1+\lambda/(n-\lambda))^n}
$$

と変形できる. $m = (n-\lambda)/\lambda$ すなわち $n = \lambda(m+1)$ とおくと

$$
\left(1 - \frac{\lambda}{n}\right)^n = \frac{1}{(1+1/m)^{\lambda(m+1)}}
$$
$$
= \left[\left(1 + \frac{1}{m}\right)^m\right]^{-\lambda} \left(1 + \frac{1}{m}\right)^{-\lambda}
$$

と書けるので, $n \to \infty$ とすると $m \to \infty$ であるから,

$$
\lim_{n\to\infty} \left(1 - \frac{\lambda}{n}\right)^n = \lim_{m\to\infty} \left[\left(1 + \frac{1}{m}\right)^m\right]^{-\lambda} \left(1 + \frac{1}{m}\right)^{-\lambda} = e^{-\lambda}
$$

となることがわかる. したがって, 2項分布はポアソン分布に収束すること

$$
{}_nC_x\, p^x (1-p)^{n-x} \to \frac{\lambda^x}{x!} e^{-\lambda} \tag{7.7}
$$

が示される.

例 7.2　ある町の冬の1日あたりの火災発生数は $\lambda = 1$ のポアソン分布に従うという. 次の確率を求めよ. (1) 少なくとも1件の火災が発生する確率. (2) 多くても1件しか発生しない確率.

　X が $Po(1)$ に従うので, (1)については, $P(X \geq 1) = 1 - P(X = 0) = 1 - e^{-1} \fallingdotseq 0.632$ となり, (2)については $P(X \leq 1) = P(X = 0) + P(X = 1) = e^{-1} + e^{-1} \fallingdotseq 2 \times 0.368 = 0.736$ となる.

第II部　確　率

7.2　連続分布

7.2.1　一様分布

確率変数 X が閉区間 $[a,b]$ 上の**一様分布** (uniform distribution) に従うとは，X の確率密度関数が

$$
\begin{aligned}
f(x) &= \frac{1}{b-a} I_{[a,b]}(x) \\
&= \begin{cases} 1/(b-a) & (a \leq x \leq b \text{ のとき}) \\ 0 & (\text{その他のとき}) \end{cases}
\end{aligned} \tag{7.8}
$$

で与えられることをいい，$U(a,b)$ で表す.

命題 7.4　一様分布 $U(a,b)$ に従う確率変数 X の平均と分散は $E[X] = (a+b)/2$, $\mathrm{Var}(X) = (b-a)^2/12$ となる.

（証明）　平均は，

$$
E[X] = \frac{1}{b-a} \int_a^b x \, dx = \frac{1}{b-a} \left[\frac{x^2}{2}\right]_a^b = \frac{a+b}{2}
$$

となる. また,

$$
E[X^2] = \frac{1}{b-a} \int_a^b x^2 \, dx = \frac{1}{b-a} \left[\frac{x^3}{3}\right]_a^b = \frac{a^2 + ab + b^2}{3}
$$

より，

$$
\begin{aligned}
\mathrm{Var}(X) &= E[X^2] - (E[X])^2 \\
&= \frac{a^2 + ab + b^2}{3} - \frac{(a+b)^2}{4} = \frac{(b-a)^2}{12}
\end{aligned}
$$

となる.

ルーレットの例は $U(0,1)$ の一様分布に従うので，平均が $1/2$, 分散が $1/12$ となる.

124

7.2.2 正規分布

正規分布は,理論的に扱い易い分布であること,平均を中心として対称な釣鐘形をしていること,標本平均の分布を近似していることから,統計学において最も重要な分布に位置づけられる.標本平均の分布が正規分布で近似できることは中心極限定理と呼ばれ,詳しい説明が9.3節で与えられる.

確率変数 X が平均 μ,分散 σ^2 の**正規分布** (normal distribution) に従うとは,X の確率密度関数が

$$f(x) = \frac{1}{\sqrt{2\pi}\sigma} \exp\left\{-\frac{(x-\mu)^2}{2\sigma^2}\right\}, \quad -\infty < x < \infty \tag{7.9}$$

で与えられることをいい,$\mathcal{N}(\mu, \sigma^2)$ で表す(図7.4).ここで $\exp\{x\} = e^x$ である.

特に,$\mu = 0$, $\sigma^2 = 1$ のとき,**標準正規分布** (standard normal distribution) といい,$\mathcal{N}(0,1)$ で表す(図7.5).標準正規分布に従う確率変数を Z とすると,Z の確率密度関数を $\phi(z)$ で表すのが慣例で,

$$\phi(z) = \frac{1}{\sqrt{2\pi}} \exp\left\{-\frac{z^2}{2}\right\} \tag{7.10}$$

と書けることがわかる.また標準正規分布の分布関数は

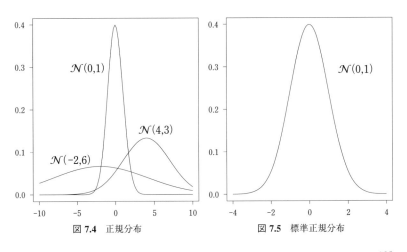

図 **7.4** 正規分布　　　　図 **7.5** 標準正規分布

第 II 部　確　率

$$\Phi(z) = \int_{-\infty}^{z} \phi(t)dt \tag{7.11}$$

で表され，この値が本書を含め，統計学の本では巻末で数表として与えられ
ることが多い．統計ソフトウェア R やエクセルを用いると，分布関数の値
や逆に分位点の値を容易に計算できる．詳しくは付録 1 を参照．

命題 7.5　標準正規分布 $\mathcal{N}(0,1)$ に従う確率変数 Z の平均と分散は $E[Z] = 0, \mathrm{Var}(Z) = 1$ である．また $\int_{-\infty}^{\infty} \phi(z)dz = 1$ が成り立つ.
（証明）　$\int_{-\infty}^{\infty} \phi(z)dz = 1$，すなわち $\int_{-\infty}^{\infty} \exp\{-z^2/2\}dz = \sqrt{2\pi}$ が成り立
つ．これはガウス積分と呼ばれ，その証明が 7.3 節の発展的事項で与えられ
ている．平均については，$-\exp\{-z^2/2\}$ を微分すると $z\exp\{-z^2/2\}$ とな
ることから，

$$E[Z] = \frac{1}{\sqrt{2\pi}} \int_{-\infty}^{\infty} ze^{-z^2/2}dz$$
$$= \frac{1}{\sqrt{2\pi}} \left[-e^{-z^2/2}\right]_{-\infty}^{\infty} = 0$$

となる．分散については $\mathrm{Var}(Z) = E[Z^2]$ を計算すればよい．これを求め
るためには部分積分を用いる．微分可能で積分可能な 2 つの関数 $f(z), g(z)$
について，$\{f(z)g(z)\}' = f'(z)g(z) + f(z)g'(z)$ となるので，両辺を $z = a$
から $z = b$ まで積分すると，

$$\int_a^b \{f(z)g(z)\}'dz = \int_a^b f'(z)g(z)dz + \int_a^b f(z)g'(z)dz$$

となる．また微分したものを積分すると元に戻ることに注意すると，

$$\int_a^b \{f(z)g(z)\}'dz = [f(z)g(z)]_a^b$$

が成り立つ．これらより，**部分積分の公式**

$$\int_a^b f(z)g'(z)dz = [f(z)g(z)]_a^b - \int_a^b f'(z)g(z)dz \tag{7.12}$$

が得られる．いま，$f(z) = z$, $g'(z) = z\exp\{-z^2/2\}$ とおくと，$f'(z) = 1$,
$g(z) = -\exp\{-z^2/2\}$ となるので，

126

$$E[Z^2] = \frac{1}{\sqrt{2\pi}} \int_{-\infty}^{\infty} z \times \left\{ ze^{-z^2/2} \right\} dz$$
$$= \frac{1}{\sqrt{2\pi}} \left[-ze^{-z^2/2} \right]_{-\infty}^{\infty} + \frac{1}{\sqrt{2\pi}} \int_{-\infty}^{\infty} e^{-z^2/2} dz$$
$$= 0 + 1$$

となる. したがって, $\text{Var}(Z) = E[Z^2] = 1$ となる.

いま, 次のような変数変換を考える.

$$X = \sigma Z + \mu$$

このとき X の確率密度関数は (6.10) より

$$f(x) = \frac{1}{\sigma} \phi\left(\frac{x - \mu}{\sigma} \right) = \frac{1}{\sqrt{2\pi}\sigma} \exp\left\{ -\frac{(x - \mu)^2}{2\sigma^2} \right\}$$

と書けることがわかる. これは $\mathcal{N}(\mu, \sigma^2)$ の正規分布である. すなわち,

$$X = \sigma Z + \mu \sim \mathcal{N}(\mu, \sigma^2) \iff Z = \frac{X - \mu}{\sigma} \sim \mathcal{N}(0, 1) \qquad (7.13)$$

となる関係になっている. したがって, X の平均と分散は $E[X] = \sigma E[Z] + \mu = \mu$, $\text{Var}(X) = \sigma^2 \text{Var}(Z) = \sigma^2$ となる.

命題 7.6 正規分布 $\mathcal{N}(\mu, \sigma^2)$ に従う確率変数 X の平均と分散は $E[X] = \mu$, $\text{Var}(X) = \sigma^2$ である.

命題 7.7 X が $\mathcal{N}(\mu, \sigma^2)$ に従う確率変数とする. 定数 a, b に対して $Y = aX + b$ は $\mathcal{N}(a\mu + b, a^2\sigma^2)$ に従う.

この命題は, (6.10) を用いて示すことができる.

X の分布関数は

$$F_X(x) = P(X \le x) = P((X - \mu)/\sigma \le (x - \mu)/\sigma)$$
$$= P(Z \le (x - \mu)/\sigma) = \Phi((x - \mu)/\sigma)$$

と表される. したがって, $P(a < X \le b)$ となる確率は $P(a < X \le b) = \Phi((b - \mu)/\sigma) - \Phi((a - \mu)/\sigma)$ と書けるので, 標準正規分布表から求めるこ

第 II 部　確　率

とができる.

例 7.3　$X \sim \mathcal{N}(50, 10^2)$ に従うとき, (1) $P(X \geq 65)$, (2) $P(40 \leq X \leq 60)$ を求めよ.

(1)については

$$P(X \geq 65) = P\Big(\frac{X - 50}{10} \geq \frac{65 - 50}{10}\Big) = P(Z \geq 1.5)$$
$$= 1 - \Phi(1.5) \fallingdotseq 6.68\%$$

となる. (2)については, 同様にして

$$P(40 \leq X \leq 60) = P(-1 \leq Z \leq 1) = \Phi(1) - \Phi(-1)$$
$$= 2\Phi(1) - 1 \fallingdotseq 2(1 - 0.1587) - 1$$
$$= 68.26\%$$

のように計算できる.

例 7.4　$X \sim \mathcal{N}(50, 10^2)$ に従うとき, (1) 上側 5% 点, (2) 第 1 四分位点, 第 3 四分位点を求めよ.

(1)については, $0.05 = P(X \geq x)$ となる x を求めることである.

$$P(X \geq x) = P\Big(\frac{X - 50}{10} \geq \frac{x - 50}{10}\Big)$$
$$= P\Big(Z \geq \frac{x - 50}{10}\Big) = 1 - \Phi\Big(\frac{x - 50}{10}\Big)$$

となり, この確率が 0.05 になるためには,

$$\frac{x - 50}{10} = 1.64$$

をみたせばよい. この方程式を解いて, $x = 66.4$ となる. (2)の第 1 四分位点 x_1 は, $0.25 = P(X \leq x_1)$ をみたす x_1 を求めればよい.

$$P(X \le x_1) = P\Big(\frac{X - 50}{10} \le \frac{x_1 - 50}{10}\Big)$$
$$= P\Big(Z \le \frac{x_1 - 50}{10}\Big) = \Phi\Big(\frac{x_1 - 50}{10}\Big)$$

となり，この確率が 0.25 になるためには，

$$\frac{x_1 - 50}{10} = -0.674$$

をみたせばよい．したがって，$x_1 = 43.26$ となる．同様にして第 3 四分位
点 x_3 は $x_3 = 56.74$ になる．

　$0 < \alpha < 1$ に対して $\Phi(z_\alpha) = 1 - \alpha$ となる z_α を**上側 100α% 点**といい仮
説検定や信頼区間を作るときに使われる．特に，$z_{0.025} = 1.96$, $z_{0.05} = 1.64$
の値は頻繁に使われる．このような正規分布の分位点や確率の値を知りたい
ときには統計解析のソフトウェア R やエクセルを用いるとよい．R やエク
セルによる求め方の説明が付録 1 に与えられている．

7.2.3 ガンマ分布と指数分布

　正規分布は実数直線上の分布であるのに対して，正の実数直線上の分布と
して知られるものの一つがガンマ分布である．まず，

$$\Gamma(\alpha) = \int_0^\infty z^{\alpha-1} \exp\{-z\} dz$$

を**ガンマ関数**という．ここで α はギリシャ文字でアルファと読み，$\alpha > 0$
とする．Z を正の確率変数とし，その確率密度関数を

$$f_Z(z) = \frac{1}{\Gamma(\alpha)} z^{\alpha-1} \exp\{-z\}$$

とする．ここで，$X = \beta Z$ と変数変換すると，(6.10) より X の確率密度関
数は

129

$$f_X(x) = \frac{1}{\beta} f_Z\left(\frac{x}{\beta}\right)$$
$$= \frac{1}{\Gamma(\alpha)} \frac{1}{\beta} \left(\frac{x}{\beta}\right)^{\alpha-1} \exp\left\{-\frac{x}{\beta}\right\},$$
$x > 0 \hspace{5em} (7.14)$

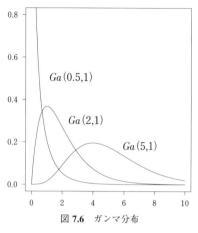

図 **7.6** ガンマ分布

と書ける．これを**ガンマ分布** (gamma distribution) といい，$Ga(\alpha, \beta)$ で表す（図 7.6）．ここで，α は**形状母数** (shape parameter)，β は**尺度母数** (scale parameter) と呼ばれ，$\alpha > 0$，$\beta > 0$ である．

(7.14) に従う確率変数 X の平均と分散は $E[X] = \alpha\beta$，$\mathrm{Var}(X) = \beta^2 \mathrm{Var}(Z) = \alpha\beta^2$ となる．また，ガンマ関数の性質として，$\Gamma(1/2) = \sqrt{\pi}$，$\Gamma(1) = 1$，$\Gamma(\alpha+1) = \alpha\Gamma(\alpha)$，特に n が自然数のときには $\Gamma(n+1) = n!$ となることが知られている．

■**カイ 2 乗分布**

自然数 n に対して $\alpha = n/2$，$\beta = 2$ としたときのガンマ分布 $Ga(n/2, 2)$ を，特に自由度 n のカイ 2 乗分布という．したがって，その確率密度関数は

$$f(x) = \frac{1}{\Gamma(n/2)} \left(\frac{1}{2}\right)^{n/2} x^{n/2-1} \exp\left\{-\frac{x}{2}\right\}, \quad x > 0 \hspace{3em} (7.15)$$

で与えられ，χ_n^2 で表す．カイ 2 乗分布の平均と分散は，$E[\chi_n^2] = n$，$\mathrm{Var}(\chi_n^2) = 2n$ となる．

また，確率変数 Z が $\mathcal{N}(0,1)$ に従うとき，Z^2 が χ_1^2 に従う．これを示すには，命題 6.3 で与えられている平方変換を用いる．$f_Z(z) = (2\pi)^{-1/2} \exp\{-z^2/2\}$，$x = z^2$ とおくと，この命題から

$$f_X(x) = \frac{1}{\sqrt{x}} f_Z(\sqrt{x}) = \frac{1}{\sqrt{\pi}} \left(\frac{1}{2}\right)^{1/2} x^{1/2-1} \exp\left\{-\frac{x}{2}\right\}$$

と書ける．$\sqrt{\pi} = \Gamma(1/2)$ に注意すると，$X = Z^2$ の分布は χ_1^2 であることが

わかる.

■指数分布

$\alpha=1$, $\beta=1/\lambda$ としたときのガンマ分布 $Ga(1,1/\lambda)$ を，**指数分布** (exponential distribution) といい，その確率密度関数は

$$f(x) = \lambda e^{-\lambda x}, \quad x > 0 \quad (7.16)$$

で与えられ，$Ex(\lambda)$ で表す（図 7.7）.分布関数は $F(x) = P(X \leq x) = 1 - e^{-\lambda x}$ であり，平均と分散は $E[X] = 1/\lambda$, $\mathrm{Var}(X) = 1/\lambda^2$ となる.

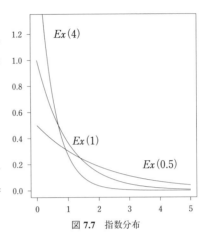

図 **7.7** 指数分布

■生存時間解析

指数分布の応用例の1つに生存時間解析がある.$T\ (\geq 0)$ を寿命を表す確率変数とし，T は指数分布 $Ex(\lambda)$ に従っているものとする.寿命分布の分布関数は

$$F(t) = P(T \leq t) = 1 - e^{-\lambda t}$$

と書ける.t 時点での生存関数 $S(t)$ は

$$S(t) = P(T > t) = 1 - F(t) = e^{-\lambda t}$$

と表される.t 時間生存したという条件のもとで，さらに s 時間を越えて生存する確率は

第 II 部　確　率

$$P(T > t + s \mid T > t) = \frac{P(T > t + s)}{P(T > t)} = \frac{S(t+s)}{S(t)}$$
$$= \frac{e^{-\lambda(t+s)}}{e^{-\lambda t}}$$
$$= e^{-\lambda s}$$
$$= S(s) = P(T > s)$$

となるので，t の値，すなわち，これまで t 時間生存したという条件には依存しないことがわかる．これを**無記憶性**という．言い換えると，指数分布のもとでは，死亡・故障が時間軸上をランダムに起こることを意味している．

生存時間解析では，

$$h(t) = \frac{f(t)}{S(t)} = -\frac{d}{dt} \log S(t)$$

を**ハザード関数（故障率関数）**といい，生存してきた条件のもとで次の瞬間に死亡・故障する密度を表している．指数分布の場合は，$f(t) = \lambda e^{-\lambda t}$，$S(t) = e^{-\lambda t}$ であるから，$h(t) = \lambda$ となる．

7.3　発展的事項

■正規分布の正規化定数の求め方

正規分布の正規化定数が $\sqrt{2\pi}$ になることを示すには，重積分と極座標変換を用いる方法が標準的である．極座標変換は 2 変数の変数変換であるので，ここでは 1 変数の変数変換だけを用いた方法を紹介する．$I = \int_{-\infty}^{\infty} \exp\{-x^2/2\} dx$ とおくとき，$I = \sqrt{2\pi}$ を示すことが目的となる．この等式はガウス積分と呼ばれる．対称性から $I = 2\int_{0}^{\infty} \exp\{-x^2/2\} dx$ と書けるので

$$I^2/4 = \int_{0}^{\infty} \exp\{-x^2/2\} dx \times \int_{0}^{\infty} \exp\{-y^2/2\} dy$$
$$= \int_{0}^{\infty} \Big\{ \int_{0}^{\infty} \exp\{-(x^2 + y^2)/2\} dy \Big\} dx$$

となる．ここで内側の積分について $y = xt$ と変数変換すると $dy = xdt$ よ

132

第 7 章 代表的な確率分布

り

$$\int_0^\infty \exp\{-(x^2 + y^2)/2\}dy = \int_0^\infty x \exp\{-x^2(1+t^2)/2\}dt$$

と変形できる. x と t の積分の順序を交換すると

$$
\begin{aligned}
I^2/4 &= \int_0^\infty \Big\{ \int_0^\infty x \exp\{-x^2(1+t^2)/2\}dx \Big\}dt \\
&= \int_0^\infty \Big[-\frac{1}{1+t^2} \exp\{-x^2(1+t^2)/2\} \Big]_{x=0}^\infty dt \\
&= \int_0^\infty \frac{1}{1+t^2}dt = \big[\arctan(t) \big]_{t=0}^\infty = \frac{\pi}{2}
\end{aligned}
$$

となる. ここで $\arctan(t)$ は $t = \tan(x)$ の逆関数 $x = \tan^{-1}(t)$ のことであり, $(d/dt)\arctan(t) = 1/(1+t^2)$ となることが知られている. したがって, $I^2 = 2\pi$ となることから, $I = \sqrt{2\pi}$ が示される.

■ガンマ関数の性質

ガンマ関数の性質 $\Gamma(1/2) = \sqrt{\pi}$, $\Gamma(\alpha+1) = \alpha\Gamma(\alpha)$ の証明を与えておこう. まず, 正規分布の密度関数から $\sqrt{2\pi} = \int_{-\infty}^\infty \exp\{-x^2/2\}dx = 2\int_0^\infty \exp\{-x^2/2\}dx$ が成り立つ. すなわち $\sqrt{\pi} = \sqrt{2}\int_0^\infty \exp\{-x^2/2\}dx$ となる. $z = x^2/2$ なる変数変換を行うと $dx = (2z)^{-1/2}dz$ より

$$
\begin{aligned}
\int_0^\infty \exp\{-x^2/2\}dx &= \frac{1}{\sqrt{2}} \int_0^\infty z^{1/2-1} \exp\{-z\}dz \\
&= \frac{1}{\sqrt{2}}\Gamma(1/2)
\end{aligned}
$$

と書ける. したがって $\sqrt{\pi} = \Gamma(1/2)$ が成り立つことがわかる.

次に, $\Gamma(\alpha+1) = \int_0^\infty z^\alpha \exp\{-z\}dz$ の右辺において部分積分の公式 (7.12) を適用する. $f(z) = z^\alpha$, $g'(z) = \exp\{-z\}$ とおくと, $f'(z) = \alpha z^{\alpha-1}$, $g(z) = -\exp\{-z\}$ より

$$\int_0^\infty z^\alpha e^{-z}dz = \Big[-z^\alpha e^{-z} \Big]_0^\infty + \alpha \int_0^\infty z^{\alpha-1} e^{-z}dz$$

なる等式が得られる. $[-z^\alpha e^{-z}]_0^\infty = 0$ であることが確かめられるので, この等式は $\Gamma(\alpha+1) = \alpha\Gamma(\alpha)$ を示していることがわかる.

133

第 II 部 確　率

■ポアソン過程

　指数分布が登場する応用例にポアソン過程がある．時間軸に沿ってランダムに客が店に入ってくる場合を考える．t 時点で到着している客の人数を $N(t)$ とするとき，ポアソン過程では，$N(t) = n$ となる確率は

$$P(N(t) = n) = \frac{(\lambda t)^n}{n!} e^{-\lambda t}$$

で与えられる．ここで，λ は単位時間に来る客の人数の平均を表す．

　最初に客が来るまでの時間を X_1，最初の客が来てから次の客が来るまでの時間を X_2，以下同様に $X_3, X_4, \ldots$ が定義される．X_1 の分布は

$$F_{X_1}(s) = P(X_1 \leq s) = 1 - P(X_1 > s)$$
$$= 1 - P(N(s) = 0) = 1 - e^{-\lambda s}$$

となる．したがって，

$$f_{X_1}(s) = F'_{X_1}(s) = \lambda e^{-\lambda s}$$

となり，X_1 の確率分布が指数分布になることがわかる．実は，$X_2, X_3, \ldots$ の確率分布も同じ形の指数分布になることが示される．

【 問　題 】────────────────────────────

問 1. 確率変数 X の取る値を $\{1, \ldots, N\}$ とし，$k = 1, \ldots, N$ に対して $p(k) = P(X = k) = 1/N$ とする．この分布を離散一様分布という．X の平均と分散を求めよ．

問 2. 殺虫剤の効き目を調べる実験を行ったところ，死亡する割合は 8 割であることがわかった．いま 10 匹の虫にこの殺虫剤を使用し，生き残る虫の数を X とする．

　⑴ $X \leq 2$ となる確率を求めよ．

　⑵ X の平均と分散を求めよ．

問 3. 2 項係数について (7.4) で与えられた関係式が成り立つことを示せ．

問 4. 確率変数 X がポアソン分布 $Po(\lambda)$ に従うとする．

　⑴ $\mu = E[X]$ と $E[X(X-1)]$ を求めよ．

134

第 7 章　代表的な確率分布

(2) $\mathrm{Var}(X) = E[X(X-1)] + \mu - \mu^2$ となることを示し，$\mathrm{Var}(X)$ を求めよ．

問 5. ある店には 1 時間当たり平均 2 人の客が来るという．来客数がポアソン分布に従うとして次の確率を求めよ．

(1) 1 時間に少なくとも 1 人の客が来る確率．

(2) 1 時間に多くても 1 人の客が来る確率．

問 6. $np = \lambda$（定数）なる制約のもとで，$n \to \infty$, $p \to 0$ に近づけると，2 項分布 $B(n, p)$ がポアソン分布に近づくことを示せ．

問 7. 確率変数 X が区間 $(0, 1)$ 上の一様分布に従うとき，条件付き確率

$$P[\{16X^2 - 16X + 3 < 0\}|\{2X > 1\}]$$

を求めよ．

問 8. 確率変数 X の密度関数が

$$f(x) = \begin{cases} 1/(b-a) & : a \le x \le b \text{のとき,} \\ 0 & : \text{その他} \end{cases}$$

で与えられるとき，X は区間 $[a, b]$ 上の一様分布に従うという．

(1) X の平均と分散を求めよ．

(2) X^2 の平均と分散を求めよ．

問 9. 確率変数 X が正規分布 $\mathcal{N}(20, 5^2)$ に従うとき，次の値を求めよ．

(1) $P[X > 35]$, $P[16 < X < 22]$

(2) 上側 5 % 点と四分位点（25 % 点，75 % 点）

問 10. 20 歳代の男性の身長が平均 170 cm，標準偏差 6 cm の正規分布に従うとする．182 cm 以上の人は全体の何 % に相当するか．164〜176 cm に入る人は全体の何 % になるか．上側 5 % 点は何 cm か．

問 11. やや難　確率変数 X が正規分布 $\mathcal{N}(\mu, \sigma^2)$ に従うとき，$Y = aX + b$ は $\mathcal{N}(a\mu + b, a^2\sigma^2)$ に従うことを示せ．

問 12. やや難　確率変数 Z が $\mathcal{N}(0, 1)$ に従うとき，Z^2 が χ_1^2 に従うことを示せ．

135

第8章

多変数の確率分布

これまでは確率変数が1つの場合の確率分布について扱ってきた. 確率変数が2つある場合はそれらの間の関係性を組み入れた確率分布を考える必要がある. 2つの変数間の関係を測る尺度として4章では相関係数を取り上げた. 2つの確率変数の間にも同様な尺度を定義できるだろうか. この章では確率変数が2つ以上ある場合の確率分布について, 相関係数を含め基本的な内容を説明する.

8.1 同時確率分布と周辺分布

8.1.1 離散分布の場合

■同時確率と周辺確率

2つの確率変数 X と Y の組 (X, Y) を考えると, (X, Y) は2次元平面 $\mathbb{R} \times \mathbb{R} = \mathbb{R}^2$ の上に値をもつ2次元確率変数となり, その確率分布は2次元平面 $\mathbb{R}^2$ 上に分布する.

まず, X が $\mathcal{X} = \{x_0, x_1, x_2, \ldots\}$, Y が $\mathcal{Y} = \{y_0, y_1, y_2, \ldots\}$ 上に値をとる離散型確率変数を扱う. $X = x_i$ かつ $Y = y_j$ である確率 $P(\{X = x_i\} \cap \{Y = y_j\})$ を $P(X = x_i, Y = y_j)$ で表し,

$$P(X = x_i, Y = y_j) = p_{X,Y}(x_i, y_j) \tag{8.1}$$

と書くことにする. これを**同時確率関数** (joint probability function) という. $p_{X,Y}(x_i, y_j) \geq 0$ であり,

第 II 部　確　率

$$\sum_{(x_i, y_j) \in \mathcal{X} \times \mathcal{Y}} p_{X,Y}(x, y) = \sum_{i=0}^{\infty} \sum_{j=0}^{\infty} p_{X,Y}(x_i, y_j) = 1$$

をみたす. $C \subset \mathcal{X} \times \mathcal{Y}$ に対して (X, Y) が C に入る確率は

$$P((X, Y) \in C) = \sum_{(x_i, y_j) \in C} p_{X,Y}(x_i, y_j)$$

と書ける. $\sum_{(x_i, y_j) \in C}$ は C に含まれるすべての (x_i, y_j) について和をとるという意味である.

同時確率関数を $y_0, y_1, \ldots$ に関して和をとったもの

$$p_X(x_i) = \sum_{j=0}^{\infty} p_{X,Y}(x_i, y_j)$$

を X の**周辺確率関数** (marginal probability function) といい, 同様にして Y の周辺確率関数は

$$p_Y(y_j) = \sum_{i=0}^{\infty} p_{X,Y}(x_i, y_j)$$

となる. 例えば, $\mathcal{X} = \{x_1, x_2\}$, $\mathcal{Y} = \{y_1, y_2, y_3\}$ の場合には, 同時確率関数と周辺確率関数は次の表のように与えられる.

	y_1	y_2	y_3	計
x_1	$p_{X,Y}(x_1, y_1)$	$p_{X,Y}(x_1, y_2)$	$p_{X,Y}(x_1, y_3)$	$p_X(x_1)$
x_2	$p_{X,Y}(x_2, y_1)$	$p_{X,Y}(x_2, y_2)$	$p_{X,Y}(x_2, y_3)$	$p_X(x_2)$
計	$p_Y(y_1)$	$p_Y(y_2)$	$p_Y(y_3)$	1

例 8.1　2 次元の確率変数 (X, Y) の確率分布が次の表で与えられるとする. ただし, $\mathcal{X} = \{1, 2\}$, $\mathcal{Y} = \{-1, 0, 1\}$ とする.

138

第 8 章　多変数の確率分布

	−1	0	1	計
1	0.1	0.3	0.1	0.5
2	0.2	0.1	0.2	0.5
計	$\star$	$\star$	$\star$	1

このとき，(1) 周辺確率 $p_Y(-1)$, $p_Y(0)$, $p_Y(1)$ を求めよ．(2) $X \geq Y + 2$ なる確率を求めよ．

　解答は次のようになる．(1) $p_Y(-1) = 0.3$, $p_Y(0) = 0.4$, $p_Y(1) = 0.3$, (2) $P(X \geq Y + 2) = 0.4$

■条件付き確率と独立性

　X の周辺確率 $p_X(x_i)$ について $p_X(x_i) \neq 0$ となる x_i に対して，$X = x_i$ を与えたときの $Y = y_j$ の**条件付き確率関数** (conditional probability function) を

$$p_{Y|X}(y_j \mid x_i) = P(Y = y_j \mid X = x_i) = \frac{p_{X,Y}(x_i, y_j)}{p_X(x_i)} \tag{8.2}$$

で定義する．この定義は，事象 A, B を $A = \{X = x_i\}$, $B = \{Y = y_j\}$ とすると事象に関する条件付き確率 $P(B \mid A)$ の定義と同等である．

$$\sum_{j=0}^{\infty} p_{Y|X}(y_j \mid x_i) = \frac{\sum_{j=0}^{\infty} p_{X,Y}(x_i, y_j)}{p_X(x_i)} = \frac{p_X(x_i)}{p_X(x_i)} = 1$$

となるので，確率分布になることが確かめられる．また，$p_Y(y_j) \neq 0$ となる y_j に対して，$Y = y_j$ を与えたときの $X = x_i$ の条件付き確率関数も同様に定義されて，$p_{X|Y}(x_i \mid y_j) = p_{X,Y}(x_i, y_j)/p_Y(y_j)$ で与えられる．

　条件付き確率関数に関して期待値をとったものが条件付き期待値である．$X = x_i$ を与えたときの，Y の**条件付き平均** (conditional mean) は

$$E[Y \mid X = x_i] = \sum_{j=0}^{\infty} y_j\, p_{Y|X}(y_j \mid x_i)$$
$$= \frac{\sum_{j=0}^{\infty} y_j\, p_{X,Y}(x_i, y_j)}{p_X(x_i)} \tag{8.3}$$

で定義される．**条件付き分散** (conditional variance) は

第 II 部 確　率

$$\mathrm{Var}(Y \mid X = x_i)$$
$$= E\left[(Y - E[Y \mid X = x_i])^2 \mid X = x_i\right] \qquad (8.4)$$
$$= E[Y^2 \mid X = x_i] - (E[Y \mid X = x_i])^2$$

で与えられる.

例 8.2　例 8.1 において, (1) 条件付き確率 $P[Y = 1 \mid X = 2]$ を求めよ. また $P[X \geq Y + 2 \mid Y = 0]$ を計算せよ. (2) $E[Y \mid X = 2]$, $\mathrm{Var}(Y \mid X = 2)$ を求めよ.

　(解) $P[Y = 1 \mid X = 2] = 0.4$, $P[X \geq Y + 2 \mid Y = 0] = 0.25$, (2) $E[Y \mid X = 2] = 0$, $\mathrm{Var}(Y \mid X = 2) = 0.8$

　2 つの確率変数 X と Y が**独立** (independent) であるとは, すべての x_i, y_j に対して

$$p_{X,Y}(x_i, y_j) = p_X(x_i) \times p_Y(y_j) \qquad (8.5)$$

が成り立つことをいう. すなわち, X と Y の同時確率関数が X の周辺確率関数と Y の周辺確率関数の積で表される. このことは, 独立であれば条件付き確率 (8.2) が条件に依存しないことと同等である.

例 8.3　2 次元の確率変数 (X, Y) の確率分布が次の表で与えられるとする. ただし, $\mathcal{X} = \{1, 2\}$, $\mathcal{Y} = \{-1, 0, 1\}$ とする. X と Y が独立になるように表の中の $\star$ を埋めよ.

	-1	0	1	計
1	$\star$	$\star$	$\star$	$\star$
2	$\star$	$\star$	$\star$	0.5
計	0.3	$\star$	0.3	1

解答は次のようになる. $p_X(1) = 0.5$, $p_Y(0) = 0.4$, $p_{X,Y}(a, b) = 0.15$, $(a = 1, 2, b = -1, 1)$, $p_{X,Y}(1, 0) = p_{X,Y}(2, 0) = 0.2$

140

8.1.2 連続分布の場合

■同時確率密度関数

X と Y がともに $\mathbb{R}$ 上の連続な確率変数で，(X, Y) が $\mathbb{R}^2$ 上に分布してお
り，確率 $P(X \leq x, Y \leq y)$ が

$$P(X \leq x, Y \leq y) = \int_{-\infty}^{y} \int_{-\infty}^{x} f_{X,Y}(s, t) ds dt \tag{8.6}$$

と表されるとき，$f_{X,Y}(x, y)$ を**同時確率密度関数** (joint probability density
function) という．この積分は 2 つの変数の積分であるので重積分と呼ばれ
るが，最初に t を固定して内側の積分 $\int_{-\infty}^{x} f_{X,Y}(s, t) ds$ を s に関して行い，
次に t に関して積分 $\int_{-\infty}^{y} \{\int_{-\infty}^{x} f_{X,Y}(s, t) ds\} dt$ を行えばよい．同時確率密
度関数は

$$f_{X,Y}(x, y) \geq 0, \quad \int_{-\infty}^{\infty} \int_{-\infty}^{\infty} f_{X,Y}(x, y) dx dy = 1$$

を満たす．X, Y の**周辺確率密度関数** (marginal probability density func-
tion) はそれぞれ

$$f_X(x) = \int_{-\infty}^{\infty} f_{X,Y}(x, y) dy, \quad f_Y(y) = \int_{-\infty}^{\infty} f_{X,Y}(x, y) dx$$

で与えられる．

例 8.4 連続型確率変数 (X, Y) の確率密度関数が

$$f_{X,Y}(x, y) = \frac{1}{2} + 2xy, \quad 0 < x < 1, \ 0 < y < 1$$

で与えられているとする．このとき X と Y の周辺確率密度関数は $f_X(x) = 0.5 + x$, $f_Y(y) = 0.5 + y$ となる．また確率分布になることも確かめられる．

■条件付き確率密度関数と独立性

X の周辺確率密度関数 $f_X(x)$ について $f_X(x) > 0$ なる x に対して，$X = x$ を与えたときの $Y = y$ の**条件付き確率密度関数** (conditional probability
density function) を

第 II 部　確　率

$$f_{Y|X}(y \mid x) = \frac{f_{X,Y}(x,y)}{f_X(x)}$$

で定義する. $\int_{-\infty}^{\infty} f_{Y|X}(y \mid x)dy = \int_{-\infty}^{\infty} f_{X,Y}(x,y)dy/f_X(x) = 1$ であるから, 確率密度関数になることがわかる. $X = x$ を与えたときの Y の条件付き平均は

$$\begin{aligned} E[Y \mid X = x] &= \int_{-\infty}^{\infty} y f_{Y|X}(y \mid x)dy \\ &= \frac{\int_{-\infty}^{\infty} y f_{X,Y}(x,y)dy}{f_X(x)} \end{aligned}$$

で与えられる. また条件付き分散も (8.4) と同様に定義される.

例 8.5　連続型確率変数 (X,Y) の確率密度関数 $f_{X,Y}(x,y)$ が例 8.4 で与えられているとき, $X = x$ を与えたときの $Y = y$ の条件付き確率密度関数を求め, 条件付き平均を計算しよう. 条件付き確率密度関数は $f_{Y|X}(y \mid x) = (1/2 + 2xy)/(1/2 + x)$ となり,

$$\begin{aligned} E[Y \mid X = x] &= \int_0^1 \frac{y(1/2 + 2xy)}{1/2 + x}dy \\ &= \frac{(1/4) + (2/3)x}{1/2 + x} \end{aligned}$$

となる.

すべての $x \in \mathbb{R}$ と $y \in \mathbb{R}$ に対して

$$f_{X,Y}(x,y) = f_X(x)f_Y(y) \tag{8.7}$$

が成り立つとき, X と Y が**独立** (independent) であるという.

例 8.6　連続な確率変数 (X,Y) の同時確率密度関数が

$$f_{X,Y}(x,y) = a + b(x + y) + xy, \quad 0 < x < 1, \, 0 < y < 1$$

で与えられているとする. X と Y が独立になるためには定数 a と b はどのような値をとる必要があろうか. ただし, a と b は正とする.

周辺確率関数を求めてみると, $f_X(x) = a + bx + b/2 + x/2$, $f_Y(y) =$

142

$a + by + b/2 + y/2$ となる．$\int_0^1 f_X(x)dx = 1$ であるので，$\int_0^1 (a + bx + b/2 + x/2)dx = a + b + 1/4 = 1$ をみたす必要がある．これより，$a + b = 3/4$ なる条件が出てくる．また独立性から $f_{X,Y}(x, y) = f_X(x)f_Y(y)$ となるので，

$$a + b(x + y) + xy$$
$$= (a + bx + b/2 + x/2)(a + by + b/2 + y/2)$$

をみたすことになる．この等式で xy の係数を比較することにより，$(b + 1/2)^2 = 1$ となる条件が得られるので $b = 1/2$, $b = -3/2$ となる．また $a = 3/4 - b$ より $a = 1/4$, $a = 9/4$ となるので，

$$f_{X,Y}(x, y) = \frac{1}{4} + \frac{1}{2}(x + y) + xy$$
$$= \left(\frac{1}{2} + x\right)\left(\frac{1}{2} + y\right) = f_X(x)f_Y(y)$$

もしくは，

$$f_{X,Y}(x, y) = \frac{9}{4} - \frac{3}{2}(x + y) + xy$$
$$= \left(\frac{3}{2} - x\right)\left(\frac{3}{2} - y\right) = f_X(x)f_Y(y)$$

と分解される．

8.2 期待値，共分散，相関

2次元確率変数 (X, Y) の期待値記号 $E[\cdot]$ については，1次元の場合と同様，離散分布の場合も連続分布の場合も同じ記号を用いることとし，関数 $g(X, Y)$ の期待値を

$$E[g(X, Y)]$$
$$= \begin{cases} \sum_{j=1}^{\infty} \sum_{i=1}^{\infty} g(x_i, y_j)p_{X,Y}(x_i, y_j) & \text{離散分布の場合} \\ \int_{-\infty}^{\infty} \int_{-\infty}^{\infty} g(x, y)f_{X,Y}(x, y)dxdy & \text{連続分布の場合} \end{cases} \tag{8.8}$$

で定義する．以下の説明では簡単のために連続分布の場合を扱うが，離散分

第 II 部　確　率

布のときも同様に示せることに注意する．例えば XY の期待値は，

$$E[XY] = \int_{-\infty}^{\infty} \int_{-\infty}^{\infty} xy f_{X,Y}(x,y) dxdy$$
$$= \int_{-\infty}^{\infty} y \Big\{ \int_{-\infty}^{\infty} x f_{X,Y}(x,y) dx \Big\} dy$$

で計算できる．X の期待値を同時分布のもとで計算してみると，

$$E[X] = \int_{-\infty}^{\infty} \int_{-\infty}^{\infty} x f_{X,Y}(x,y) dxdy$$
$$= \int_{-\infty}^{\infty} x \Big\{ \int_{-\infty}^{\infty} f_{X,Y}(x,y) dy \Big\} dx$$
$$= \int_{-\infty}^{\infty} x f_X(x) dx = E[X]$$

となり，周辺分布のもとで計算したものに等しい．また $X+Y$ の期待値は

$$E[X+Y]$$
$$= \int_{-\infty}^{\infty} \int_{-\infty}^{\infty} (x+y) f_{X,Y}(x,y) dxdy$$
$$= \int_{-\infty}^{\infty} x \Big\{ \int_{-\infty}^{\infty} f_{X,Y}(x,y) dy \Big\} dx + \int_{-\infty}^{\infty} y \Big\{ \int_{-\infty}^{\infty} f_{X,Y}(x,y) dx \Big\} dy$$
$$= \int_{-\infty}^{\infty} x f_X(x) dx + \int_{-\infty}^{\infty} y f_Y(y) dy$$
$$= E[X] + E[Y]$$

と書ける．$X+Y$ の期待値は同時分布に関して計算する必要があるが，X の期待値，Y の期待値に分かれた時点でそれぞれの周辺分布に関して期待値を計算すればよいことがわかる．

　条件付き期待値 $E[g(X,Y) \mid X]$ をさらに X に関して期待値をとると $E[g(X,Y)]$ になる．すなわち，

$$E[g(X,Y)] = E\big[E[g(X,Y) \mid X]\big]$$
$$= E\big[E[g(X,Y) \mid Y]\big] \tag{8.9}$$

が成り立つ．これは，次のようにして確かめられる．

144

第 8 章　多変数の確率分布

$$E\big[E[g(X,Y) \mid X]\big]$$
$$= \int_{-\infty}^{\infty} E[g(x,Y) \mid X = x] f_X(x) dx$$
$$= \int_{-\infty}^{\infty} \int_{-\infty}^{\infty} g(x,y) f_{Y|X}(y \mid x) dy f_X(x) dx$$
$$= \int_{-\infty}^{\infty} \int_{-\infty}^{\infty} g(x,y) \frac{f_{X,Y}(x,y)}{f_X(x)} dy f_X(x) dx$$
$$= E[g(X,Y)]$$

X と Y が独立であれば，同時確率密度関数が周辺確率密度関数の積で表されるので，

$$E[g(X)h(Y)] = E[g(X)]E[h(Y)] \tag{8.10}$$

が成り立つ．実際，

$$E[g(X)h(Y)] = \int_{-\infty}^{\infty} \int_{-\infty}^{\infty} g(x)h(y) f_{X,Y}(x,y) dx dy$$
$$= \int_{-\infty}^{\infty} \int_{-\infty}^{\infty} g(x)h(y) f_X(x) f_Y(y) dx dy$$
$$= \int_{-\infty}^{\infty} g(x) f_X(x) dx \int_{-\infty}^{\infty} h(y) f_Y(y) dy$$
$$= E[g(X)]E[h(Y)]$$

となることがわかる．

例 8.7　例 8.1 で扱った確率分布について，(1) X 及び Y の平均と分散，(2) XY の期待値を求めよ．解答は次のようになる．(1) $E[X] = 1.5$, $\mathrm{Var}(X) = 0.25$, $E[Y] = 0$, $\mathrm{Var}(Y) = 0.6$, (2) $E[XY] = 0$

例 8.8　例 8.4 で扱った同時確率密度関数について，$E[Y]$, $E[XY]$ を求めよ．また $E[E[Y \mid X]] = E[Y]$ が成り立つことを確かめよ．解答については，$E[Y] = 7/12$, $E[XY] = 1/8 + 2/9 = 25/72$ であり，$E[E[Y \mid X]] = E[(1/2 + 4X/3)/(1 + 2X)] = 7/12 = E[Y]$ となる．

145

第II部 確 率

■共分散と相関係数

2つの確率変数 X と Y が独立でないとき,それらの関係を捉えるのに共分散と相関係数が役に立つ.$E[X] = \mu_X$, $E[Y] = \mu_Y$, $\mathrm{Var}(X) = \sigma_X^2$, $\mathrm{Var}(Y) = \sigma_Y^2$ とする.

X と Y の**共分散** (covariance) は

$$\sigma_{XY} = \mathrm{Cov}(X, Y) = E[(X - \mu_X)(Y - \mu_Y)]$$

で定義され,**相関係数** (correlation coefficient) は

$$\rho_{XY} = \mathrm{Corr}(X, Y) = \frac{\mathrm{Cov}(XY)}{\sqrt{\mathrm{Var}(X)\mathrm{Var}(Y)}} = \frac{\sigma_{XY}}{\sigma_X \sigma_Y}$$

で定義される.

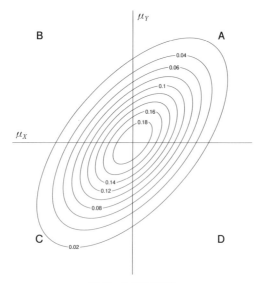

図 **8.1** 2変数の分布

実数 a, b, c, d に対して,$\mathrm{Cov}(aX + b, cY + d) = ac\mathrm{Cov}(X, Y)$ より,共分散は平行移動に関しては不変であるが尺度の取り方に依存してしまう.これに対して,相関係数は $\mathrm{Corr}(aX + b, cY + d) = ac/|ac|\mathrm{Corr}(X, Y)$ となるので,$|\mathrm{Corr}(X, Y)|$ は尺度の取り方に依存しないことがわかる.分散と同様に,共分散を展開すると

$$\mathrm{Cov}(X, Y) = E[XY] - E[X]E[Y] \tag{8.11}$$

と書ける．相関係数は，

$$-1 \le \rho_{XY} \le 1$$

をみたす．ただし，$|\rho_{XY}| = 1$ となる必要十分条件は，$a\ (\ne 0)$ と b が存在して $P(Y = aX + b) = 1$ となることである．相関係数に関する上の不等式は，**コーシー・シュバルツの不等式** (Cauchy-Schwarz inequality)

$$\{\mathrm{Cov}(X, Y)\}^2 \le \mathrm{Var}(X)\mathrm{Var}(Y) \tag{8.12}$$

すなわち，$\{E[(X - \mu_X)(Y - \mu_Y)]\}^2 \le E[(X - \mu_X)^2]E[(Y - \mu_Y)^2]$ と同等である．

$\rho_{XY} > 0$ のとき X と Y は**正の相関**，$\rho_{XY} < 0$ のとき**負の相関**をもつという．$\rho_{XY} = 0$ のとき，X と Y は**無相関**であるという．無相関と独立性とは同値ではないことに注意する．

命題 8.1 X と Y が独立ならば無相関である．しかし，この逆は必ずしも成り立たない．

実際 X と Y が独立であれば，(8.10) と (8.11) とから

$$\mathrm{Cov}(X, Y) = E[XY] - E[X]E[Y]$$
$$= E[X]E[Y] - E[X]E[Y] = 0$$

となり，無相関になる．逆が成り立たない反例は次の例で与えられる．

例 8.9 $X \sim \mathcal{N}(0, 1)$ とし，$Y = X^2$ とする．明らかに X と Y は独立ではない．しかし，$E[Y] = E[X^2] = 1$ より

$$\mathrm{Cov}(X, Y) = E[X(Y - 1)] = E[X(X^2 - 1)]$$
$$= E[X^3] - E[X] = 0 - 0 = 0$$

となり，X と Y は無相関になる．

147

第 II 部　確　率

X と Y の線形結合の分散を評価するとき，X と Y の共分散が現れる．a と b を定数とすると，$aX + bY$ の平均と分散は，$E[aX + bY] = aE[X] + bE[Y]$，

$$\mathrm{Var}(aX + bY)$$
$$= a^2 \mathrm{Var}(X) + b^2 \mathrm{Var}(Y) + 2ab\mathrm{Cov}(X, Y)$$

と表される．X と Y が無相関であれば，$\mathrm{Var}(aX + bY) = a^2 \mathrm{Var}(X) + b^2 \mathrm{Var}(Y)$ となる．

8.3　2つ以上の確率変数の分布

確率変数が 2 つの場合の基本的な考え方は一般に k 個の確率変数の場合に拡張される．k 個の確率変数の組を $(X_1, \ldots, X_k)$ とし，その実現値を $(x_1, \ldots, x_k)$ とする．$i = 1, \ldots, k$ に対して，X_i の標本空間を $\mathcal{X}_i$ とすると，$(X_1, \ldots, X_k)$ の標本空間は $\mathcal{X}_1 \times \cdots \times \mathcal{X}_k$ となる．実現値はその中の 1 つの点である．

まず，離散確率変数のとき，同時確率関数は

$$f_{1,\ldots,k}(x_1, \ldots, x_k) = P(X_1 = x_1, \ldots, X_k = x_k)$$

であり，$\sum_{x_1 \in \mathcal{X}_1} \cdots \sum_{x_k \in \mathcal{X}_k} f_{1,\ldots,k}(x_1, \ldots, x_k) = 1$ を満たす．周辺確率は他の変数に関して総和をとったものになるので，例えば X_1 の周辺確率関数は

$$f_1(x_1) = \sum_{x_2 \in \mathcal{X}_2} \cdots \sum_{x_k \in \mathcal{X}_k} f_{1,\ldots,k}(x_1, \ldots, x_k)$$

で与えられる．

k 個の離散型確率変数 $(X_1, \ldots, X_k)$ について各周辺確率関数を $f_1(x_1)$, $\ldots, f_k(x_k)$ とする．すべての $x_1, \ldots, x_k$ に対して，

$$f_{1,\ldots,k}(x_1, \ldots, x_k) = f_1(x_1) \times \cdots \times f_k(x_k)$$

と書けるとき，$X_1, \ldots, X_k$ は**互いに独立** (mutually independent) であると

148

いう.

$X_1, \ldots, X_k$ が互いに独立であれば,

$$E[g_1(X_1) \times \cdots \times g_k(X_k)]$$
$$= E[g_1(X_1)] \times \cdots \times E[g_k(X_k)] \tag{8.13}$$

が成り立つ.

k 個の確率変数 $(X_1, \ldots, X_k)$ が連続型の場合には,

$$P(X_1 \leq x_1, \ldots, X_k \leq x_k)$$
$$= \int_{-\infty}^{x_1} \cdots \int_{-\infty}^{x_k} f_{1,\ldots,k}(t_1, \ldots, t_k) dt_1 \cdots dt_k$$

と書けるとき, $f_{1,\ldots,k}(x_1, \ldots, x_k)$ を同時確率密度関数という. $g(X_1, \ldots, X_k)$ の期待値は

$$E[g(X_1, \ldots, X_k)]$$
$$= \int_{-\infty}^{\infty} \cdots \int_{-\infty}^{\infty} g(x_1, \ldots, x_k) f_{1,\ldots,k}(x_1, \ldots, x_k) dx_1 \cdots dx_k$$

で定義される. X_1 の周辺確率密度関数は $f_1(x) = \int_{-\infty}^{\infty} \cdots \int_{-\infty}^{\infty} f_{1,\ldots,k}(x_1, t_2, \ldots, t_k) dt_2 \cdots dt_k$ で与えられ, $X_2, \ldots, X_k$ の周辺確率密度関数も同様に定義される. $X_1, \ldots, X_k$ が互いに独立であることは, すべての $x_1, \ldots, x_k$ に対して

$$f_{1,\ldots,k}(x_1, \ldots, x_k) = f_1(x_1) \times \cdots \times f_k(x_k)$$

が成り立つことで定義する. このとき (8.13) が同様に成り立つ.

2 変数の場合と同様, 確率変数 $(X_1, \ldots, X_k)$ が離散型, 連続型にかかわらず, 期待値記号 $E[\cdot]$ を共通に用いることができる. $a_1, \ldots, a_k$ を定数として線形結合 $\sum_{i=1}^{k} a_i X_i$ を考えると, 平均は $E[\sum_{i=1}^{k} a_i X_i] = \sum_{i=1}^{k} a_i E[X_i]$ となり, 分散は

第 II 部　確　率

$$\mathrm{Var}(\sum_{i=1}^{k} a_i X_i)$$

$$= \sum_{i=1}^{k} a_i^2 \mathrm{Var}(X_i) + \sum_{i=1}^{k} \sum_{j=1, j \neq i}^{k} a_i a_j \mathrm{Cov}(X_i, X_j) \qquad (8.14)$$

$$= \sum_{i=1}^{k} a_i^2 \mathrm{Var}(X_i) + 2 \sum_{i=1}^{k} \sum_{j=i+1}^{k} a_i a_j \mathrm{Cov}(X_i, X_j)$$

と表される．特に

$$\sigma_{ij} = \mathrm{Cov}(X_i, X_j) = E[(X_i - E[X_i])(X_j - E[X_j])],$$

$$\sigma_{ii} = \sigma_i^2 = \mathrm{Var}(X_i) = E[(X_i - E[X_i])^2]$$

となる記号を用いると，

$$\mathrm{Var}\left(\sum_{i=1}^{k} a_i X_i\right) = \sum_{i=1}^{k} a_i^2 \sigma_{ii} + 2 \sum_{i=1}^{k} \sum_{j=i+1}^{k} a_i a_j \sigma_{ij}$$

と表すことができる．$X_1, \ldots, X_k$ が互いに独立であれば $\mathrm{Var}(\sum_{i=1}^{k} a_i X_i)$ $= \sum_{i=1}^{k} a_i^2 \sigma_{ii}$ と書けることになる．

8.4　発展的事項

　2 個以上の確率変数の分布を多変量もしくは多次元の確率分布といい，ここではその代表例として多項分布と多変量正規分布を紹介しよう．

■多項分布

　k 次元の離散型確率変数の分布の代表例が多項分布である．これは 2 項分布を一般化した分布であり，例えば k 個の面からなる箱を n 回投げて 1 から k の面が出る回数を $X_1, \ldots, X_k$ とすると，$(X_1, \ldots, X_k)$ の分布が多項分布となる．それぞれの面の出る確率を $p_1, \ldots, p_k$ とすると，$p_1 + \cdots + p_k = 1$ であり，$X_1 + \cdots + X_k = n$ である．

　$(X_1, \ldots, X_k)$ が $(x_1, \ldots, x_k)$ の値をとる**多項分布** (multinomial distribution) の確率関数は

$$f_{1,\ldots,k}(x_1,\ldots,x_k \mid n, p_1,\ldots,p_{k-1})$$
$$= \frac{n!}{x_1!\cdots x_k!}p_1^{x_1}\cdots p_k^{x_k}$$

で与えられる. i 番目の面が出たら '成功', 出なかったら '失敗' と考えると, X_i の周辺分布は 2 項分布 $Bin(n,p_i)$ となる. 同様に考えて $X_i + X_j \sim Bin(n, p_i + p_j)$ となる. したがって, $E[X_i] = np_i$, $\mathrm{Var}(X_i) = np_i(1-p_i)$ となる. また $\mathrm{Cov}(X_i, X_j) = -np_i p_j$, $(i \neq j)$ となることが示される.

■多変量正規分布

多次元分布として最もよく使われるのが多変量正規分布である. これは変数間の関係を共分散行列として埋め込むことができるので多変数のモデルを作るときに便利である. また 1 次元のときと同様解析的にも扱い易い. ここでは便宜上 $\boldsymbol{X} = (X_1,\ldots,X_k)^{\mathrm{T}}$ を縦ベクトルとして扱う. 縦ベクトル $\boldsymbol{a}$ に対して $\boldsymbol{a}^{\mathrm{T}}$ は $\boldsymbol{a}$ の転置 (transpose) を表すものとする. $i,j \in \{1,\ldots,k\}$ に対して, $\mu_i = E[X_i]$, $\sigma_{ij} = \mathrm{Cov}(X_i, X_j)$, $(i \neq j)$, $\sigma_{ii} = \mathrm{Var}(X_i)$ とし,

$$\boldsymbol{\mu} = \begin{pmatrix} \mu_1 \\ \vdots \\ \mu_k \end{pmatrix}, \quad \boldsymbol{\Sigma} = \begin{pmatrix} \sigma_{11} & \cdots & \sigma_{1k} \\ \vdots & \ddots & \vdots \\ \sigma_{k1} & \cdots & \sigma_{kk} \end{pmatrix}$$

とおく. $\boldsymbol{\Sigma}$ は対称行列であり, 正定値とし, $\boldsymbol{\Sigma}^{-1}$ を $\boldsymbol{\Sigma}$ の逆行列, $|\boldsymbol{\Sigma}| = \det(\boldsymbol{\Sigma})$ を $\boldsymbol{\Sigma}$ の行列式とする. $\boldsymbol{\Sigma}$ を $\boldsymbol{X}$ の**分散共分散行列**もしくは単に**共分散行列** (covariance matrix) という. 行列の基本的な性質が付録 2 でまとめられているので参照してほしい.

$\boldsymbol{X}$ の $\boldsymbol{x} = (x_1,\ldots,x_k)^{\mathrm{T}}$ における同時確率密度関数が

$$f_{\boldsymbol{X}}(\boldsymbol{x} \mid \boldsymbol{\mu}, \boldsymbol{\Sigma})$$
$$= \frac{1}{(2\pi)^{k/2}} \frac{1}{|\boldsymbol{\Sigma}|^{1/2}} \exp\left\{-\frac{1}{2}(\boldsymbol{x} - \boldsymbol{\mu})^{\mathrm{T}} \boldsymbol{\Sigma}^{-1}(\boldsymbol{x} - \boldsymbol{\mu})\right\} \tag{8.15}$$

で与えられるとき, $\boldsymbol{X}$ は平均 $\boldsymbol{\mu}$, 共分散行列 $\boldsymbol{\Sigma}$ の**多変量正規分布** (multivariate normal distribution) に従うといい，$\mathcal{N}_k(\boldsymbol{\mu}, \boldsymbol{\Sigma})$ で表す．

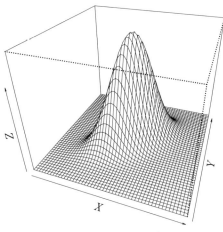

図 8.2 2 変量正規分布

$k=2$ の場合に $\sigma_1^2 = \sigma_{11}$, $\sigma_2^2 = \sigma_{22}$, $\rho = \sigma_{12}/(\sigma_1 \sigma_2)$ とおいて具体的な形を求めてみると，確率密度関数は

$$f_{\boldsymbol{X}}(\boldsymbol{x} \mid \boldsymbol{\mu}, \boldsymbol{\Sigma}) \\ = \frac{1}{2\pi} \frac{1}{\sqrt{1-\rho^2}\sigma_1 \sigma_2} \\ \times \exp\left\{-\frac{1}{2(1-\rho^2)}\left[\left(\frac{x_1-\mu_1}{\sigma_1}\right)^2 - 2\rho \frac{x_1-\mu_1}{\sigma_1}\frac{x_2-\mu_2}{\sigma_2} + \left(\frac{x_2-\mu_2}{\sigma_2}\right)^2\right]\right\} \tag{8.16}$$

と表される．X_1 と X_2 が無相関であるときには，$\rho = 0$ であり，その結果，同時確率密度関数は X_1 の周辺確率密度関数と X_2 の周辺確率密度関数に分解できる．このことは，X_1 と X_2 が独立であることを示している．一般には無相関でも必ずしも独立とは限らないが，多変量正規分布の場合は無相関であることと独立とが同値になる．

【問 題】

問 1. 2 次元の確率変数 (X, Y) の確率分布が次の表によって与えられるとする．ただし，X の実現値は $1, 2$ とし，Y の実現値は $-1, 0, 1$ とし，a, b

は，実数で，X の平均は 1.5 である．

$X \backslash Y$	-1	0	1
1	0.1	0.3	a
2	b	0.1	0.2

(1) a, b の値を求め，X の分散を計算せよ．

(2) $X \leq Y + 2$ となる確率を求めよ．

(3) $\mathrm{Cov}(X, Y)$ の値を求めよ．X と Y は，独立か．その理由を書け．

(4) $Y = -1$ を与えたときの条件付き確率 $P[X \leq Y + 2 | Y = -1]$ を計算せよ．

(5) $Y = -1$ を与えたときの X の条件付き期待値 $E[X | Y = -1]$ を求めよ．

問 2. 2 次元の確率変数 (X, Y) の確率分布が次の表によって与えられるとする．ただし，X と Y の実現値はいずれも 0, 1 とする．

$X \backslash Y$	0	1
0	0.1	a
1	b	0.4

(1) X と Y が独立になるように a, b の値を求めたい．a と b を求めるための連立方程式を記せ．それを解いた a, b の値を与えよ．

(2) $a = 0.2, b = 0.3$ とする．X, Y の平均 $E[X], E[Y]$ と共分散 $\mathrm{Cov}(X, Y)$ の値を求めよ．条件付き確率 $P[X + Y = 1 | XY = 0]$ を求めよ．

問 3. やや難 2 つの確率変数 X, Y に対して次の事柄を示せ．

(1) $E[\max(X, Y)] = E[X] + E[Y] - E[\min(X, Y)]$ が成り立つ．

(2) X と $Y - E[Y \mid X]$ が無相関になる．

(3) $\mathrm{Var}(Y - E[Y \mid X]) = E[\mathrm{Var}(Y \mid X)]$

問 4. 2 つの確率変数 X, Y はそれぞれ密度関数 $f(x), g(y)$ を持つ分布に従い，平均 $E[X] = E[Y] = \mu$，分散 $\mathrm{Var}[X] = \mathrm{Var}[Y] = \sigma^2$，相関係数 $\mathrm{Corr}(X, Y) = \rho$ をもつとする．

(1) W は平均 p のベルヌーイ分布に従う確率変数とするとき，確率変数 $Z = WX + (1 - W)Y$ はどのような分布に従うか．その密度関数を求めよ．また，平均と分散を求めよ．

第 II 部 　確 率

(2) w を $0 \leq w \leq 1$ なる定数とし，$U = wX + (1-w)Y$ を考える．U の平均，分散を求め，分散を最小にする w を与えよ．

問 5. $h(t) = E[\{(X-\mu_X)-t(Y-\mu_Y)\}^2]$ を考えることにより，コーシー・シュバルツの不等式 (8.12) を示せ．また等号が成り立つときはどのようなときか．

問 6. 2 つの確率変数 X, Y の平均は $E[X] = \mu_1$, $E[Y] = \mu_2$, 分散は $\mathrm{Var}(X) = \sigma_1^2$, $\mathrm{Var}(Y) = \sigma_2^2$ とし，X と Y の共分散は $\mathrm{Cov}(X,Y) = \rho\sigma_1\sigma_2$ となっているとする．$Z = X + Y, W = X - Y$ とおくとき，次の問に答えよ．

(1) Z と W の平均と分散を求めよ．

(2) Z と W の共分散を求めよ．無相関になるための条件を求めよ．

問 7. 2 つの確率変数 X と Y が無相関であるが独立でない例を 3 つあげよ．

問 8. X と Y を互いに独立な確率変数でともに区間 $(0,1)$ の一様分布に従っているとする．

(1) 条件付き確率 $P(Y > X \mid X > 1/2)$, $P(Y > X \mid X < 1/2)$ を求めよ．

(2) (X,Y) を 2 次元の確率変数とみたとき，(X,Y) は正方形 $(0,1) \times (0,1)$ 上に一様分布すると考えられる．原点を中心に半径 1 の円で切り抜いた領域を A とすると，$A = \{(x,y); x^2 + y^2 \leq 1, 0 < x < 1, 0 < y < 1\}$ と表すことができる．確率変数 (X,Y) が A に入るとき $Z = 1$, (X,Y) が A に入らないとき $Z = 0$ と定めると，Z はどのような分布に従うか．ただし円周率は π とする．その平均と分散を求めよ．

(3) 上の (2) の操作を n 回独立に行うことにする．すなわち $(X_1, Y_1), \ldots, (X_n, Y_n)$ に基づいて $Z_1, \ldots, Z_n$ が (2) と同じ手順で定義される．このとき，$Z_1 + \cdots + Z_n$ の分布を与えよ．

(4) 上の (2) で与えられる確率変数 (X,Y) が $Y > X$ をみたすとき $W = 1$，そうでないとき $W = 0$ と定義する．W の平均と分散を求めよ．また Z と W の相関係数を求めよ．

第 III 部

統計的推測

第 9 章

ランダム標本と標本分布

この章では，観測データと確率とがどのように結びつくのかについて，母集団と標本という概念を用いた統計的推測の基本的な考え方を学ぶ．標本平均や標本分散などの性質，特に標本平均の最も重要な性質である大数の法則と中心極限定理について解説する．また正規分布から導かれる分布としてカイ2乗分布，t-分布，F-分布について説明し，順序統計量とその確率分布についてもふれる．

9.1 標本と統計量

これまで学んできた確率分布と実際に観測されたデータとを結びつけるために，母集団と標本という概念を導入する．**母集団** (population) とは分析の対象となる集団で，例えば有権者の内閣支持率を知りたい場合には全国の有権者全員が母集団となる．有権者の内閣支持率を知りたければ有権者全員に調査し内閣を支持する人数の比率を計算すればよい．これを**全数調査**という．国勢調査（センサス）はこれに当たるが，コストと時間がかかるという欠点がある．また製品の不良率調査のように全数調査そのものが不可能な場合もある．

そこで，母集団からデータ $x_1, \ldots, x_n$ を抽出し，このデータに基づいて母集団の平均などの特性値を推測する．抽出したデータの集まりを**標本** (sample) という．内閣支持率の例では，有権者を複数選び，内閣を支持するか否かを聞いた結果がデータとして得られる．この場合 x_i は

第 III 部　統計的推測

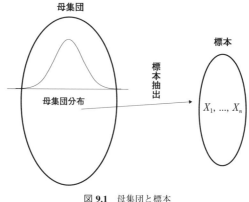

図 9.1　母集団と標本

$$x_i = \begin{cases} 1 & \text{内閣を支持する} \\ 0 & \text{内閣を支持しない} \end{cases}$$

と表される．このデータを用いれば母集団の内閣支持率を $\bar{x} = \sum_{i=1}^{n} x_i/n$ として推測することができる．しかし，母集団の一部をデータとして抜き取ってきている以上，$\bar{x}$ は母集団の内閣支持率には一致しない．では，$\bar{x}$ が母集団の内閣支持率とどの程度離れているのかを見積もることは可能であろうか．

　確率に基づいた**推測統計** (inferential statistics) の考え方を導入することによって，標本に基づいて母集団の特性値をどの程度の精度で推測することができるかを見積もることができる．そのために母集団と標本を改めて次のようなものと考えることにする．推測統計における**母集団**とは単なる数値の集まりではなく，その構成要素がある確率分布（母集団分布）に従うと考える．その母集団から抽出された**標本**とは，母集団の確率分布に従う確率変数の集まりと考える（図 9.1）．n 個の確率変数 $X_1, \ldots, X_n$ のそれぞれが母集団の確率分布に従うとき，これを**サイズ（大きさ）** n の標本という．そして，実際に観測されたデータ $x_1, \ldots, x_n$ は確率変数 $X_1, \ldots, X_n$ の 1 つの実現値であると考える．

　例えば内閣支持率の場合，個々の有権者は確率 p で内閣を支持し，確率

$1 - p$ で内閣を支持しないという確率分布に従うとし，この確率分布に従う有権者の全体が母集団となる．すなわち母集団の確率分布は $P(X = 0) = 1 - p$, $P(X = 1) = p$ となるベルヌーイ分布に従っていると考えられる．このときサイズ n の標本 $X_1, \ldots, X_n$ は，各 X_i が

$$P(X_i = x_i) = p^{x_i}(1 - p)^{1 - x_i}, \quad x_i = 0, 1$$

に従う確率変数の集まりとなる．そして，内閣を支持するか支持しないかの具体的な観測データ $x_1, \ldots, x_n$ は，確率変数 $X_1, \ldots, X_n$ の実現値と見なされる．

母集団から標本を抽出することを**標本抽出** (sampling) といい，全体を代表する標本がとれるよう，できるだけバイアスの生じない抽出方法が望まれる．中でも，基本となるのが**無作為抽出** (random sampling) で乱数表などを用いてランダムに標本を抽出する．このとき抽出された標本は**ランダム標本**もしくは**無作為標本** (random sample) と呼ばれる．$X_1, \ldots, X_n$ がランダム標本とは，$X_1, \ldots, X_n$ が互いに独立に分布していて，各 X_i が同一の確率分布 $P(\cdot)$ に従うことを意味する．これを，$X_1, \ldots, X_n$ は互いに**独立に同一分布に従う** (independently and identically distributed) といい，

$$X_1, \ldots, X_n, \ i.i.d. \sim P(\cdot)$$

と書く．

先ほどの内閣支持率の例では，

$$X_1, \ldots, X_n, \ i.i.d. \sim p(x) = p^x(1 - p)^{1 - x}, \ x = 0, 1$$

と表される．この設定を同時確率関数を用いて表すと，同時確率関数 $P(X_1 = x_1, \ldots, X_n = x_n)$ が

第 III 部　統計的推測

$$
\begin{aligned}
& P(X_1 = x_1, \ldots, X_n = x_n) \\
& = P(X_1 = x_1) \times \cdots \times P(X_n = x_n) \quad (\text{独立性より}) \\
& = p^{x_1}(1 - p)^{1 - x_1} \times \cdots \times p^{x_n}(1 - p)^{1 - x_n} \quad (\text{同一分布より}) \\
& = p^{\sum_{i=1}^{n} x_i}(1 - p)^{n - \sum_{i=1}^{n} x_i}
\end{aligned}
$$

と書けることを意味することがわかる.

確率分布 $P(\cdot)$ の平均と分散が $E[X_i] = \mu$, $\mathrm{Var}(X_i) = \sigma^2$ で与えられ, $X_1, \ldots, X_n$ の平均 μ, 分散 σ^2 の確率分布に従う母集団からのランダム標本のとき

$$
X_1, \ldots, X_n, \ i.i.d. \sim (\mu, \sigma^2) \tag{9.1}
$$

と書くことにする. これ以降は, (9.1) で与えられるランダム標本を前提に説明する.

μ, σ^2 は母集団の平均, 分散であり, それぞれ**母平均** (population mean), **母分散** (population variance) という. 一般に母集団の特性値を**母数**もしくは母集団パラメータ (population parameter) という. 母平均, 母分散などの母数を標本に基づいて推測することが**統計的推測** (statistical inference) の目的である. 例えばランダム標本 $X_1, \ldots, X_n$ が与えられたとき, 母平均 μ の推測には**標本平均** (sample mean)

$$
\overline{X} = \frac{1}{n} \sum_{i=1}^{n} X_i
$$

を用いる. 一般に, 標本の関数で母数を含まないもの $T = T(X_1, \ldots, X_n)$ を**統計量** (statistic) といい, 母数に関する推測を行うためにはその母数の推測に役立つ適切な統計量を用いる必要があり, どのような統計量が望ましいのかを研究するのが統計的推測論という分野になる. 統計量 $T(X_1, \ldots, X_n)$ の分布を一般に**標本分布** (sampling distribution) という.

9.2 標本平均の性質

■平均と分散

(9.1) で記述されたランダム標本 $X_1, \ldots, X_n$ に基づいて母平均 $\mu = E[X_i]$ を推定するには，標本平均 $\overline{X} = n^{-1} \sum_{i=1}^{n} X_i$ を用いる．標本平均の期待値は

$$
\begin{aligned}
E[\overline{X}] &= E\Big[\frac{1}{n}\sum_{i=1}^{n} X_i\Big] = \frac{1}{n}\sum_{i=1}^{n} E[X_i] \\
&= \frac{1}{n}\sum_{i=1}^{n} \mu = \frac{1}{n}n\mu = \mu
\end{aligned}
\tag{9.2}
$$

となる．$\overline{X}$ の期待値が母平均 μ に一致することを不偏性という．標本平均の分散は，

$$
\begin{aligned}
\mathrm{Var}(\overline{X}) &= E\Big[\Big(\frac{1}{n}\sum_{i=1}^{n} X_i - \mu\Big)^2\Big] \\
&= E\Big[\Big\{\frac{1}{n}\sum_{i=1}^{n}(X_i - \mu)\Big\}^2\Big] \\
&= \frac{1}{n^2}E\Big[\Big\{\sum_{i=1}^{n}(X_i - \mu)\Big\}^2\Big]
\end{aligned}
$$

と書ける．ここで，

$$
\begin{aligned}
&\Big\{\sum_{i=1}^{n}(X_i - \mu)\Big\}^2 \\
&= \sum_{i=1}^{n}(X_i - \mu)^2 + \sum_{i=1}^{n}\sum_{j=1, j \neq i}^{n}(X_i - \mu)(X_j - \mu)
\end{aligned}
$$

と書けるので，

第 III 部　統計的推測

$$\mathrm{Var}(\overline{X})$$

$$= \frac{1}{n^2} \sum_{i=1}^{n} E[(X_i - \mu)^2] + \frac{1}{n^2} \sum_{i=1}^{n} \sum_{j=1, j \neq i}^{n} E[(X_i - \mu)(X_j - \mu)]$$

となることがわかる．ここで，$E[(X_i - \mu)^2] = \mathrm{Var}(X_i) = \sigma^2$ であり，また $i \neq j$ に対して X_i と X_j は独立であるから

$$E[(X_i - \mu)(X_j - \mu)] = E[X_i - \mu]E[X_j - \mu] = 0$$

となることに注意する．したがって，

$$\mathrm{Var}(\overline{X}) = \frac{1}{n^2} \sum_{i=1}^{n} \sigma^2 = \frac{1}{n^2} n\sigma^2 = \frac{\sigma^2}{n} \tag{9.3}$$

となる．

標本の和を $W_n = \sum_{i=1}^{n} X_i$ とおくと，W_n の平均と分散も同様にして

$$E[W_n] = n\mu, \quad \mathrm{Var}(W_n) = n\sigma^2 \tag{9.4}$$

と表される．

$E[\overline{X}] = \mu$ だから，標本平均の分散は $\mathrm{Var}(\overline{X}) = E[(\overline{X} - \mu)^2]$ とも表すことができる．これは，$\overline{X}$ が μ から平均的にどの程度離れているのかを評価しており，μ を $\overline{X}$ で推定するときの推定誤差を表している．したがって，$\mathrm{Var}(\overline{X}) = E[(\overline{X} - \mu)^2] = \sigma^2/n$ となることは，標本平均の推定誤差が n とともに小さくなることを意味している．

■大数の法則

標本平均について $\mathrm{Var}(\overline{X}) = E[(\overline{X} - \mu)^2] = \sigma^2/n$ となることは，n が大きくなるにつれ $\overline{X}$ が母平均 μ に近づくことを示唆している．このことを数学的に定義した概念が次の確率収束である．

一般に統計量 $T_n = T_n(X_1, \ldots, X_n)$ が実数 a に**確率収束** (convergence in probability) するとは，任意の実数 $c > 0$ に対して

$$\lim_{n \to \infty} P(|T_n - a| < c) = 1$$

が成り立つことをいう.

標本平均については,$\overline{X}$ が μ に確率収束することが示される.これを**大数の法則** (law of large numbers) という.

この性質を示すのに,(6.6) で与えられたチェビシェフの不等式

$$P(|X - a| \leq c) \geq 1 - \frac{E[(X-a)^2]}{c^2}$$

を思い出そう.$X = \overline{X}, a = \mu$ とおくと,$E[(\overline{X} - \mu)^2] = \sigma^2/n$ となることから,チェビシェフの不等式は

$$P(|\overline{X} - \mu| \leq c) \geq 1 - \frac{\sigma^2}{nc^2}$$

と書ける.両辺に $n \to \infty$ なる極限をとると

$$\lim_{n \to \infty} P(|\overline{X} - \mu| \leq c) \geq \lim_{n \to \infty} \left\{ 1 - \frac{\sigma^2}{nc^2} \right\} = 1$$

となる.確率であるから $\lim_{n \to \infty} P(|\overline{X} - \mu| \leq c) \leq 1$ は常にみたされるので,挟みうちの原理より

$$\lim_{n \to \infty} P(|\overline{X} - \mu| \leq c) = 1$$

が成り立つ.したがって,$\overline{X}$ は μ に確率収束することがわかる.

9.3 標本平均の分布

次に標本平均の確率分布について説明しよう.ベルヌーイ分布,ポアソン分布,正規分布などいくつかの特別な分布については標本平均の正確な分布を与えることができる.しかし,一般には困難で,n が大きいときの近似的な分布で代用することになる.

■ベルヌーイ分布の場合

内閣支持率の調査では,有権者全体からなる母集団から n 人をランダム

第 III 部　統計的推測

に抽出し，その標本から母集団の内閣支持率の推測を行う．母集団の内閣支持率を p とすると，p は母比率と呼ばれる母数であり $0 < p < 1$ をみたす．$X_1, \ldots, X_n$ をランダム標本とすると，X_i は

$$X_i = \left\{ \begin{array}{ll} 1 & \text{内閣を支持する} \\ 0 & \text{内閣を支持しない} \end{array} \right.$$

となる 2 値をとる確率変数で，

$$\frac{\text{内閣を支持する人数}}{\text{標本のサイズ}} = \frac{\sum_{i=1}^{n} X_i}{n} = \overline{X}$$

となり，標本比率は標本平均に一致することがわかる．X_i の確率分布は，$P(X_i = 1) = P(\{\text{内閣を支持}\}) = p$, $P(X_i = 0) = P(\{\text{内閣を支持しない}\}) = 1 - p$ となりベルヌーイ分布に従う．ベルヌーイ分布の確率関数は

$$p(x) = p^x (1-p)^{1-x}, \quad x = 0, 1$$

であり，その分布を $Ber(p)$ と書くと，ランダム標本は

$$X_1, \ldots, X_n, \ i.i.d. \sim Ber(p)$$

と表される.

$E[X_i] = p$, $\mathrm{Var}(X_i) = p(1-p)$ であるから，(9.4) より，確率変数の和 $W_n = \sum_{i=1}^{n} X_i$ の平均と分散は $E[W_n] = np$, $\mathrm{Var}(W_n) = np(1-p)$ で与えられることがわかる．これは，$W_n = \sum_{i=1}^{n} X_i$ が 2 項分布 $Bin(n, p)$ に従うことから 2 項分布の平均と分散として直接求めたものと一致している．これから，標本平均の平均と分散は $E[\overline{X}] = p$, $\mathrm{Var}(\overline{X}) = p(1-p)/n$ となり，大数の法則から $\overline{X}$ は p に確率収束することがわかる．W_n の分布は 2 項分布 $Bin(n, p)$ に従うので，標本平均の分布は

$$P\left(\overline{X} = \frac{k}{n}\right) = P\left(\sum_{i=1}^{n} X_i = k\right) = {}_nC_k p^k (1-p)^{n-k},$$

$$k = 0, 1, \ldots, n$$

となる.

164

第 9 章　ランダム標本と標本分布

例 9.1（視聴率調査）　年末恒例のテレビ番組では視聴率の推移に関心がもたれている。n 個の世帯に番組の視聴についてのアンケート調査を行い，i 番目の世帯で番組を見たときには $X_i = 1$，見なかったときには $X_i = 0$ とすると，母集団の視聴率 p に対して X_i はベルヌーイ分布 $Ber(p)$ に従うことになる。したがって，視聴率はそれらの標本平均 $\overline{X} = \sum_{i=1}^{n} X_i/n$ として与えられることになる。仮に母集団の視聴率を $p = 0.3$ とするとき，10 人のアンケートで視聴率が 0.2 以上になる確率を求めてみよう。$W_n = \sum_{i=1}^{n} X_i$ は 2 項分布 $Bin(10, 0.3)$ に従うことに注意すると，この確率は $P(\overline{X} \geq 0.2)$ $= P(W_{10} \geq 2) = 1 - P(W_{10} = 0) - P(W_n = 1) = 1 - (0.7)^{10} - 10 \times 0.3 \times (0.7)^9 \fallingdotseq 0.85$ として計算できる。また視聴率 $\overline{X}$ の平均は 0.3，分散は $0.3 \times 0.7/10 = 0.021$，標準偏差は $\sqrt{0.021} \fallingdotseq 0.145$ となる。アンケートの人数を 10 人から 1000 人に増やすと，分散は $0.3 \times 0.7/1000 = 0.00021$，標準偏差は $\sqrt{0.00021} \fallingdotseq 0.01449$ とかなり小さくなる。

■ポアソン分布の場合

　ある町の冬の 1 日当たりの火災発生数が平均 λ のポアソン分布 $Po(\lambda)$ に従うとする。いまランダムに n 日をとり，火災発生数を $X_1, \ldots, X_n$ とすると，これはポアソン分布 $Po(\lambda)$ に従う母集団から抽出されたランダム標本とみなすことができる。すなわち，

$$X_1, \ldots, X_n, \ i.i.d. \sim Po(\lambda)$$

と表される。

　λ は 1 日当たりの火災発生数の平均であるから，λ を標本平均 $\overline{X} = n^{-1} \sum_{i=1}^{n} X_i$ で推定するのは尤もらしい。

　$E[X_i] = \lambda$，$\mathrm{Var}(X_i) = \lambda$ であるから，確率変数の和 $W_n = \sum_{i=1}^{n} X_i$ の平均と分散は $E[W_n] = n\lambda$，$\mathrm{Var}(W_n) = n\lambda$ で与えられることがわかる。実は確率変数の和 $W_n = \sum_{i=1}^{n} X_i$ の分布も平均 $n\lambda$ のポアソン分布 $Po(n\lambda)$ に従う。このことは分布の再生性という性質として知られており，発展的事項に関連する内容が説明されている。このことから，直接 $Po(n\lambda)$ の平均と分散を $E[W_n] = n\lambda$，$\mathrm{Var}(W_n) = n\lambda$ として与えることもできる。いずれにし

165

第 III 部　統計的推測

ても，これらから標本平均の平均と分散は $E[\overline{X}] = \lambda$, $\mathrm{Var}(\overline{X}) = \lambda/n$ となり，大数の法則から $\overline{X}$ は λ に確率収束することがわかる．$W_n \sim Po(n\lambda)$ に注意すると，標本平均の分布は

$$P\left(\overline{X} = \frac{k}{n}\right) = P\left(\sum_{i=1}^{n} X_i = k\right) = \frac{(n\lambda)^k}{k!}e^{-n\lambda}, \quad k = 0, 1, \dots$$

となる．

例 9.2　ある都市の交通死亡事故は 1 日平均 0.1 件発生することがわかっている．交通安全週間の 10 日間に死亡事故が発生しない確率を求めてみよう．1 日に発生する死亡事故件数を X_i とすると，n 日間の発生件数は $W_n = \sum_{i=1}^{n} X_i$ となる．各 X_i は平均 0.1 のポアソン分布に従うと考えられるので，$W_n \sim Po(0.1n)$ となる．いま $n = 10$ であるから W_{10} は $Po(1)$ なるポアソン分布に従う．したがって，10 日間で死亡事故が発生しない確率は $P(W_{10} = 0) = \exp(-1) \fallingdotseq 0.37$ となる．n 日間の平均発生件数は標本平均 $\overline{X} = n^{-1}\sum_{i=1}^{n} X_i$ で計算できる．10 間の平均発生件数の分散は $0.1/10 = 0.01$, 標準偏差は $\sqrt{0.01} = 0.1$ となり，30 日間の平均発生件数の分散は $0.1/30 = 0.0033$, 標準偏差は $\sqrt{0.1/30} \fallingdotseq 0.0577$ となる．

■正規分布の場合

20 歳代男性の身長が平均 μ, 分散 σ^2 の正規分布 $\mathcal{N}(\mu, \sigma^2)$ に従うとする．20 歳代男性の身長を母集団として，n 人をランダムに抽出し，$X_1, \dots, X_n$ をランダム標本とする．すわわち，

$$X_1, \dots, X_n, \ i.i.d. \sim \mathcal{N}(\mu, \sigma^2)$$

とする．

$E[X_i] = \mu$, $\mathrm{Var}(X_i) = \sigma^2$ であるから，標本平均 $\overline{X}$ の平均と分散は $E[\overline{X}] = \mu$, $\mathrm{Var}(\overline{X}) = \sigma^2/n$ となり，大数の法則より n が大きいとき $\overline{X}$ は μ に確率収束する．発展的事項で述べられる分布の再生性と命題 7.7 とから，標本平均は

166

$$\overline{X} \sim \mathcal{N}\left(\mu, \frac{\sigma^2}{n}\right)$$

となる正規分布に従う.

例 9.3　ある商品の 1 日あたりの販売数は $\mathcal{N}(100, 10^2)$ の正規分布に従うとする. いま在庫が 420 個あるとき, 4 日間で在庫がなくなる確率を求めてみよう. 1 日の販売数を X_i とすると, n 日間の販売数 $W_n = \sum_{i=1}^{n} X_i$ は $\mathcal{N}(100n, 10^2 n)$ となる正規分布に従うので, 4 日間では $W_4 \sim \mathcal{N}(400, 20^2)$ となる. したがって, 在庫が切れる確率は $P(W_4 > 420) = P(Z > 1) \fallingdotseq 0.1587$ と計算できる. ただし, $Z = (W_4 - 400)/20$ で, これは標準正規分布に従う. また 4 日間の販売データから 1 日あたりの平均販売数を求めると, それは $W_4/4 \sim \mathcal{N}(100, 10^2/4)$ となる正規分布に従い, 1 カ月間の販売データに基づいた場合は $W_{30}/30 \sim \mathcal{N}(100, 10^2/30)$ となり分散がより小さくなる.

■中心極限定理

　以上取り上げてきた分布については標本平均の分布を求めることができるが, 一般には困難である. そこで, n が大きいときの近似分布を求めてみよう. この近似分布を用いて標本平均に関する確率を計算することになる.

　いま, 平均 μ, 分散 σ^2 の確率分布に従う母集団からランダム標本 $X_1, \ldots, X_n$ が抽出されているとする. すなわち

$$X_1, \ldots, X_n, \ i.i.d. \sim (\mu, \sigma^2)$$

と表される. 標本平均 $\overline{X}$ の平均と分散は $E[\overline{X}] = \mu$, $\mathrm{Var}(\overline{X}) = \sigma^2/n$ であるから, $\overline{X}$ を標準化したもの

$$Z_n = \frac{\overline{X} - \mu}{\sqrt{\sigma^2/n}} = \frac{\sqrt{n}(\overline{X} - \mu)}{\sigma}$$

を考えると, Z_n の平均と分散は $E[Z_n] = 0$, $\mathrm{Var}(Z_n) = 1$ となる. このとき Z_n の分布は n が大きくなるにつれて標準正規分布に収束することが示さ

第 III 部 統計的推測

れる．これを**中心極限定理** (central limit theorem) という．数学的に記述
すると

$$\lim_{n \to \infty} P(\sqrt{n}(\overline{X} - \mu)/\sigma \leq z)$$
$$= \int_{-\infty}^{z} \frac{1}{\sqrt{2\pi}} e^{-y^2/2} dy = \Phi(z)$$

が成り立つことを意味している．$\Phi(z)$ は標準正規分布の分布関数である．
証明は，ここでは与えないので，数理統計学の教科書を参照してほしい．中
心極限定理は Z_n の分布が標準正規分布に収束することを示しているが，一
般に確率変数の分布が適当な分布に収束することを**分布収束** (convergence
in distribution) という．

中心極限定理から，n が大きいときには，標本平均の分布を近似的に

$$\overline{X} \approx \mathcal{N}\left(\mu, \frac{\sigma^2}{n}\right) \tag{9.5}$$

となる正規分布に従うとしてよいことになる．このことは数学的に示すこと
ができるが，このようなことが現実の現象として起っていることを確認して
みたい気がする．そこで，内閣支持率の例で取り上げたベルヌーイ試行に基
づいて中心極限定理を検証してみよう．ランダム標本

$$X_1, \ldots, X_n, \ i.i.d. \sim Ber(p)$$

において，$W_n = \sum_{i=1}^{n} X_i$ とおくと，$W_n = n\overline{X}$ である．W_n は 2 項分布
$Bin(n, p)$ に従うので，$p = 0.7$ として $n = 5, 20, 40$ のときの W_n の確率分
布を描いてみると図 9.2 となり，n を大きくしていくと正規分布に近づいて
いくことが確認できる．$E[W_n] = np$, $\mathrm{Var}(W_n) = np(1-p)$ であり，

$$\frac{W_n - np}{\sqrt{np(1-p)}} = \frac{\sqrt{n}(\overline{X} - p)}{\sqrt{p(1-p)}} = Z_n \approx \mathcal{N}(0,1) \tag{9.6}$$

のように近似できることになる．これを 2 項分布の**正規近似** (normal ap-
proximation) という．

168

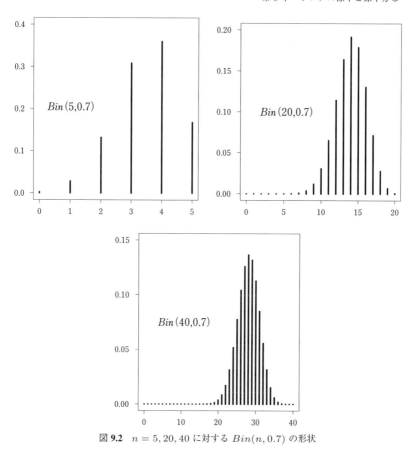

図 **9.2** $n = 5, 20, 40$ に対する $Bin(n, 0.7)$ の形状

例 9.4（連続補正）　正の定数 a, b に対して $a \leq W_n \leq b$ となる確率を計算してみよう．これは，

$$P(a \leq W_n \leq b)$$
$$= P\Big(\frac{a - np}{\sqrt{np(1-p)}} \leq Z_n \leq \frac{b - np}{\sqrt{np(1-p)}}\Big)$$
$$\approx \Phi\Big(\frac{b - np}{\sqrt{np(1-p)}}\Big) - \Phi\Big(\frac{a - np}{\sqrt{np(1-p)}}\Big) \tag{9.7}$$

として，標準正規分布の分布関数 $\Phi(\cdot)$ を用いて確率を近似計算することができる．しかし，a, b が自然数のときには，$W_n = a$, $W_n = b$ で確率をもつ

第 III 部 統計的推測

ことから，$a \leq W_n \leq b$ の確率を考えるよりも，$a - 0.5 \leq W_n \leq b + 0.5$ の確率を求めた方が近似がよくなることが知られている．すなわち，

$$P(a \leq W_n \leq b)$$
$$\approx \Phi\left(\frac{b+0.5-np}{\sqrt{np(1-p)}}\right) - \Phi\left(\frac{a-0.5-np}{\sqrt{np(1-p)}}\right) \tag{9.8}$$

で近似する．これを**連続補正**という（図 9.3）．サイコロを 120 回投げて 6 の目が 25 回以上で 30 回以下出る正確な確率は $P(25 \leq Y_{120} \leq 30) \fallingdotseq 0.129$ となるが，正規近似 (9.7) では 0.1041，正規近似 (9.8) では 0.1306 となり，連続補正した方が近似がよいことがわかる．

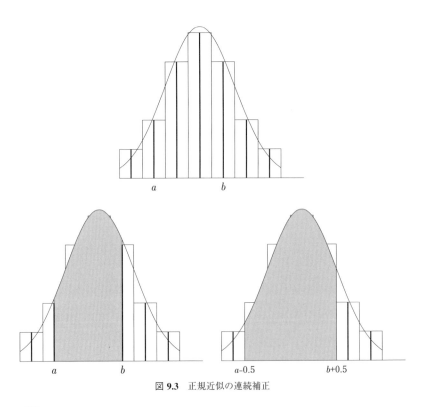

図 **9.3** 正規近似の連続補正

9.4 代表的な統計量の性質

■標本分散と不偏分散

母平均と母分散が $E[X_i] = \mu$, $\mathrm{Var}(X_i) = \sigma^2$ である母集団からのランダム標本

$$X_1, \ldots, X_n, \ i.i.d. \sim (\mu, \sigma^2)$$

において，母平均 μ を推定するための統計量が標本平均 $\overline{X}$ であった．では，母分散 σ^2 を推定するための統計量としてはどのようなものが望ましいであろうか．記述統計において分布の散らばりとして分散を学んだが，標本についても同じ形のもの

$$S^2 = \frac{1}{n} \sum_{i=1}^{n} (X_i - \overline{X})^2 \tag{9.9}$$

が考えられる．これを**標本分散** (sample variance) と呼ぶことにする．これがどの程度 σ^2 に近いのかを調べるために期待値をとってみる．まず，

$$
\begin{aligned}
\sum_{i=1}^{n} &(X_i - \mu)^2 \\
&= \sum_{i=1}^{n} \{(X_i - \overline{X}) + (\overline{X} - \mu)\}^2 \\
&= \sum_{i=1}^{n} (X_i - \overline{X})^2 + 2 \sum_{i=1}^{n} (X_i - \overline{X})(\overline{X} - \mu) + n(\overline{X} - \mu)^2 \\
&= \sum_{i=1}^{n} (X_i - \overline{X})^2 + n(\overline{X} - \mu)^2
\end{aligned}
\tag{9.10}
$$

と書けることに注意する．また，$E[(X_i - \mu)^2] = \sigma^2$, $E[(\overline{X} - \mu)^2] = \mathrm{Var}(\overline{X}) = \sigma^2/n$ より，

第 III 部　統計的推測

$$E\Big[\sum_{i=1}^{n}(X_i - \overline{X})^2\Big]$$

$$= E\Big[\sum_{i=1}^{n}(X_i - \mu)^2\Big] - E[n(\overline{X} - \mu)^2]$$

$$= n\sigma^2 - n \times \frac{\sigma^2}{n} = (n-1)\sigma^2$$

となる. 両辺を $n-1$ で割ると

$$E\Big[\frac{1}{n-1}\sum_{i=1}^{n}(X_i - \overline{X})^2\Big] = \sigma^2 \tag{9.11}$$

と書けることがわかる.

$$V^2 = \frac{1}{n-1}\sum_{i=1}^{n}(X_i - \overline{X})^2 \tag{9.12}$$

とおくと, $E[V^2] = \sigma^2$ が成り立ち, V^2 の期待値が σ^2 に一致する. これを不偏性といい, V^2 を**不偏分散**と呼ぶことにする. 最初に与えた標本分散 S^2 は $S^2 = \{(n-1)/n\}V^2$ と書けるので, その期待値は $E[S^2] = E[\{(n-1)/n\}V^2] = \{(n-1)/n\}\sigma^2 = \sigma^2 - \sigma^2/n$ となり, 不偏でないことがわかる. 今後は, 分散を推定するための統計量として不偏分散を用いることにする. 教科書によっては不偏分散を標本分散として定義しているものもあるので, どちらで定義しているかを注意する必要がある.

■歪度統計量, 尖度統計量

母集団の確率分布の歪度と尖度を測るための統計量は

$$B_1 = \frac{1}{n}\frac{\sum_{i=1}^{n}(X_i - \overline{X})^3}{S^3}, \quad B_2 = \frac{1}{n}\frac{\sum_{i=1}^{n}(X_i - \overline{X})^4}{S^4}$$

で与えられ, それぞれ**歪度統計量**, **尖度統計量**と呼ばれる. もし $X_1, \ldots,$ X_n が正規分布 $\mathcal{N}(\mu, \sigma^2)$ からのランダム標本であれば, n が大きいとき

$$\sqrt{n}B_1/\sqrt{6} \approx \mathcal{N}(0,1)$$

$$\sqrt{n}(B_2 - 3)/\sqrt{24} \approx \mathcal{N}(0,1)$$

で近似できることが知られている.

■順序統計量

最小統計量, 最大統計量, メディアン, 四分位点などは統計解析において重要な統計量である. これらは順序統計量として表すことができる.

$X_1, \ldots, X_n$ を確率分布 P からのランダム標本, 即ち $X_1, \ldots, X_n, i.i.d. \sim P$ とする. 小さい順に並べ替えたものを

$$X_{(1)} \leq X_{(2)} \leq \cdots \leq X_{(n)}$$

と表し**順序統計量** (order statistics) という. $X_{(1)} = \min_{1 \leq i \leq n} X_i$ であり, $X_{(2)}$ は 2 番目に最も小さい確率変数であり, $X_{(n)} = \max_{1 \leq i \leq n} X_i$ である. 標本範囲 (sample range) は $R = X_{(n)} - X_{(1)}$ と表され, メディアン (median) は

$$M = \begin{cases} X_{((n+1)/2)} & (n \text{ が奇数のとき}) \\ \{X_{(n/2)} + X_{(n/2+1)}\}/2 & (n \text{ が偶数のとき}) \end{cases}$$

と書ける.

最小統計量 $X_{(1)}$ と最大統計量 $X_{(n)}$ については, それらの確率密度関数を容易に求めることができる. いま X_i が連続な確率変数とし, その確率密度関数と分布関数を $f(x), F(x)$ で表す. このとき, 最小統計量と最大統計量の確率密度関数は

$$\begin{aligned} f_{X_{(1)}}(x) &= nf(x)\{1 - F(x)\}^{n-1}, \\ f_{X_{(n)}}(x) &= nf(x)\{F(x)\}^{n-1} \end{aligned}$$

(9.13)

で与えられる. 実際, 最小統計量の分布関数は

第 III 部 統計的推測

$$F_{X_{(1)}}(x) = 1 - P(X_{(1)} > x)$$
$$= 1 - P(X_1 > x, \ldots, X_n > x)$$
$$= 1 - \prod_{i=1}^{n} P(X_i > x)$$
$$= 1 - \prod_{i=1}^{n} \{1 - F(x)\} = 1 - \{1 - F(x)\}^n$$

と書けるので，これを x で微分すると

$$f_{X_{(1)}}(x) = \frac{d}{dx} F_{X_{(1)}}(x) = -\frac{d}{dx}\Big[\{1 - F(x)\}^n\Big]$$
$$= n f(x) \{1 - F(x)\}^{n-1}$$

となる．また最大統計量の分布関数も

$$F_{X_{(n)}}(x) = P(X_{(n)} \leq x) = P(X_1 \leq x, \ldots, X_n \leq x)$$
$$= \prod_{i=1}^{n} P(X_i \leq x)$$
$$= \prod_{i=1}^{n} F(x) = \{F(x)\}^n$$

と書けるので，これを x で微分すると

$$f_{X_{(n)}}(x) = \frac{d}{dx} F_{X_{(n)}}(x) = \frac{d}{dx}\Big[\{F(x)\}^n\Big]$$
$$= n f(x) \{F(x)\}^{n-1}$$

となる．

例 9.5 区間 $[0,1]$ 上の一様分布 $U(0,1)$ からのランダム標本 $X_1, \ldots, X_n$, $i.i.d. \sim U(0,1)$ を考えると，X_i の分布関数が $F(x) = x I_{[0,1]}(x) + I_{(1,\infty)}(x)$ であるから，最大統計量の確率密度関数は

$$f_{X_{(n)}}(x) = n x^{n-1}, \quad 0 \leq x \leq 1$$

となる．この分布の平均は

$$E[X_{(n)}] = n \int_0^1 x^n dx = \frac{n}{n+1} \left[x^{n+1} \right]_0^1 = \frac{n}{n+1}$$

と書ける．また

$$E[X_{(n)}^2] = n \int_0^1 x^{n+1} dx = \frac{n}{n+2} \left[x^{n+2} \right]_0^1 = \frac{n}{n+2}$$

より，分散は

$$\begin{aligned} \mathrm{Var}(X_{(n)}) &= E[X_{(n)}^2] - \left\{ E[X_{(n)}] \right\}^2 \\ &= \frac{n}{n+2} - \left(\frac{n}{n+1} \right)^2 \\ &= \frac{n}{(n+2)(n+1)^2} \end{aligned}$$

と書ける．標本平均 $\overline{X}$ の分散は $\mathrm{Var}\,(\overline{X}) = 1 \,/\, (12n)$ となり，$\lim_{n \to \infty} n \mathrm{Var}(\overline{X}) = 1/12$ となるのに対して，$\lim_{n \to \infty} n^2 \mathrm{Var}(X_{(n)}) = 1$ となる．これは，$X_{(n)}$ の分散が $\overline{X}$ より速く 0 に近づくことを意味しており，n が大きいときの $X_{(n)}$ の挙動は $\overline{X}$ と異なることを示唆している．実際，n が大きいときの最大統計量の近似分布を極値分布といい，正規分布とは異なる分布となることが知られている．

9.5 正規母集団の代表的な標本分布

母集団の確率分布が正規分布であるような母集団を正規母集団という．正規母集団は最も基本的な設定で，その標本分布としてカイ 2 乗分布，t-分布，F-分布という代表的な確率分布が導かれる．ここではそれらの分布を説明するが，10.4 節や 11 章で取り上げる信頼区間と仮説検定において主に用いられる．

第III部　統計的推測

■カイ2乗分布

いま m 個の確率変数 $Z_1, \ldots, Z_m$ が互いに独立に分布し，各 Z_i が標準正規分布 $\mathcal{N}(0,1)$ に従うとする．このとき，確率変数の2乗和

$$W = Z_1^2 + \cdots + Z_m^2$$

は，自由度 m の**カイ2乗分布**に従うといい，$W \sim \chi_m^2$ と書く（図9.4）．カイ2乗分布の自由度 m は標準正規分布に従う独立な確率変数の個数に対応する．

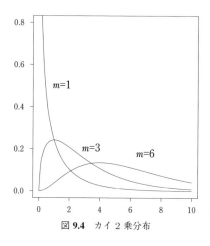

図 **9.4**　カイ2乗分布

$E[Z_i^2] = 1$ より，$E[W] = \sum_{i=1}^m E[Z_i^2] = m$ となる．W の確率密度関数は

$$f_W(w) = \frac{1}{\Gamma(m/2)}\left(\frac{1}{2}\right)^{m/2} w^{m/2-1} e^{-w/2}, \quad w > 0$$

で与えられる．これはガンマ分布の特別な場合で $Ga(m/2, 2)$ に対応する．カイ2乗分布の平均と分散は，$E[W] = m$, $\mathrm{Var}(W) = 2m$ となる．確率変数 Z が $\mathcal{N}(0,1)$ に従うとき，Z^2 が χ_1^2 に従うことがわかる（7.2節参照）．

■t-分布

Z と W を独立な確率変数とし，$Z \sim \mathcal{N}(0,1)$, $W \sim \chi_m^2$ とする．

$$T = Z/\sqrt{W/m}$$

とおくとき，T は**自由度 m のスチューデントの t-分布** (Student's t-distribution with m degrees of freedom) に従うといい，$T \sim t_m$ と書く（図9.5）．

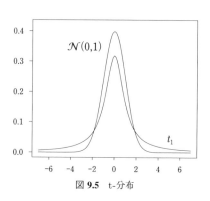

図 **9.5**　t-分布

確率変数 T の確率密度関数は

$$f_T(t) = \frac{\Gamma((m+1)/2)}{\Gamma(m/2)} \frac{1}{\sqrt{\pi m}} \frac{1}{(1+t^2/m)^{(m+1)/2}},$$
$$-\infty < t < \infty$$

で与えられる.

自由度 m を $m = 1$ から $m \to \infty$ へ変化させていくと, t_m は裾の厚い分布から裾の薄い正規分布までをカバーすることができる. t_m において, $m = 1$ ととると, $\Gamma(1/2) = \sqrt{\pi}$ より確率密度関数は

$$f(x) = \frac{1}{\pi} \frac{1}{1+x^2}, \quad -\infty < x < \infty$$

と書かれる. これを**コーシー分布** (Cauchy distribution) という. コーシー分布は裾の厚い分布で, 平均, 分散は存在しない. 実際, $E[|X|] = \infty$ となってしまう. また, $m \to \infty$ とすると, t_m は標準正規分布 $\mathcal{N}(0,1)$ に収束する. すなわち,

$$\lim_{m \to \infty} f_T(t) = \phi(t) = \frac{1}{\sqrt{2\pi}} e^{-t^2/2}$$

が成り立つ.

■ F-分布

W_1 と W_2 を独立な確率変数とし, $W_1 \sim \chi^2_{m_1}$, $W_2 \sim \chi^2_{m_2}$ とする.

$$F = \frac{W_1/m_1}{W_2/m_2}$$

とおくとき, F は**自由度 (m_1, m_2) のスネデッカーの F-分布** (Snedecor's F-distribution with m_1 and m_2 degrees of freedom) に従うといい, $F \sim F_{m_1, m_2}$ と書く (図9.6).
F の確率密度関数は

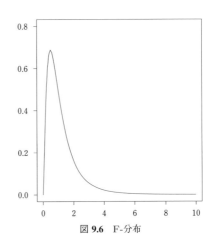

図 **9.6** F-分布

第 III 部　統計的推測

$$f_F(x) = \frac{\Gamma((m_1+m_2)/2)}{\Gamma(m_1/2)\Gamma(m_2/2)} \frac{(m_1/m_2)^{m_1/2} x^{m_1/2-1}}{(1+(m_1/m_2)x)^{(m_1+m_2)/2}},$$

$$x > 0$$

で与えられる.

自由度 m の t-分布に従う確率変数を T とすると,T^2 は自由度 $(1,m)$ の F-分布となる.

■標本平均と標本分散の独立性

平均 μ,分散 σ^2 の正規分布に従う母集団から,ランダム標本がとられているとする.すなわち $X_1,\ldots,X_n,\ i.i.d.\ \sim \mathcal{N}(\mu,\sigma^2)$ とする.このとき,標本平均 $\overline{X} = n^{-1}\sum_{i=1}^n X_i$ と不偏分散 $V^2 = (n-1)^{-1}\sum_{i=1}^n (X_i - \overline{X})^2$ について次の性質が成り立つ.

(1) $\overline{X}$ と V^2 は独立に分布する.

(2) $\overline{X} \sim \mathcal{N}(\mu, \sigma^2/n)$

(3) $(n-1)V^2/\sigma^2 \sim \chi^2_{n-1}$

この証明はやや準備が必要なので数理統計学の教科書を参照してほしい.確率変数 $\sqrt{n}(\overline{X} - \mu)/V$ については

$$\frac{\sqrt{n}(\overline{X}-\mu)}{V} = \frac{(\overline{X}-\mu)/\sqrt{\sigma^2/n}}{V/\sigma}$$

と変形することができ,$(\overline{X}-\mu)/\sqrt{\sigma^2/n} \sim \mathcal{N}(0,1)$, $(n-1)V^2/\sigma^2 \sim \chi^2_{n-1}$ に従い,互いに独立であることから,$\sqrt{n}(\overline{X}-\mu)/V$ は t_{n-1}-分布に従うことがわかる.また $n(\overline{X}-\mu)^2/V^2$ は $F_{1,n-1}$-分布に従う.

$\sum_{i=1}^n (X_i-\overline{X})^2/\sigma^2$ については,実は $\sum_{i=1}^n (X_i-\overline{X})^2/\sigma^2 = Y_1^2 + \cdots + Y_{n-1}^2$ と書け,しかも $Y_1,\ldots,Y_{n-1},\ i.i.d.\ \sim \mathcal{N}(0,1)$ となる確率変数 $Y_1,\ldots,Y_{n-1}$ を作ることができる.すなわち,$\sum_{i=1}^n (X_i-\overline{X})^2/\sigma^2$ は標準正規分布に従う $n-1$ 個の独立な確率変数の 2 乗和として表されるので,$\sum_{i=1}^n (X_i-\overline{X})^2/\sigma^2 \sim \chi^2_{n-1}$ となる.一方,$Z_i = (X_i-\mu)/\sigma$ とおくと,$Z_1,\ldots,Z_n,\ i.i.d. \sim \mathcal{N}(0,1)$ となるので,$\sum_{i=1}^n (X_i-\mu)^2/\sigma^2 \sim \chi^2_n$ に従うことがわかる.$\sum_{i=1}^n (X_i-\overline{X})^2/\sigma^2$ は μ を $\overline{X}$ で置き換えた分だけ自由度が

178

第 9 章 ランダム標本と標本分布

1つ少なくなっている.

例 9.6 F-分布を利用する例として次のような 2 標本の問題を考えることができる. 2 つの標本 $\{X_1, \ldots, X_{n_1}\}$ と $\{Y_1, \ldots, Y_{n_2}\}$ が互いに独立に分布し,

$$X_1, \ldots, X_{n_1}, \ i.i.d. \sim \mathcal{N}(\mu_1, \sigma_1^2)$$

$$Y_1, \ldots, Y_{n_2}, \ i.i.d. \sim \mathcal{N}(\mu_2, \sigma_2^2)$$

とする. $V_1^2 = (n_1 - 1)^{-1} \sum_{i=1}^{n_1} (X_i - \overline{X})^2$, $V_2^2 = (n_2 - 1)^{-1} \sum_{i=1}^{n_2} (Y_i - \overline{Y})^2$ とおくとき, $(n_1 - 1)V_1^2/\sigma_1^2 \sim \chi^2_{n_1-1}$, $(n_2 - 1)V_2^2/\sigma_2^2 \sim \chi^2_{n_2-1}$ となるので

$$\frac{V_1^2/\sigma_1^2}{V_2^2/\sigma_2^2} \sim F_{n_1-1, n_2-1}$$

に従うことがわかる. このように F-分布は 2 つの不偏分散の比の分布に関係している.

9.6 発展的事項

ここでは確率分布に関する発展的な性質をいくつか紹介する. 証明については数理統計学の教科書を参照されたい.

■積率母関数と分布の再生性

分布の再生性や中心極限定理を示す道具として積率母関数がある. 確率変数 X の**積率母関数** (moment generating function) は $M_X(t) = E[\exp(tX)]$ で定義される. ただし $t = 0$ の近傍で期待値が存在する必要がある. 例えば, 確率変数 Z が標準正規分布 $\mathcal{N}(0, 1)$ に従うとき, その積率母関数は

$$M_Z(t) = E[e^{tZ}] = \frac{1}{\sqrt{2\pi}} \int_{-\infty}^{\infty} e^{tz} e^{-z^2/2} dz$$

$$= e^{t^2/2} \frac{1}{\sqrt{2\pi}} \int_{-\infty}^{\infty} e^{-(z-t)^2/2} dz = e^{t^2/2}$$

として求められる. $X = \sigma Z + \mu$ とおくと, X の分布は $\mathcal{N}(\mu, \sigma^2)$ に従うので, $\mathcal{N}(\mu, \sigma^2)$ の積率母関数は

179

第 III 部　統計的推測

$$M_X(t) = E[e^{tX}] = E[e^{t(\sigma Z + \mu)}]$$
$$= e^{\mu t} E[e^{(\sigma t)Z}] = e^{\mu t + \sigma^2 t^2/2}$$

で与えられることがわかる．こうして得られる積率母関数は確率分布と 1 対 1 に対応することが知られている．例えば確率変数 Y の積率母関数が $\exp(At + Bt^2/2)$ で与えられると仮定すると，Y の確率分布は平均 A，分散 B の正規分布 $\mathcal{N}(A, B)$ になる．言い換えると，積率母関数は確率分布を特徴づけることができるのである．

　この性質を用いると，2 つの確率変数の和の分布を求めることができる．いま X と Y が独立な確率変数で，$X \sim \mathcal{N}(\mu_X, \sigma_X^2)$, $Y \sim \mathcal{N}(\mu_Y, \sigma_Y^2)$ とすると，$Z = X + Y$ の積率母関数は，独立性より

$$M_Z(t) = E[e^{tZ}] = E[e^{t(X+Y)}] = E[e^{tX} e^{tY}]$$
$$= E[e^{tX}] E[e^{tY}] = M_X(t) M_Y(t)$$

と書ける．ここで $M_X(t) = \exp(\mu_X t + \sigma_X^2 t^2/2)$, $M_Y(t) = \exp(\mu_Y t + \sigma_Y^2 t^2/2)$ を代入すると

$$M_Z(t) = e^{(\mu_X + \mu_Y)t + (\sigma_X^2 + \sigma_Y^2)t^2/2}$$

と表される．これは $\mathcal{N}(\mu_X + \mu_Y, \sigma_X^2 + \sigma_Y^2)$ となる正規分布の積率母関数であるから，$X + Y \sim \mathcal{N}(\mu_X + \mu_Y, \sigma_X^2 + \sigma_Y^2)$ を示している．これを

$$\mathcal{N}(\mu_X, \sigma_X^2) + \mathcal{N}(\mu_Y, \sigma_Y^2) = \mathcal{N}(\mu_X + \mu_Y, \sigma_X^2 + \sigma_Y^2)$$

と書くことにする．2 つの確率変数の和の分布が同じ分布族に入るという性質を**分布の再生性**という．

　2 項分布 $Bin(n, p)$ の積率母関数は $(pe^t + 1 - p)^n$，ポアソン分布 $Po(\lambda)$ の積率母関数は $\exp\{(e^t - 1)\lambda\}$，ガンマ分布 $Ga(\alpha, \beta)$ の積率母関数は $(1 - \beta t)^{-\alpha}$，カイ 2 乗分布 χ_n^2 の積率母関数は $(1 - 2t)^{-n/2}$ で与えられる．これらを利用すると，2 項分布，ポアソン分布，ガンマ分布，カイ 2 乗分布に関して次のような再生性が成り立つ．このような性質は積率母関数や特性関数を用いて示すことができる．

$$Bin(m, p) + Bin(n, p) = Bin(m + n, p),$$

$$Po(\lambda_1) + Po(\lambda_2) = Po(\lambda_1 + \lambda_2),$$

$$Ga(\alpha_1, \beta) + Ga(\alpha_2, \beta) = Ga(\alpha_1 + \alpha_2, \beta)$$

$$\chi_m^2 + \chi_n^2 = \chi_{m+n}^2$$

中心極限定理の証明についても，$Z_n = \sqrt{n}(\overline{X} - \mu)/\sigma$ とおくとき，$\lim_{n\to\infty} E[\exp(Z_n t)] = \exp(t^2/2)$ を示すことで，Z_n の極限分布が $\mathcal{N}(0, 1)$ になることが示される．

■ **標本分散・不偏分散の近似的な分布**

標本分散 S^2 や不偏分散 V^2 の近似分布を与えておこう．$Y_i = (X_i - \mu)^2$ とおき，$\mu_4 = E[(X_i - \mu)^4]$ とおくと，Y_i の平均と分散は，$E[Y_i] = \sigma^2$，

$$\text{Var}(Y_i) = E[Y_i^2] - (E[Y_i])^2 = \mu_4 - \sigma^4$$

となる．したがって，$Y_1, \ldots, Y_n$ は

$$Y_1, \ldots, Y_n, \ i.i.d. \sim (\sigma^2, \mu_4 - \sigma^4) \tag{9.14}$$

となる形で表現することができる．したがって，中心極限定理より

$$\frac{\sqrt{n}(n^{-1} \sum_{i=1}^n Y_i - \sigma^2)}{\sqrt{\mu_4 - \sigma^4}} \approx \mathcal{N}(0, 1)$$

で近似できる．標本分散 S^2 は，

$$S^2 = \frac{1}{n} \sum_{i=1}^n Y_i - (\overline{X} - \mu)^2$$

$$= \frac{1}{n} \sum_{i=1}^n Y_i - \frac{1}{n} \left\{ \sqrt{n}(\overline{X} - \mu) \right\}^2$$

であるから，

第 III 部　統計的推測

$$\frac{\sqrt{n}(S^2 - \sigma^2)}{\sqrt{\mu_4 - \sigma^4}}$$
$$= \frac{\sqrt{n}(n^{-1}\sum_{i=1}^{n} Y_i - \sigma^2)}{\sqrt{\mu_4 - \sigma^4}} - \frac{1}{\sqrt{n(\mu_4 - \sigma^4)}}\left\{\sqrt{n}(\overline{X} - \mu)\right\}^2$$

と変形することができる．この右辺の第 1 項は $\mathcal{N}(0, 1)$ に分布収束し，第 2 項は 0 に確率収束することを示すことができるので，結局，

$$\frac{\sqrt{n}(S^2 - \sigma^2)}{\sqrt{\mu_4 - \sigma^4}} \approx \mathcal{N}(0, 1)$$

が成り立つ．不偏分散についても同様にして，

$$\frac{\sqrt{n}(V^2 - \sigma^2)}{\sqrt{\mu_4 - \sigma^4}} \approx \mathcal{N}(0, 1)$$

で近似できることが示される．

■順序統計量の確率分布

一般に，j 番目の順序統計量 $X_{(j)}$ の分布関数と確率密度関数は

$$F_{X_{(j)}}(x) = \sum_{k=j}^{n} {}_nC_k\{F(x)\}^k\{1 - F(x)\}^{n-k}$$
$$f_{X_{(j)}}(x) = \frac{n!}{(j-1)!(n-j)!}f(x)\{F(x)\}^{j-1}\{1 - F(x)\}^{n-j}$$

で与えられることが知られている．また $i < j$ に対して $(X_{(i)}, X_{(j)})$ の同時確率密度関数は

$$f_{X_{(i)}, X_{(j)}}(x, y)$$
$$= \frac{n!}{(i-1)!(j-i-1)!(n-j)!}f(x)f(y)F(x)^{i-1}$$
$$\times \{F(y) - F(x)\}^{j-i-1}\{1 - F(y)\}^{n-j}$$

と書ける．

第 9 章 ランダム標本と標本分布

【 問　題 】

問 1. 母集団が $\mathcal{N}(20, 8^2)$ の正規分布に従うとき，$n = 25$ の無作為標本 (random sample) で標本平均 $\overline{X}$ が $\overline{X} \leq 18$ となる確率はいくらか．また $n = 9$ で $\overline{X} \leq 18$ となる確率はいくらか．

問 2. ある工場で作られる鉄板の厚さは正規分布 $\mathcal{N}(4, (0.1)^2)$ に従うという．ただし単位は mm である．9 枚の鉄板を積み重ねたときの厚さはどのような分布に従うか．またその厚さが 35.7 mm 以上 36.6 mm 以下となる確率を求めよ．

問 3. 500 人の消費者について合成洗剤ではなくて粉石鹸を使用している人の割合は 32%($=$ 160/500) であった．この調査にどの程度の誤差を見込むべきか．

問 4. ある番組の視聴率は 20% であるという．200 人について調査した結果その番組を見た人の割合が 0.15 以下になってしまう確率を求めよ．

問 5. ある市の人口は 200,000 人であり，そのうち 1/5 が未成年であるという．200,000 人の中からランダムに 100 人を選んだところ，その中に含まれる未成年者の人数が 10 人以下である確率の近似値を求めよ．

問 6. ある生命保険会社では，ある職種の人 3,750 人と保険契約をしている．その職種の人の 1 年間の死亡率は 1/25 であるという．このとき，1 年間の死亡数が 138 人以下となる確率を求めよ．また，186 人以上が死亡する確率を求めよ．

問 7. 表が出る確率が p のコインを独立に n 回投げる実験を行う場合を考える．これを確率に基づいて表現すると次のように書ける．n 個の確率変数 $X_1, \ldots, X_n$ が互いに独立に分布し，X_i の確率分布は，$x_i = 0, 1$ に対して

$$P[X_i = x_i] = p^{x_i}(1-p)^{1-x_i}$$

で与えられる．x_i は X_i の実現値で，表が出るとき $x_i = 1$，裏が出るとき $x_i = 0$ の値をとるものとする．このとき，以下の問いに答えよ．

(1) 1 個の確率変数 X_1 の平均 $E[X_1]$ と分散 $\mathrm{Var}(X_1)$ を求めよ．

(2) $W_n = X_1 + \cdots + X_n$ とおくとき，W_n の平均 $E[W_n]$ と分散 $\mathrm{Var}(W_n)$

183

第 III 部　統計的推測

を(1)の結果を用いて求めよ.

(3) $k = 0, \ldots, n$ に対して, 確率 $P[W_n = k]$ を与えよ.

(4) $n \to \infty$ とすると, W_n/n は p に確率収束する. このことをチェビシェフの不等式を用いて示せ.

(5) n が大きいとき, $\sqrt{n}(W_n/n - p)$ はどのような分布で近似できるか. その分布を記せ.

問 8. 自由度 k のカイ 2 乗分布 χ_k^2 を, 標準正規分布に従う確率変数を用いて定義せよ. 自由度 k の t-分布 t_k を, 標準正規分布とカイ 2 乗分布に従う確率変数を用いて定義せよ.

第 10 章

推　定

　母集団から標本を抽出し，それに基づいて母集団の確率分布に関する推測を行うことが統計的推測の基本的な考え方である．特に母集団の平均や分散については，標本の平均や分散で推定するのが自然である．標本に基づいて母集団のパラメータを言い当てることを点推定といい，ある程度の幅をもって推定することを区間推定という．ここでは，これらの推定方法について学ぶ．

10.1　点推定

　母集団のパラメータの値を観測される標本に基づいて言い当てることを**点推定** (point estimation) という．いま次のように，θ をパラメータにもつ確率分布 P_θ に従う母集団からランダム標本が得られているとしよう．

$$X_1, \ldots, X_n, \ i.i.d. \sim P_\theta$$

ここで θ はギリシャ文字のシータで，母集団パラメータを表すときに用いられることが多い．θ を標本 $(X_1, \ldots, X_n)$ の関数で推定することになるので，この関数を $\hat{\theta}(X_1, \ldots, X_n)$ もしくは単に $\hat{\theta}$ と書き，θ の**推定量** (estimator) という．実際に観測された実現値 $x_1, \ldots, x_n$ を代入したもの $\hat{\theta}(x_1, \ldots, x_n)$ を**推定値** (estimate) という．

　推定量は標本の関数であるが，関数であれば何でもよいというわけではなく，パラメータをより正確に推定できる関数であることが望ましい．そのための判断基準として不偏性と一致性という性質がある．

　推定量 $\hat{\theta} = \hat{\theta}(X_1, \ldots, X_n)$ が θ の**不偏推定量** (unbiased estimator) であ

185

第 III 部　統計的推測

るとは，すべての θ に対して

$$E[\hat{\theta}(X_1, \ldots, X_n)] = \theta \tag{10.1}$$

が成り立つことをいう．不偏性とは，$\hat{\theta}$ が平均的に θ の周りに分布していることを意味している．不偏でないとき，

$$\mathrm{Bias}(\hat{\theta}) = E[\hat{\theta}(X_1, \ldots, X_n)] - \theta \tag{10.2}$$

を**バイアス** (bias) という．バイアスは推定量の評価規準の1つと考えることができ，当然小さいものを選ぶことが望まれる．

　推定量 $\hat{\theta} = \hat{\theta}(X_1, \ldots, X_n)$ が θ の**一致推定量** (consistent estimator) であるとは，$\hat{\theta}$ が θ に確率収束すること，すなわち，すべての $c > 0$ とすべての θ に対して

$$\lim_{n \to \infty} P_\theta(|\hat{\theta} - \theta| \le c) = 1$$

が成り立つことをいう．これは，n を大きくすると $\hat{\theta}$ が真の値 θ に近づくことを意味する．

　確率収束を示すにはチェビシェフの不等式 (6.6) を用いればよい．したがって

$$P(|\hat{\theta} - \theta| \le c) \ge 1 - E[(\hat{\theta} - \theta)^2]/c^2$$

となるので，$\lim_{n \to \infty} E[(\hat{\theta} - \theta)^2] = 0$ が成り立てば $\hat{\theta}$ は一致性をもつことになる．

　平均 μ，分散 σ^2 の母集団からのランダム標本 $X_1, \ldots, X_n$ がとられたときには，μ の標本平均 $\overline{X} = n^{-1} \sum_{i=1}^{n} X_i$ と σ^2 の不偏分散 $V^2 = (n-1)^{-1} \sum_{i=1}^{n} (X_i - \overline{X})^2$ については

$$E[\overline{X}] = \mu, \quad E[V^2] = \sigma^2$$

が成り立つので，$\overline{X}$ は μ の不偏推定量，V^2 は σ^2 の不偏推定量である．標本分散 $S^2 = n^{-1} \sum_{i=1}^{n} (X_i - \overline{X})^2$ は不偏ではなく，そのバイアスは

186

$$\mathrm{Bias}(S^2) = E[S^2] - \sigma^2 = \frac{n-1}{n}\sigma^2 - \sigma^2 = -\frac{\sigma^2}{n}$$

で与えられる.

大数の法則から $\overline{X}$ が μ に確率収束する. これは, $\overline{X}$ が μ の一致推定量であることを意味している. V^2 も σ^2 の一致推定量になる. 実際, (9.10) より

$$\sum_{i=1}^{n}(X_i - \mu)^2 = \sum_{i=1}^{n}(X_i - \overline{X})^2 + n(\overline{X} - \mu)^2$$

と書けるので,

$$V^2 = \frac{n}{n-1}\frac{1}{n}\sum_{i=1}^{n}(X_i - \mu)^2 - \frac{n}{n-1}(\overline{X} - \mu)^2$$

と表される. $\overline{X}$ が μ に確率収束することから $(\overline{X} - \mu)^2$ は 0 に確率収束することがわかる. $Y_i = (X_i - \mu)^2$ とおくと, (9.14) より

$$Y_1, \ldots, Y_n, \ i.i.d. \sim (\sigma^2, \mu_4 - \sigma^4)$$

となるので, 大数の法則より $n^{-1}\sum_{i=1}^{n}Y_i$ は σ^2 に確率収束する. したがって, V^2 は σ^2 に確率収束すること, すなわち V^2 は σ^2 の一致推定量であることがわかる. 同様にして S^2 も σ^2 の一致推定量になることが示される.

10.2 最尤法とモーメント法

母集団の確率分布のパラメータ θ は, 一般に平均とか分散とかに限らず, また 1 次元であるとは限らない. 現実には複雑な確率モデルに組み込まれたパラメータ θ を推定する必要がある. そのための一般的な方法が最尤法とモーメント法である.

■最尤法

いま母集団の確率関数もしくは確率密度関数が $f(x;\theta)$ で与えられている

187

とし，その母集団からとられたランダム標本を $X_1, \ldots, X_n$ とする．すなわち

$$X_1, \ldots, X_n, \ i.i.d. \sim f(x; \theta)$$

と表される．表記の簡略化のため $\boldsymbol{X} = (X_1, \ldots, X_n)$ と書くことにする．$\boldsymbol{X}$ の実現値を $\boldsymbol{x} = (x_1, \ldots, x_n)$ とし，$\boldsymbol{X}$ の $\boldsymbol{x}$ における同時確率関数もしくは同時確率密度関数を θ の関数とみて，

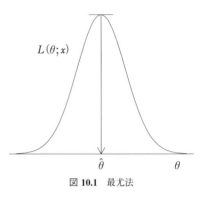

図 10.1 最尤法

$$L(\theta; \boldsymbol{x}) = f(x_1; \theta) \times \cdots \times f(x_n; \theta)$$

と書き，**尤度関数** (likelihood function) という（図 10.1）．この尤度関数 $L(\theta; \boldsymbol{x})$ を最大にする θ は $\boldsymbol{x}$ の関数として与えられるので，それを $\hat{\theta}^{ML}(x_1, \ldots, x_n)$ と書くとき，$\hat{\theta}^{ML} = \hat{\theta}^{ML}(X_1, \ldots, X_n)$ を θ の**最尤推定量** (maximum likelihood estimator) といい，MLE で表す．すなわち，$\hat{\theta}^{ML}$ は

$$L(\hat{\theta}^{ML}; \boldsymbol{X}) = \max_{\theta} L(\theta; \boldsymbol{X})$$

を満たす推定量である．θ が 1 次元のときには，$L(\theta; \boldsymbol{X})$ が θ について微分可能であれば

$$L'(\theta; \boldsymbol{X}) = \frac{d}{d\theta} L(\theta; \boldsymbol{X})$$

とおくと，最適な点は傾きが 0 になる点なので，θ の最尤推定量 $\hat{\theta}^{ML}$ は

$$L'(\hat{\theta}^{ML}; \boldsymbol{X}) = 0$$

を満たすことがわかる．これを**尤度方程式** (likelihood equation) という．最尤推定量は，通常この尤度方程式の解を求めることで得られる．なお関数の微分については基本的な説明が付録 2 で与えられているので参照してほしい．

尤度関数は確率関数の積の形をしているので，対数変換により確率関数の

和の形に直してから微分した方が計算しやすい. そこで尤度関数を対数変換
したもの

$$\ell(\theta; \boldsymbol{x}) = \log L(\theta; \boldsymbol{x}) = \sum_{i=1}^{n} \log f(x_i; \theta)$$

を**対数尤度関数** (log-likelihood function) という. $\ell'(\theta; \boldsymbol{x}) = (d/d\theta)\ell(\theta; \boldsymbol{x})$
$= L'(\theta; \boldsymbol{x})/L(\theta; \boldsymbol{x})$ より, $L(\theta; \boldsymbol{X})$ を最大化する代わりに $\ell(\theta; \boldsymbol{X})$ を最大化
する θ を求めても同等な最尤推定量が得られる. すなわち

$$\frac{d}{d\theta}\ell(\theta; \boldsymbol{X}) = \sum_{i=1}^{n} \frac{d}{d\theta} \log f(X_i; \theta) = 0$$

の解を求めることになる. 最尤推定量の性質をまとめてみたものが次で与え
られる.

■最尤推定量の性質

(1)（一致性）θ の最尤推定量 $\hat{\theta}^{ML}$ は θ の一致推定量である.

(2)（不変性）θ の関数 $g(\theta)$ の最尤推定量は $g(\hat{\theta}^{ML})$ で与えられる. これ
を最尤推定量の不変性という.

(3)（漸近正規性）n が大きいとき, θ の最尤推定量 $\hat{\theta}^{ML}$ は正規分布で近
似できる. これを最尤推定量の漸近正規性という. 具体的には

$$\sqrt{n}(\hat{\theta}^{ML} - \theta) \approx \mathcal{N}\left(0, \frac{1}{I(\theta)}\right)$$

で近似できる. ここで $I(\theta)$ は**フィッシャー情報量** (Fisher information) と
呼ばれる関数で, θ が 1 次元のときには

$$I(\theta) = E\left[\left(\frac{d}{d\theta} \log f(X_1; \theta)\right)^2\right]$$

で与えられるが, ここでは $I(\theta) > 0$ を仮定していることに注意する.

(4) 一般に $g(\theta)$ の最尤推定量 $g(\hat{\theta}^{ML})$ の漸近正規性については次のように
なる.

第 III 部　統計的推測

$$\sqrt{n}(g(\hat{\theta}^{ML}) - g(\theta)) \approx \mathcal{N}\Big(0, \frac{\{g'(\theta)\}^2}{I(\theta)}\Big)$$

(5) 実現値 $\boldsymbol{x} = (x_1, \ldots, x_n)$ が与えられたときの最尤推定値を求めるには，$L'(\theta; \boldsymbol{x}) = 0$ もしくは $\ell'(\theta; \boldsymbol{x}) = 0$ の解をニュートン法により数値的に解けばよい．例えば θ が 1 次元のとき，適当な初期値 $\theta^{(0)}$ からスタートして，$\theta^{(k)}$ から $\theta^{(k+1)}$ を更新するアルゴリズムを

$$\theta^{(k+1)} = \theta^{(k)} - \frac{\ell'(\theta^{(k)}; \boldsymbol{x})}{\ell''(\theta^{(k)}; \boldsymbol{x})}$$

とし，$|\theta^{(k+1)} - \theta^{(k)}|$ の値が十分小さくなるときに更新をストップし，$\theta^{(k+1)}$ を θ の最尤推定値とする．このような形でニュートン法に基づいたプログラムを作成してもよいが，R には最適解を求めるパッケージが用意されているのでそれを用いた方が便利であるが，多くの場合数値は収束する．

　ニュートン法のアルゴリズムはテーラーの 1 次近似から得られる．実際，$\ell'(\theta_1; \boldsymbol{x})$ を θ_0 の周りでテーラー展開すると

$$\ell'(\theta_1; \boldsymbol{x}) = \ell'(\theta_0; \boldsymbol{x}) + \ell''(\theta_0; \boldsymbol{x})(\theta_1 - \theta_0)$$

と近似できる．$\ell'(\theta_1; \boldsymbol{x}) = 0$ となる θ_1 を求めたいので，$\ell'(\theta_0; \boldsymbol{x}) + \ell''(\theta_0; \boldsymbol{x})(\theta_1 - \theta_0) = 0$ とおいて，これを θ_1 について解くと

$$\theta_1 = \theta_0 - \ell'(\theta_0; \boldsymbol{x})/\ell''(\theta_0; \boldsymbol{x})$$

と書ける．θ_0, θ_1 を $\theta^{(k)}, \theta^{(k+1)}$ で置き換えれば，ニュートン法のアルゴリズムが得られる．

例 10.1　ベルヌーイ分布のパラメータについて最尤推定量を求めてみよう．$X_1, \ldots, X_n \ \ i.i.d. \sim Ber(p)$ のときには，対数尤度は

$$\ell(p; \boldsymbol{x}) = \sum_{i=1}^{n} x_i \log p + \sum_{i=1}^{n} (1 - x_i) \log(1 - p)$$

と書けるので，p に関して微分したものを 0 とおき，$\boldsymbol{x}$ に $\boldsymbol{X}$ を代入すると

190

$$\frac{d}{dp}\ell(p;\boldsymbol{X}) = \frac{\sum_{i=1}^n X_i}{p} - \frac{n - \sum_{i=1}^n X_i}{1-p} = 0$$

となる. これを解くと p の最尤推定量は $\hat{p} = n^{-1}\sum_{i=1}^n X_i = \overline{X}$ となる. X_i の分散 $\xi(p) = p(1-p)$ やロジット変換 $\eta(p) = \log\{p/(1-p)\}$ の最尤推定量は不変性より $\hat{\xi} = \overline{X}(1-\overline{X})$, $\hat{\eta} = \log\{\overline{X}/(1-\overline{X})\}$ となる.

例 10.2 正規母集団の平均 μ と分散 σ^2 の最尤推定量を求めてみよう. $\mathcal{N}(\mu,\sigma^2)$ からのランダム標本 $\boldsymbol{X} = (X_1,\dots,X_n)$ について, 対数尤度関数は

$$\ell(\mu,\sigma^2;\boldsymbol{x})$$
$$= -\frac{n}{2}\log(2\pi) - \frac{n}{2}\log(\sigma^2) - \frac{1}{2\sigma^2}\sum_{i=1}^n (x_i - \mu)^2$$

で与えられる. この場合, パラメータは μ と σ^2 の 2 つあるので, まず σ^2 を固定した上で μ に関して微分する. これを偏微分という. 同様に, μ を固定した上で σ^2 に関して偏微分すると

$$\frac{\partial}{\partial\mu}\ell(\mu,\sigma^2;\boldsymbol{x}) = \frac{1}{\sigma^2}\sum_{i=1}^n (x_i - \mu),$$
$$\frac{\partial}{\partial\sigma^2}\ell(\mu,\sigma^2;\boldsymbol{x}) = -\frac{n}{2\sigma^2} + \frac{1}{2\sigma^4}\sum_{i=1}^n (x_i - \mu)^2$$

となる. $\boldsymbol{x}$ を $\boldsymbol{X}$ に置き換えて尤度方程式を立てると

$$\frac{1}{\sigma^2}\sum_{i=1}^n (X_i - \mu) = 0,$$
$$\frac{1}{2\sigma^4}\sum_{i=1}^n (X_i - \mu)^2 = \frac{n}{2\sigma^2}$$

となる. したがって, μ と σ^2 の最尤推定量は, $\hat{\mu} = \overline{X}$, $\hat{\sigma}^2 = n^{-1}\sum_{i=1}^n (X_i - \overline{X})^2$ となる. $\hat{\sigma}^2$ は標本分散 S^2 となり不偏でないことがわかる.

第 III 部　統計的推測

■モーメント法

確率変数 X の確率関数もしくは確率密度関数が k 個のパラメータをもって $f(x; \theta_1, \ldots, \theta_k)$ で与えられるとし，その 1 次，2 次などのモーメント（積率）を

$$
\begin{cases}
E[X] = g_1(\theta_1, \ldots, \theta_k) \\
E[X^2] = g_2(\theta_1, \ldots, \theta_k) \\
\qquad\qquad \vdots \\
E[X^k] = g_k(\theta_1, \ldots, \theta_k)
\end{cases}
$$

とする．いま，確率分布 $f(x; \theta_1, \ldots, \theta_k)$ に従う母集団からのランダム標本を $X_1, \ldots, X_n$ とし，$E[X]$ を $n^{-1} \sum_{i=1}^{n} X_i$, $E[X^2]$ を $n^{-1} \sum_{i=1}^{n} X_i^2$ などで置き換えると，

$$
\begin{cases}
n^{-1} \sum_{i=1}^{n} X_i = g_1(\theta_1, \ldots, \theta_k) \\
n^{-1} \sum_{i=1}^{n} X_i^2 = g_2(\theta_1, \ldots, \theta_k) \\
\qquad\qquad \vdots \\
n^{-1} \sum_{i=1}^{n} X_i^k = g_k(\theta_1, \ldots, \theta_k)
\end{cases}
$$

となる．この連立方程式を $\theta_1, \ldots, \theta_k$ に関して解くことによって，推定量 $\hat{\theta}_1^{MM}, \ldots, \hat{\theta}_k^{MM}$ を求めることができる．これを**モーメント推定量** (moment estimator) という．ただしパラメータの数だけ連立方程式をたてる必要があることに注意する．

例 10.3　ベルヌーイ分布のパラメータについてモーメント推定量を求めてみよう．$X_1, \ldots, X_n$ i.i.d. $\sim Ber(p)$ のときには，p は 1 次元であるから方程式は 1 つでよい．$E[X_1] = p$ であるから，方程式

$$
\frac{1}{n} \sum_{i=1}^{n} X_i = p
$$

となり，p のモーメント推定量は $\overline{X}$ となり，最尤推定量に一致する．

192

第 10 章 推 定

例 10.4 正規母集団の平均 μ と分散 σ^2 のモーメント推定量を求めてみよう. $\mathcal{N}(\mu, \sigma^2)$ からのランダム標本を $X_1, \ldots, X_n$ とすると, パラメータは 2 個だから 2 つの方程式を立てる必要がある. $E[X_1] = \mu$, $E[X_1^2] = \sigma^2 + \mu^2$ と書けるので,

$$\begin{cases} n^{-1} \sum_{i=1}^{n} X_i = \mu \\ n^{-1} \sum_{i=1}^{n} X_i^2 = \sigma^2 + \mu^2 \end{cases}$$

となる. この方程式を解くと, 最初の方程式から $\hat{\mu} = \overline{X}$ が得られ, これを 2 番目の方程式に代入すると

$$\hat{\sigma}^2 = \frac{1}{n} \sum_{i=1}^{n} X_i^2 - \overline{X}^2 = \frac{1}{n} \sum_{i=1}^{n} (X_i - \overline{X})^2 = S^2$$

となる. σ^2 のモーメント推定量は最尤法と同じく標本分散 S^2 になることがわかる.

10.3 平均 2 乗誤差による評価

望ましい推定量の性質として不偏性と一致性について 10.1 節で取り上げた. それらに加えて推定誤差が小さい推定量が望ましい.

パラメータ θ を推定量 $\hat{\theta}$ で推定するとき, 推定誤差は例えば $E[(\hat{\theta} - \theta)^2]$ で測ることができる. この規準は**平均 2 乗誤差** (mean squared error) と呼ばれる. これは,

$$\begin{aligned} \mathrm{MSE}&(\theta; \hat{\theta}) \\ &= E[(\hat{\theta} - \theta)^2] = E[\{(\hat{\theta} - E[\hat{\theta}]) + (E[\hat{\theta}] - \theta)\}^2] \\ &= E[(\hat{\theta} - E[\hat{\theta}])^2 + 2(\hat{\theta} - E[\hat{\theta}])(E[\hat{\theta}] - \theta) + (E[\hat{\theta}] - \theta)^2] \\ &= E[(\hat{\theta} - E[\hat{\theta}])^2] + 2E[(\hat{\theta} - E[\hat{\theta}])(E[\hat{\theta}] - \theta)] + (E[\hat{\theta}] - \theta)^2 \end{aligned}$$

と変形できる. ここで, $E[(\hat{\theta} - E[\hat{\theta}])(E[\hat{\theta}] - \theta)] = E[\hat{\theta} - E[\hat{\theta}]](E[\hat{\theta}] - \theta) = (E[\hat{\theta}] - E[\hat{\theta}])(E[\hat{\theta}] - \theta) = 0$ である. また $E[(\hat{\theta} - E[\hat{\theta}])^2] = \mathrm{Var}(\hat{\theta})$ であり,

193

第 III 部　統計的推測

$\mathrm{Bias}(\hat{\theta}) = E[\hat{\theta}] - \theta$ とおくと

$$\mathrm{MSE}(\theta; \hat{\theta}) = \mathrm{Var}(\hat{\theta}) + \left\{\mathrm{Bias}(\hat{\theta})\right\}^2 \qquad (10.3)$$

と表される．平均 2 乗誤差は分散とバイアスの 2 乗との和で表され，それらを 1 対 1 の比で加重平均をとった規準である．バイアスがあるときに，分散の大小だけで推定量の良さを評価したのでは不十分であることを示している．バイアスがないとき，すなわち $\hat{\theta}$ が θ の不偏推定量のときには

$$\mathrm{MSE}(\theta; \hat{\theta}) = \mathrm{Var}(\hat{\theta})$$

となり，推定量 $\hat{\theta}$ の分散の大小で比較することができる．

2 つの推定量 $\hat{\theta}_1$ と $\hat{\theta}_2$ を平均 2 乗誤差で比較し，すべての θ について

$$\mathrm{MSE}(\theta; \hat{\theta}_1) \le \mathrm{MSE}(\theta; \hat{\theta}_2)$$

なる不等式が成り立つとき，$\hat{\theta}_1$ は $\hat{\theta}_2$ より優れた推定量となる．例えば，$X_1, \ldots, X_n$ を $\mathcal{N}(\mu, 1)$ からのランダム標本とすると，μ の最尤推定量は $\hat{\mu}_1 = \overline{X} = n^{-1} \sum_{i=1}^n X_i$ である．仮に X_n を使わずに $X_1, \ldots, X_{n-1}$ に基づいた推定量 $\hat{\mu}_2 = (n-1)^{-1} \sum_{i=1}^{n-1} X_i$ を考えた場合，$\hat{\mu}_1, \hat{\mu}_2$ はいずれも不偏で一致推定量である．しかし，

$$\mathrm{MSE}(\mu, \hat{\mu}_1) = \mathrm{Var}(\hat{\mu}_1) = \frac{1}{n}$$
$$\mathrm{MSE}(\mu, \hat{\mu}_2) = \mathrm{Var}(\hat{\mu}_2) = \frac{1}{n-1}$$

となり，$\hat{\mu}_1$ の方が $\hat{\mu}_2$ より優れていることがわかる．

例 10.5　平均 μ，分散 σ^2 の確率分布に従う母集団からのランダム標本を $X_1, \ldots, X_n$ とする．μ の推定量として，実数 $c_1, \ldots, c_n$ に対して $\hat{\mu}_c = c_1 X_1 + \cdots + c_n X_n = \sum_{i=1}^n c_i X_i$ となる線形な推定量を考える．その期待値は

$$E[\hat{\mu}_c] = E[\sum_{i=1}^{n} c_i X_i] = \sum_{i=1}^{n} c_i E[X_i] = \sum_{i=1}^{n} c_i \mu$$

となるので，不偏になるためには定数 $c_1, \ldots, c_n$ は $\sum_{i=1}^{n} c_i = 1$ を満たさなければならない．また分散は

$$\mathrm{Var}(\hat{\mu}_c) = E[(\hat{\mu}_c - E[\hat{\mu}_c])^2]$$
$$= E\Big[\Big\{\sum_{i=1}^{n} c_i(X_i - \mu)\Big\}^2\Big] = \sum_{i=1}^{n} c_i^2 \sigma^2$$

となる．線形でしかも不偏である推定量の中で分散を最小にする推定量を**最良線形不偏推定量** (best linear unbiased estimator: BLUE) という．最良線形不偏推定量を求めるのは，$\sum_{i=1}^{n} c_i = 1$ となる制約条件のもとで $\sum_{i=1}^{n} c_i^2$ を最小にする $c_1, \ldots, c_n$ を求める必要がある．この条件付き最適化問題の解を求めるためにラグランジュの未定乗数法を用いる．

$$H(c_1, \ldots, c_n, \lambda) = \sum_{i=1}^{n} c_i^2 - \lambda\Big\{\sum_{i=1}^{n} c_i - 1\Big\}$$

とおいて，c_i に関して偏微分したものを 0 と置くことにより，$c_i = \lambda/2$，$i = 1, \ldots, n$ が導かれ，これを $\sum_{i=1}^{n} c_i = 1$ に代入すると，$\lambda = 2/n$ となる．したがって，$c_1 = \cdots = c_n = 1/n$ となり，μ の最良線形不偏推定量は標本平均 $\overline{X}$ になることがわかる．その分散は (9.3) より $\mathrm{Var}(\overline{X}) = \sigma^2/n$ で与えられる．

■有効性

θ の不偏推定量 $\hat{\theta}$ については，次の**クラメール・ラオの不等式** (Cramér-Rao inequality) が成り立つことが知られている．

$$\mathrm{Var}(\hat{\theta}) \geq \frac{1}{nI(\theta)}$$

ここで，$I(\theta)$ はフィッシャー情報量で $I(\theta) = E[\{(d/d\theta)\log f(X;\theta)\}^2]$ で与えられる．この不等式は，不偏推定量の分散を $1/\{nI(\theta)\}$ より小さくす

第 III 部　統計的推測

ることができないことを意味しており，$1/\{nI(\theta)\}$ をクラメール・ラオの下限という．逆に，分散の値がこの下限に一致していれば，その不偏推定量は不偏推定量の中で分散を最小にする推定量になっており，**一様最小分散不偏推定量** (uniformly minimum variance unbiased estimator: UMVUE) と呼ばれる．クラメール・ラオ不等式を書き換えると

$$nE[(\hat{\theta} - \theta)^2] \geq \frac{1}{I(\theta)}$$

となる．$\hat{\theta}$ が不偏推定量でなくても，$I(\theta) > 0$ などいくつかの条件のもとでは n が大きいとき

$$\lim_{n \to \infty} nE[(\hat{\theta} - \theta)^2] \geq \frac{1}{I(\theta)}$$

なる不等式が成り立ち，等号が成り立つような推定量を**漸近有効** (asymptotic efficient) な推定量であるという．

最尤推定量 $\hat{\theta}^{ML}$ については，その性質のところで紹介したように

$$\sqrt{n}(\hat{\theta}^{ML} - \theta) \approx \mathcal{N}\Big(0, \frac{1}{I(\theta)}\Big)$$

なる近似が n が大きいときに多くの場合成り立つ．このことから，いくつかの条件のもとで

$$\lim_{n \to \infty} nE[(\hat{\theta}^{ML} - \theta)^2] = \frac{1}{I(\theta)}$$

が成り立つので，最尤推定量は漸近有効であることがわかる．

10.4　区間推定

点推定は，母数の値を言い当てることであったが，推定値が母数の値の近くにはあってもその数値を正確に言い当てることは希である．そこで，ある区間に母数が入ることを高い確率で保障しようという考えが生まれる．これを区間推定という．

信頼区間の定義から始めよう．$X_1, \ldots, X_n$ を母集団分布 $f(x; \theta)$ からのランダム標本とし，θ は 1 次元母数とする．$\boldsymbol{X} = (X_1, \ldots, X_n)$ とおく．2

つの統計量 $L(\boldsymbol{X}), U(\boldsymbol{X})$ が $L(\boldsymbol{X}) \leq U(\boldsymbol{X})$ を満たし，区間 $[L(\boldsymbol{X}), U(\boldsymbol{X})]$ が，すべての θ に対して

$$P_\theta(\theta \in [L(\boldsymbol{X}), U(\boldsymbol{X})]) \geq 1 - \alpha$$

を満たすとき，**信頼係数** (confidence coefficient) $1 - \alpha$ の**信頼区間** (confidence interval) という．また，$P_\theta(\theta \in [L(\boldsymbol{X}), U(\boldsymbol{X})])$ を**カバレージ確率** (coverage probability) という．ここで，α は，0.05, 0.01 をとることが多く，それぞれ信頼係数 95%，99% の信頼区間に対応する．

■正規母集団の母数の区間推定

$X_1, \ldots, X_n$ を $\mathcal{N}(\mu, \sigma^2)$ からのランダム標本とし，平均 μ の区間推定を考えてみる．

(1) **分散 σ^2 が既知のときの平均 μ の信頼区間** 標本平均については，$\overline{X} \sim \mathcal{N}(\mu, \sigma^2/n)$ に従うので，$Z = \sqrt{n}(\overline{X} - \mu)/\sigma$ とおくと $Z \sim \mathcal{N}(0, 1)$ となる．z_c を標準正規分布の上側 $100c\%$ 点，すなわち

$$P(Z \geq z_c) = 1 - \Phi(z_c) = c$$

もしくは，$\Phi(z_c) = 1 - c$ となる点とする（図 10.2）．このとき，

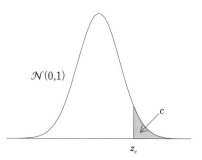

図 **10.2** 上側 $100c\%$ 点

$$\begin{aligned}
P(|Z| \leq z_{\alpha/2}) &= P(-z_{\alpha/2} \leq Z \leq z_{\alpha/2}) \\
&= \Phi(z_{\alpha/2}) - \Phi(-z_{\alpha/2}) \\
&= \Phi(z_{\alpha/2}) - \{1 - \Phi(z_{\alpha/2})\} \\
&= 2\Phi(z_{\alpha/2}) - 1 = 2(1 - \alpha/2) - 1 \\
&= 1 - \alpha
\end{aligned}$$

となる（図10.3）．

Z に $Z = \sqrt{n}(\overline{X} - \mu)/\sigma$ を代入する
と

$$P\left[\left|\frac{\sqrt{n}(\overline{X} - \mu)}{\sigma}\right| \leq z_{\alpha/2}\right] = 1 - \alpha$$

と書けることがわかる．$|\sqrt{n}(\overline{X} - \mu)/\sigma| \leq z_{\alpha/2}$ を μ に関して解くと，

$$-z_{\alpha/2} \leq \frac{\sqrt{n}(\overline{X} - \mu)}{\sigma} \leq z_{\alpha/2}$$

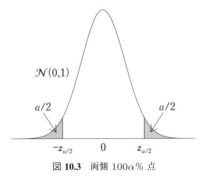

図 **10.3** 両側 $100\alpha\%$ 点

すなわち

$$\overline{X} - \frac{\sigma}{\sqrt{n}}z_{\alpha/2} \leq \mu \leq \overline{X} + \frac{\sigma}{\sqrt{n}}z_{\alpha/2}$$

となる．$L(\boldsymbol{X}) = \overline{X} - (\sigma/\sqrt{n})z_{\alpha/2}$, $U(\boldsymbol{X}) = \overline{X} + (\sigma/\sqrt{n})z_{\alpha/2}$ とおくと，区間

$$C_\mu(\overline{X}, \sigma^2) = \left[\overline{X} - \frac{\sigma}{\sqrt{n}}z_{\alpha/2},\ \overline{X} + \frac{\sigma}{\sqrt{n}}z_{\alpha/2}\right]$$

が得られる．$P(\mu \in C_\mu(\overline{X}, \sigma^2)) = 1 - \alpha$ を満たすので，$C_\mu(\overline{X}, \sigma^2)$ は信頼係数 $1 - \alpha$ の信頼区間となる．95%信頼区間を求めるには $\alpha = 0.05$ をとり，$z_{0.025} = 1.96$ の値を用いる．99%信頼区間の場合は $\alpha = 0.01$ をとり，$z_{0.005} = 2.58$ の値を用いる．

例 10.6 コインが規格を満たしているか調べるために 16 個のコインをランダムに選んで重さを測ったところ，3.950g であった．測定誤差の標準偏差は 0.1 であることが知られている．測定誤差は正規分布に従うと考えてコインの重さについて信頼係数 95% の信頼区間を作ってみよう．$n = 16$，$\overline{X} = 3.950$，$\sigma = 0.1$，$\alpha = 0.05$，$z_{0.025} = 1.96$ を上の信頼区間に代入すると，$(\sigma/\sqrt{n})z_{0.025} \fallingdotseq 0.049$ となるので，信頼区間は $[3.901, 3.999]$ となる．

(2) 分散 σ^2 が未知のときの平均 μ の信頼区間　この場合，信頼区間 $C_\mu(\overline{X}, \sigma^2)$ の中の σ を推定量で置き換えたい．σ^2 を $V^2 = (n -$

第 10 章　推　定

$1)^{-1} \sum_{i=1}^{n} (X_i - \overline{X})^2$ で推定し,

$$T = \sqrt{n}(\overline{X} - \mu)/V$$

とおく．分散が既知のときには $\sqrt{n}(\overline{X} - \mu)/\sigma$ が標準正規分布 $\mathcal{N}(0,1)$ に従うことを用いて信頼区間を作ったが，T には σ の推定量 V が代入されているので，もはや正規分布には従わない．9.5 節で紹介したように，T は自由度 $n-1$ の t-分布 t_{n-1} に従う．そこで，$t_{n-1,c}$ を自由度 $n-1$ の t-分布の上側 $100c\%$ 点，すなわち

$$P(T \geq t_{n-1,c}) = c$$

となる点とする．このとき，分散既知のときと同様にして

$$P(|T| \leq t_{n-1,\alpha/2}) = P(-t_{n-1,\alpha/2} \leq T \leq t_{n-1,\alpha/2})$$
$$= 1 - \alpha$$

となる．T に $T = \sqrt{n}(\overline{X} - \mu)/V$ を代入すると

$$P\left[\left|\frac{\sqrt{n}(\overline{X} - \mu)}{V}\right| \leq t_{n-1,\alpha/2}\right] = 1 - \alpha$$

と書けることがわかる．$|\sqrt{n}(\overline{X} - \mu)/V| \leq t_{n-1,\alpha/2}$ を μ に関して解くと，

$$\overline{X} - \frac{V}{\sqrt{n}}t_{n-1,\alpha/2} \leq \mu \leq \overline{X} + \frac{V}{\sqrt{n}}t_{n-1,\alpha/2}$$

となる．したがって，区間

$$C_\mu(\overline{X}, V^2) = \left[\overline{X} - \frac{V}{\sqrt{n}}t_{n-1,\alpha/2}, \ \overline{X} + \frac{V}{\sqrt{n}}t_{n-1,\alpha/2}\right]$$

が得られる．$P(\mu \in C_\mu(\overline{X}, V^2)) = 1 - \alpha$ を満たすので，$C_\mu(\overline{X}, V^2)$ は信頼係数 $1 - \alpha$ の信頼区間となる．95% 信頼区間を求めるには $\alpha = 0.05$ をとり，$t_{n-1,0.025}$ の値を数表から求める．99% 信頼区間の場合は $\alpha = 0.01$ をとり，$t_{n-1,0.005}$ の値を数表から求める．

例 10.7　例 10.6 と同じ設定を考える．ただし標準偏差は未知であり，その推定値 $V = 0.1$ が観測されているとする．この場合コインの重さの信頼区

199

第 III 部　統計的推測

間はどのようになるであろうか．この場合 t-分布の自由度は 15 となること
に注意する．$n = 16$, $\overline{X} = 3.95$, $V = 0.1$, $\alpha = 0.05$, $t_{15,0.025} = 2.13$ を上の
信頼区間に代入すると，$(\sigma/\sqrt{n})t_{15,0.025} \fallingdotseq 0.053$ となるので，信頼区間は
$[3.897, 4.003]$ となり，例 10.6 のときより若干広くなっている．

(3) 分散 σ^2 の信頼区間　$S^2 = n^{-1}\sum_{i=1}^{n}(X_i - \overline{X})^2$ に対して $W = nS^2/\sigma^2$
とおくと，$W \sim \chi_{n-1}^2$ に従う．$\chi_{n-1,\alpha/2}^2$, $\chi_{n-1,1-\alpha/2}^2$ を

$$P(W \geq \chi_{n-1,\alpha/2}^2) = \alpha/2,$$
$$P(W \leq \chi_{n-1,1-\alpha/2}^2) = \alpha/2$$

を満たすものととると，

$$P\left(\chi_{n-1,1-\alpha/2}^2 \leq \frac{nS^2}{\sigma^2} \leq \chi_{n-1,\alpha/2}^2\right) = 1 - \alpha$$

となる．$\chi_{n-1,1-\alpha/2}^2 \leq (nS^2)/\sigma^2 \leq \chi_{n-1,\alpha/2}^2$ を σ^2 について解くことによ
り，

$$C_{\sigma^2}(S^2) = \left[\frac{nS^2}{\chi_{n-1,\alpha/2}^2}, \frac{nS^2}{\chi_{n-1,1-\alpha/2}^2}\right]$$

が信頼係数 $1 - \alpha$ の信頼区間になる．

■ **近似分布に基づいた信頼区間**

(1) 母平均の信頼区間　母平均 μ，母分散 σ^2 の確率分布に従う母集団からの
ランダム標本 $X_1, \ldots, X_n$ に基づいて，n が大きいときに母平均 μ の近似的
な信頼区間を構成することができる．

　まず，σ^2 の適当な一致推定量 $\hat{\sigma}^2$ が存在すると仮定する．中心極限定理よ
り $\sqrt{n}(\overline{X} - \mu)/\sigma \approx \mathcal{N}(0,1)$ で近似できることを思い出すと，n が大きいと
き

$$\frac{\sqrt{n}(\overline{X} - \mu)}{\hat{\sigma}} \approx \mathcal{N}(0,1)$$

で近似できる．したがって

$$P\left[\left|\frac{\sqrt{n}(\overline{X} - \mu)}{\hat{\sigma}}\right| \leq z_{\alpha/2}\right] \approx 1 - \alpha$$

となるので，信頼係数 $1 - \alpha$ の近似的な信頼区間は

$$C_\mu(\overline{X}, \hat{\sigma}^2) = \left[\overline{X} - \frac{\hat{\sigma}}{\sqrt{n}}z_{\alpha/2}, \ \overline{X} + \frac{\hat{\sigma}}{\sqrt{n}}z_{\alpha/2}\right] \tag{10.4}$$

で与えられる．母集団の確率分布が特定できていれば，$\sigma^2 = \mathrm{Var}(X_1)$ の形がわかるので σ^2 の一致推定量を与えることができる．しかし，確率分布が特定できなくても，$V^2 = (n-1)^{-1}\sum_{i=1}^{n}(X_i - \overline{X})^2$ が σ^2 の一致推定量になることに注意すれば，

$$C_\mu(\overline{X}, V^2) = \left[\overline{X} - \frac{V}{\sqrt{n}}z_{\alpha/2}, \ \overline{X} + \frac{V}{\sqrt{n}}z_{\alpha/2}\right] \tag{10.5}$$

も信頼係数 $1 - \alpha$ の近似的な信頼区間になる．

例 10.8　ベルヌーイ分布のパラメータの信頼区間を求めてみよう．$X_1, \ldots,$ X_n i.i.d. $\sim Ber(p)$ のとき，$\mu = p$, $\sigma^2 = p(1-p)$ であり，$\hat{\sigma}^2 = \overline{X}(1 - \overline{X})$ が $p(1-p)$ の一致推定量になる．したがって，

$$C_p(\overline{X}, \hat{\sigma}^2)$$
$$= \left[\overline{X} - \frac{\sqrt{\overline{X}(1 - \overline{X})}}{\sqrt{n}}z_{\alpha/2}, \ \overline{X} + \frac{\sqrt{\overline{X}(1 - \overline{X})}}{\sqrt{n}}z_{\alpha/2}\right] \tag{10.6}$$

が近似的な信頼区間になる．また，(10.5) より

$$C_p(\overline{X}, V^2) = \left[\overline{X} - \frac{V}{\sqrt{n}}z_{\alpha/2}, \ \overline{X} + \frac{V}{\sqrt{n}}z_{\alpha/2}\right] \tag{10.7}$$

も信頼係数 $1 - \alpha$ の信頼区間になる．

(2) 最尤推定量に基づいた信頼区間　母集団の確率分布が特定できるときには，母平均以外の母数についても最尤推定量に基づいて近似的な信頼区間を構成することができる．いま母集団の確率関数もしくは確率密度関数が $f(x; \theta)$ に従っている母集団からのランダム標本を $X_1, \ldots, X_n$ とする．すなわち

第 III 部　統計的推測

$$X_1, \ldots, X_n, \ i.i.d. \sim f(x; \theta)$$

と表される．このとき最尤推定量の漸近正規性より，n が大きいとき

$$\sqrt{n}(\hat{\theta}^{ML} - \theta) \approx \mathcal{N}\left(0, \frac{1}{I(\theta)}\right)$$

もしくは $\sqrt{nI(\theta)}(\hat{\theta}^{ML} - \theta) \approx \mathcal{N}(0, 1)$ で近似できることがわかる．ここで $I(\theta)$ はフィッシャー情報量であり，これに $\hat{\theta}^{ML}$ を代入すれば，$I(\hat{\theta}^{ML})$ が $I(\theta)$ の一致推定量になるので

$$\sqrt{nI(\hat{\theta}^{ML})}(\hat{\theta}^{ML} - \theta) \approx \mathcal{N}(0, 1)$$

とできる．したがって，

$$
\begin{aligned}
& C_\theta(\hat{\theta}^{ML}) \\
& = \left[\hat{\theta}^{ML} - \frac{1}{\sqrt{nI(\hat{\theta}^{ML})}} z_{\alpha/2}, \ \hat{\theta}^{ML} + \frac{1}{\sqrt{nI(\hat{\theta}^{ML})}} z_{\alpha/2}\right]
\end{aligned}
\tag{10.8}
$$

が信頼係数 $1 - \alpha$ の信頼区間になる．

■信頼区間の注意事項

　信頼係数 95% の信頼区間 $[L(\boldsymbol{X}), U(\boldsymbol{X})]$ について，実現値を代入した区間 $[L(\boldsymbol{x}), U(\boldsymbol{x})]$ が θ を含む確率が 95% であると思いがちである．しかし，これは間違いで，実現値 $\boldsymbol{x}$ を代入した区間 $[L(\boldsymbol{x}), U(\boldsymbol{x})]$ は θ を含むか含まないかのどちらかである．信頼区間 $[L(\boldsymbol{X}), U(\boldsymbol{X})]$ は確率変数 $\boldsymbol{X}$ に基づいているので，$\boldsymbol{X} = \boldsymbol{x}$ の値によって θ を含んだり，含まなかったりする．信頼係数 95% とは，例えば 100 回実現値を発生させる実験をしたとき，95 回程度は θ を含んでいることを意味している．

■信頼区間に関連した推定誤差と必要な標本サイズ

　信頼区間は見方を変えると推定量の推定精度を与えている．例えば，分散 σ_0^2 が既知の正規母集団 $\mathcal{N}(\mu, \sigma_0^2)$ からのランダム標本 $X_1, \ldots, X_n$ が与えられているとき，信頼係数 $1 - \alpha$ の μ の信頼区間は

$$\overline{X} - \frac{\sigma_0}{\sqrt{n}} z_{\alpha/2} \leq \mu \leq \overline{X} + \frac{\sigma_0}{\sqrt{n}} z_{\alpha/2}$$

で与えられる. すなわち

$$P\left[|\overline{X} - \mu| \leq \frac{\sigma_0}{\sqrt{n}} z_{\alpha/2}\right] = 1 - \alpha$$

と書ける. この式は, μ を $\overline{X}$ で推定するときの推定誤差 $|\overline{X} - \mu|$ が $(\sigma_0/\sqrt{n})z_{\alpha/2}$ 以下になる確率が $1 - \alpha$ であることを示している. この推定誤差 $|\overline{X} - \mu|$ をある定数 E 以下にしたい, すなわち

$$P(|\overline{X} - \mu| \leq E) = 1 - \alpha$$

が成り立つためには, $(\sigma_0/\sqrt{n})z_{\alpha/2} \leq E$ を満たす必要がある. したがって標本サイズ n は

$$n \geq \frac{\sigma_0^2}{E^2}\{z_{\alpha/2}\}^2$$

を満たすように大きくとる必要がある. したがって, 確率 $1 - \alpha$ で推定誤差を E 以下にしたいときには, この不等式から必要な標本サイズ n が求まる.

　同様にして, 内閣支持率の推定の場合に推定誤差と必要な標本サイズを計算してみよう. $X_1, \ldots, X_n$ をベルヌーイ分布 $Ber(p)$ からのランダム標本とすると, 信頼係数 95% の p の近似的な信頼区間は

$$\hat{p} - 1.96\frac{\sqrt{\hat{p}(1 - \hat{p})}}{\sqrt{n}} \leq p \leq \hat{p} + 1.96\frac{\sqrt{\hat{p}(1 - \hat{p})}}{\sqrt{n}}$$

で与えられる. ここで $\hat{p} = \overline{X}$ である. これは, 推定誤差 $|\hat{p} - p|$ が $1.96\sqrt{\hat{p}(1 - \hat{p})}/\sqrt{n}$ 以下となる近似的な確率が 95% になることを示している.

　逆に, 確率 95% で推定誤差が E 以下になるためには, 標本サイズ n は

$$n \geq (1.96)^2\frac{\hat{p}(1 - \hat{p})}{E^2} \tag{10.9}$$

を満たす必要があることがわかる. $\hat{p}$ が観測できているときには (10.9) を用いて必要な標本サイズを計算することができるが, 標本サイズは標本をとる前に設計するので, $\hat{p}$ の値がわからないのが一般的である. この場合,

第 III 部 統計的推測

$\hat{p}(1 - \hat{p}) \leq 1/4$ であるから

$$n \geq (1.96)^2 \frac{1}{4E^2} \tag{10.10}$$

を満たすように標本サイズ n をとれば，確率 95% で推定誤差が E より小さくすることができる．(10.10) で与えられる n の条件は安全であるが，(10.9) より大きな標本サイズを要求することになる．例えば，確率 95% で推定誤差を 0.04 以下にするとき，$\hat{p}$ の値が $\hat{p} = 0.4$ で与えられているときには (10.9) より $n > 576$ となるが，$\hat{p}$ の値がわからないときには (10.10) より $n > 600$ となる．

10.5 発展的事項

■ミニマックス解とベイズ解

一般に，損失関数 $L(\theta, \hat{\theta})$ を考え，その期待値

$$R(\theta; \hat{\theta}) = E[L(\theta, \hat{\theta}(\boldsymbol{X}))]$$

を**リスク関数** (risk function) という．損失関数は，$L(\theta, \hat{\theta}) \geq 0$ で $L(\theta, \theta) = 0$ をみたす関数で，2 次損失関数 $L(\theta, \hat{\theta}) = (\hat{\theta} - \theta)^2$ や絶対値損失関数 $L(\theta, \hat{\theta}) = |\hat{\theta} - \theta|$ などがとられる．$L(\theta, \hat{\theta}) = (\hat{\theta} - \theta)^2$ のときのリスク関数が平均 2 乗誤差になる．統計的推定問題ではリスク関数 $R(\theta; \hat{\theta})$ を小さくする推定量を求めることが目的になるが，リスク関数は θ に依存するので，θ に関して一様にリスク関数を小さくするような推定量を求めることは一般に難しい．しかし，次のような問題設定においては最良な推定量を求めることが可能になる．1 つは，ミニマックス・リスク，もう 1 つはベイズ・リスクである．

リスク関数 $R(\theta; \hat{\theta})$ の最悪の状況は $\max_\theta R(\theta; \hat{\theta})$ で与えられる．この最悪なリスクを最良にする方法がミニマックス法である．すなわち

$$\max_\theta R(\theta; \hat{\theta}^*) = \min_{\hat{\theta}} \max_\theta R(\theta; \hat{\theta})$$

を満たす推定量 $\hat{\theta}^*$ を**ミニマックス推定量** (minimax estimator) もしくはミ

204

ニマックス解という.

母数 θ を確率変数とし，θ が何かの確率分布 $\pi(\theta)$ に従っていることを仮定する．これを**事前分布** (prior distribution) という．θ の事前分布に関してリスク関数 $R(\theta; \hat{\theta})$ の期待値をとったもの

$$
\begin{aligned}
r(\pi, \hat{\theta}) &= E_\pi^\theta[R(\theta; \hat{\theta})] \\
&= E_\pi^\theta\Big[E^{X|\theta}[L(\theta, \hat{\theta}(\boldsymbol{X})) \mid \theta] \Big]
\end{aligned}
\tag{10.11}
$$

を考える．これを最小にする推定量 $\hat{\theta}^B$ を**ベイズ推定量** (Bayes estimator) もしくはベイズ解という．

ベイズ推定法については以下で若干説明を加えるが，ミニマックス推定量はベイズ推定量の極限として導かれるなど，様々な理論的な性質が知られている．リスク関数に基づいて推定量の良さを調べる研究を統計的決定理論 (statistical decision theory) という.

■ベイズ法

ベイズ法の特徴は母数 θ を確率変数とみなして事前分布 $\pi(\theta)$ を想定することである．簡単のために $\boldsymbol{X}$ も θ も連続な確率変数とし，θ を与えたときの $\boldsymbol{X}$ の条件付き確率密度関数を $f(\boldsymbol{x} \mid \theta)$ とすると，

$$
\begin{cases}
\boldsymbol{X} \mid \theta \sim f(\boldsymbol{x} \mid \theta) \\
\theta \sim \pi(\theta)
\end{cases}
$$

と表される．このとき，$\boldsymbol{X} = \boldsymbol{x}$ を与えたときの θ の条件付き確率密度関数は

$$
\pi(\theta \mid \boldsymbol{x}) = f(\boldsymbol{x} \mid \theta)\pi(\theta)/f_\pi(\boldsymbol{x})
$$

と書かれ，これを θ の**事後分布** (posterior distribution) という．ここで $f_\pi(\boldsymbol{x})$ は $\boldsymbol{X}$ の周辺確率密度関数で

$$
f_\pi(\boldsymbol{x}) = \int f(\boldsymbol{x} \mid \theta)\pi(\theta)d\theta
$$

で与えられる.

第 III 部　統計的推測

　ベイズ法とは事後分布から推定量を導く方法で，事後分布の平均 $E[\theta \mid \boldsymbol{X}]$ をベイズ推定量として用いることが多いが，事後分布 $\pi(\theta \mid \boldsymbol{x})$ の中央値やモードなどを用いてもよい．また統計的決定理論の枠組みでは (10.11) で定義されたリスク関数の期待値を最小にするベイズ解をベイズ推定量と定めている．

$$f(\boldsymbol{x} \mid \theta)\pi(\theta) = \pi(\theta \mid \boldsymbol{x})f_\pi(\boldsymbol{x})$$

に注意すると，

$$
\begin{aligned}
r(\pi, \hat{\theta}) &= \int \left\{ \int L(\theta, \hat{\theta}(\boldsymbol{x}))f(\boldsymbol{x} \mid \theta)d\boldsymbol{x} \right\} \pi(\theta)d\theta \\
&= \int \left\{ \int L(\theta, \hat{\theta}(\boldsymbol{x}))\pi(\theta \mid \boldsymbol{x})d\theta \right\} f_\pi(\boldsymbol{x})d\boldsymbol{x} \\
&= E^X \left[E^{\theta \mid X}[L(\theta, \hat{\theta}(\boldsymbol{X})) \mid \boldsymbol{X}] \right]
\end{aligned}
$$

と表される．$E^{\theta \mid X}[L(\theta, \hat{\theta}(\boldsymbol{X})) \mid \boldsymbol{X}]$ は損失関数の事後確率に関する期待値であり，これを最小にする解をベイズ推定量としてもよい．$L(\theta, \hat{\theta}(\boldsymbol{X})) = (\hat{\theta}(\boldsymbol{X}) - \theta)^2$ のときには，

$$
\begin{aligned}
&E^{\theta \mid X}[(\hat{\theta}(\boldsymbol{X}) - \theta)^2 \mid \boldsymbol{X}] \\
&= E^{\theta \mid X}[\hat{\theta}(\boldsymbol{X})^2 - 2\theta\hat{\theta}(\boldsymbol{X}) + \theta^2 \mid \boldsymbol{X}] \\
&= \hat{\theta}(\boldsymbol{X})^2 - 2E^{\theta \mid X}[\theta \mid \boldsymbol{X}]\hat{\theta}(\boldsymbol{X}) + E^{\theta \mid X}[\theta^2 \mid \boldsymbol{X}]
\end{aligned}
$$

と書けるので，最適解は $\hat{\theta}^B = E[\theta \mid \boldsymbol{X}]$ となり，事後分布の平均がベイズ推定量になる．

例 10.9　$X_1, \ldots, X_n, i.i.d. \sim \mathcal{N}(\mu, \sigma^2)$ とし，μ に事前分布 $\mathcal{N}(\xi, \tau^2)$ を仮定する．ここで，σ^2, ξ, τ^2 は既知の値とする．このとき，μ の事後分布は $\mu \mid \boldsymbol{X} \sim \mathcal{N}(\hat{\mu}^B, [n/\sigma^2 + 1/\tau^2]^{-1})$ と書ける．ここで

$$\hat{\mu}^B = \frac{n/\sigma^2}{n/\sigma^2 + 1/\tau^2}\overline{X} + \frac{1/\tau^2}{n/\sigma^2 + 1/\tau^2}\xi$$

である．これは，事後分布の平均であり，μ のベイズ推定量である．$\hat{\mu}^B$ は，$\overline{X}$ と ξ とを分散 σ^2/n と τ^2 の比で内分した形をしており，n/σ^2 もしくは

第 10 章 推 定

τ^2 が大きいときには $\overline{X}$ の方向へ，n/σ^2 もしくは τ^2 が小さいときには ξ の方向へ近づく．したがって，ベイズ推定量は標本平均と事前分布の平均について，それぞれの精度で加重平均をとった自然な形をしていることがわかる．

【 問 題 】

問 1. X_1, X_2 は互いに独立に正規分布 $\mathcal{N}(\mu, 1)$ に従っているとする．次の 3 つの統計量

$$T_1 = \frac{2}{3}X_1 + \frac{1}{3}X_2$$

$$T_2 = \frac{1}{4}X_1 + \frac{3}{4}X_2$$

$$T_3 = \frac{1}{2}X_1 + \frac{1}{2}X_2$$

を考える．

(1) T_i, $i = 1, 2, 3$, がいずれも不偏推定量であることを示せ．

(2) どの統計量が最も分散を小さくしているか．

問 2. 確率変数 $X_1, \ldots, X_n$ を i.i.d. で，各 X_i が $\mathcal{N}(\mu, 1)$ に従うとする．μ の最尤推定量を求めよ．それが μ の不偏推定量になっていることを示すとともに，その分散を求めよ．

問 3. $\hat{\theta}_1, \ldots, \hat{\theta}_k$ を θ の k 個の不偏推定量とし，$\mathrm{Var}(\hat{\theta}_i) = \sigma_i^2$, $\mathrm{Cov}(\hat{\theta}_i, \hat{\theta}_j) = 0$, $(i \neq j)$ を満たすものとする．

(1) 定数 a_i, $i = 1, \ldots, k$, に対して線形推定量 $\sum_i a_i \hat{\theta}_i$ が θ の不偏推定量になるための条件を記せ．

(2) $\sigma_1^2, \ldots, \sigma_k^2$ を既知とするとき，(1) で求めた条件をみたす線形不偏な推定量の中で分散を最小にするものを求めよ．またそのときの分散を与えよ．

問 4. やや難 確率変数 $X_1, \ldots, X_n$ を i.i.d. で $U(0, \theta)$ とし，θ は正の未知母数とする．

(1) 最大統計量 $X_{(n)}$ に基づいた θ の不偏推定量 $\hat{\theta}^{U1}$ と標本平均 $\overline{X}$ に基づいた不偏推定量 $\hat{\theta}^{U2}$ を求め，それぞれの平均 2 乗誤差を計算して大

207

第 III 部　統計的推測

きさを比較せよ.

(2) θ の最尤推定量 $\hat{\theta}^{ML}$ を求め, そのバイアスと平均 2 乗誤差を計算せよ.

問 5. $X_1, \ldots, X_n, i.i.d. \sim f(x|\theta)$ とし,

$$f(x|\theta) = \theta x^{\theta-1}, \quad 0 \le x \le 1, \quad 0 < \theta < \infty$$

とする. このとき θ の最尤推定量を求めよ.

問 6. やや難　確率変数 X が $Bin(n,p)$ に従うとする. $\theta = p(1-p)$ とおくとき, θ の不偏推定量 $\hat{\theta}^U$ と最尤推定量 $\hat{\theta}^{ML}$ を求めよ.

問 7. 正規母集団からのランダムサンプルとして次のデータを得ている. これから信頼係数 95% 及び 99% の平均に関する信頼区間を求めよ.

	n	σ	$\overline{x}$
(a)	25	5	30
(b)	100	5	30
(c)	1000	5	30

問 8. $n = 15, \overline{x} = 30, v^2 = 183.75$ となる標本がある. ここで, $\overline{x}$, v^2 は標本平均 $\overline{X}$, 不偏分散 V^2 の推定値である. これから信頼係数 95%, 99% のときの母平均 μ の信頼区間を求めよ. ただし母集団は正規分布に従うものとする.

問 9. 現内閣の支持率 p を調査するために, 大きさ n のランダムサンプル $X_1, \ldots, X_n$ が抽出されたとする. ただし, 各確率変数 X_i は, 内閣を支持するとき $X_i = 1$, 支持しないとき $X_i = 0$ をとるものとする. $Y = X_1 + \cdots + X_n$ とおくとき次の問に答えよ.

(1) n を大きくしていったとき, $\sqrt{n}(Y/n - p)$ はどのような分布に近づいていくか.

(2) ある調査では $n = 100, Y = 60$ であった. p の近似的な 95% 信頼区間を与えよ. ただし, $\sqrt{6} = 2.5$ として計算してよいものとする.

問 10. 新しい税制に賛成する人の割合 p について知りたいので世論調査が行われた. 2,500 人中 1,012 人が賛成したとするとき, p の 95% 信頼区間を求めよ.

208

第 10 章　推　定

問 11.　新聞社等の世論調査では標本の大きさを 2,000〜3,000 程度とすることが多い．このことの意味を内閣の支持率 p の推定問題について考えてみよう．

(1) n 人に調査して X 人が支持すると答えたとする．支持率 p を X/n で推定するとき，X/n の分散 $\mathrm{Var}(X/n)$ を求めよ．また $\mathrm{Var}(X/n)$ $\leq 1/(4n)$ が成り立つことを示せ．

(2) 確率 0.95 で推定の誤差を 0.02 以下にするように，標本の大きさ n を決めたい．$P[|X/n - p| \leq 0.02] \geq 0.95$ をみたすには，n はいくつ以上である必要があるか．

(3) 2,500 人について調査したときには，p の 95% 信頼区間の幅は 0.04 未満であることを示せ．

問 12.　ランダムに選んだ大学生 400 人のうち，運転免許をもっている学生が 250 人いた．信頼係数 95% で，運転免許をもっている学生の割合の信頼区間を求めよ．

問 13.　世論調査で，ある政策に反対している有権者の割合を，確率 99% で推定誤差 2% 以内で推定したい．標本サイズはどの程度あればよいか．

209

第11章

仮説検定

前章で学んだ推定と並んで統計的推測の主要なトピックの一つが仮説検定である．例えば，喫煙と肺ガンとの間に因果関係があるか否かをデータから判断するのが検定である．この場合，「因果関係がない」という主張を帰無仮説にし，この帰無仮説を否定すること，すなわち「因果関係がある」という判断には 99% や 95% という高い信頼性をもたせることによって，この強い主張を保証するのが仮説検定の考え方である．この章では，具体的な仮説検定の考え方，正規母集団に関する t-検定，F-検定，検定統計量の導出方法としての尤度比検定，応用上よく使われるカイ 2 乗適合度検定などについて学ぶ．

11.1 仮説検定の考え方

■帰無仮説と対立仮説

仮説検定 (hypothesis testing) とは母集団の確率分布に関する仮説の妥当性を標本から検証する方法である．仮説検定では**帰無仮説** (null hypothesis) と**対立仮説** (alternative hypothesis) という 2 つの排反な仮説を設け，それぞれ H_0, H_1 という記号で表す．例えば，ある地域の小学校 1 年生の身長の母平均を μ とし，全国平均を μ_0 とする．全国平均 μ_0 は既知の値であり，μ は未知母数でその小学校 1 年生から標本をとり推定することになる．この小学校の児童達の発育の程度が全国平均と同等であることが疑われる場合，帰無仮説として

$$H_0 : \mu = \mu_0$$

第 III 部 統計的推測

を設定し，この帰無仮説を否定できるか否かを検証することになる．もし否定されたときには対立仮説をとることになる．対立仮説には

$$H_1 : \mu \neq \mu_0$$

$$H_1 : \mu < \mu_0$$

$$H_1 : \mu > \mu_0$$

などが考えられる．最初の対立仮説は全国平均と同等でないこと，2番目は全国平均より劣っていること，3番目は優れていることを意味している．このとき，仮説検定は

$$H_0 : \mu = \mu_0 \text{ vs } H_1 : \mu \neq \mu_0$$

$$H_0 : \mu = \mu_0 \text{ vs } H_1 : \mu < \mu_0$$

$$H_0 : \mu = \mu_0 \text{ vs } H_1 : \mu > \mu_0$$

のように表され，最初の検定を**両側検定** (two-sided test)，2番目，3番目の検定を**片側検定** (one-sided test) と呼ぶ．また，$H_0 : \mu = \mu_0$ のように1点からなる仮説を**単純仮説** (simple hypothesis) といい，$H_1 : \mu \neq \mu_0$ のように複数の点からなる仮説を**複合仮説** (composite hypothesis) という．帰無仮説 H_0 が否定されるとき，**H_0 を棄却する** (reject the hypothesis) もしくは **H_0 の検定は有意である** (significant) という．帰無仮説 H_0 を棄却できないときに **H_0 を受容する** (accept the hypothesis) という．

■検定統計量と棄却域

仮説検定は，標本 $X_1, \ldots, X_n$ に基づいて H_0 を棄却するか否かを判断する．そこで利用される統計量 $W = W(X_1, \ldots, X_n)$ を**検定統計量** (test statistic) という．検定統計量 W と定数 C を用いて

「$W(X_1, \ldots, X_n) > C$ のとき，H_0 を棄却する」

「$W(X_1, \ldots, X_n) \leq C$ のとき，H_0 を受容する」

という形で検定を行うことが多い．この場合，C の値が H_0 の棄却と受容の境界を与えており，**臨界値** (critical value) と呼ばれる．その結果，標本空間を仮説 H_0 を棄却する領域と受容する領域に分割することができる．

212

$$R = \{(x_1, \ldots, x_n); W(x_1, \ldots, x_n) > C\}$$

を H_0 の**棄却域** (rejection region),

$$A = \{(x_1, \ldots, x_n); W(x_1, \ldots, x_n) \leq C\}$$

を H_0 の**受容域** (acceptance region) という.

例 11.1 ある地域の小学校 1 年生の身長を μ とするとき, μ が全国平均 μ_0 に等しいか否かを検定したい. この場合,

$$H_0 : \mu = \mu_0 \text{ vs } H_1 : \mu \neq \mu_0$$

となる仮説検定を考えればよい. その小学校の 1 年生から n 人のランダム標本 $X_1, \ldots, X_n$ をとり,

$$W = |\overline{X} - \mu_0|$$

なる検定統計量を考えることにする. すると, 定数 C を適当にとって, $|\overline{X} - \mu_0| > C$ ならば H_0 を棄却し, $|\overline{X} - \mu_0| \leq C$ ならば H_0 を受容するという検定が自然である. この検定統計量による H_0 の棄却域は

$$R = \{(x_1, \ldots, x_n); |\overline{x} - \mu_0| > C\}$$

となり, 受容域は $A = \{(x_1, \ldots, x_n); |\overline{x} - \mu_0| \leq C\}$ となる.

■有意水準

帰無仮説 H_0 が棄却されるのは $W(X_1, \ldots, X_n) > C$ のときであるが, この定数 C の値をどのようにとるかが重要なポイントである. ここで帰無仮説と対立仮説の違いについてもう一度注意しよう. というのは, 統計的仮説検定では理論上もしくは経験上当然成り立っていると予想される仮説や否定したい仮説を帰無仮説にとり, この帰無仮説を棄却することに意味をもたせる. したがって, 帰無仮説を棄却する決定には 99% や 95% などの高い信頼性をもたせて, その棄却の正しさを保証する必要がある. 上の例で

213

は，その小学校の1年生の身長は全国平均と等しいのが当然であり，この仮説を安易に棄却することは避けたい．そこで，帰無仮説 H_0 が正しいのに H_0 を誤って棄却してしまう確率をできるだけ小さくしたい．この誤り確率を**有意水準** (significance level) と呼んで α で表す．通常は誤り確率として $\alpha = 5\%$ や 1% という小さい値が用いられる．すなわち

$$P[H_0 \text{ を棄却する} \mid H_0 \text{ が正しい}] = \alpha$$

をみたすようにするので，臨界値 C を

$$P[W(X_1, \ldots, X_n) > C \mid H_0 \text{ が正しい}] = \alpha$$

をみたすように定めることになる．

例 11.2 平均 μ, 分散 σ^2 の正規母集団からのランダム標本 $X_1, \ldots, X_n$ について，例 11.1 で扱った検定問題 $H_0 : \mu = \mu_0$ vs $H_1 : \mu \neq \mu_0$ を考えてみよう．ここでは σ^2 は既知の値とする．検定統計量として，$W_{two} = |\overline{X} - \mu_0|/\sigma$ を用いるとき，有意水準 α の検定を求めるには，$H_0 : \mu = \mu_0$ のもとで

$$P_{\mu=\mu_0}(|\overline{X} - \mu_0|/\sigma > C) = \alpha$$

となるような C の値を定める必要がある．$Z = \sqrt{n}(\overline{X} - \mu_0)/\sigma$ とおくと，$H_0 : \mu = \mu_0$ のもとで $Z \sim \mathcal{N}(0,1)$ となるので，

$$\begin{aligned}
P_{\mu=\mu_0}&(|\overline{X} - \mu_0|/\sigma > C) \\
&= P(|Z| > \sqrt{n}C) \\
&= P(Z < -\sqrt{n}C) + P(Z > \sqrt{n}C) \\
&= 2P(Z > \sqrt{n}C)
\end{aligned}$$

と書ける（図 11.1）．$z_{\alpha/2}$ を $P(Z > z_{\alpha/2}) = 1 - \Phi(z_{\alpha/2}) = \alpha/2$ をみたす値と定義すると，$z_{\alpha/2} = \sqrt{n}C$, すなわち

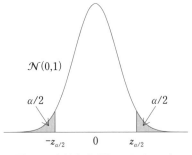

図 **11.1** 上側及び下側 $100(\alpha/2)\%$ 点

$$C = (1/\sqrt{n})z_{\alpha/2}$$

とおくと,

$$P_{\mu=\mu_0}(|\overline{X} - \mu_0|/\sigma > (1/\sqrt{n})z_{\alpha/2}) = 2P(Z > z_{\alpha/2}) = \alpha$$

が成り立つ. こうして, 有意水準 α の検定の棄却域は

$$R_{two} = \{(x_1, \ldots, x_n); |\overline{x} - \mu_0|/\sigma > (1/\sqrt{n})z_{\alpha/2}\}$$

となる.

■仮説検定の手順

以上説明してきた検定方法の手順をまとめると次のようになる.

(1) 母集団の確率分布の母数に関して, 帰無仮説 H_0 と対立仮説 H_1 を設定する.

(2) 検定統計量 W を定め, 帰無仮説 H_0 が正しいときの W の確率分布を求める.

(3) 有意水準 α の値を決め, W に基づいて帰無仮説 H_0 の棄却域 R を定める.

(4) 実現値 $(x_1, \ldots, x_n)$ が棄却域 R に入れば帰無仮説 H_0 を棄却し, 棄却域に入らなければ H_0 を棄却しない.

11.2 正規母集団に関する検定

例 11.2 でみたように, 母集団の分布が正規分布のときには, 検定統計量によっては確率分布を正確に与えることができる. この節では, 正規母集団に関する代表的な検定問題について説明する.

11.2.1 1標本問題

平均 μ, 分散 σ^2 の正規母集団からのランダム標本 $X_1, \ldots, X_n$ が与えられ

ているとき,次のような両側検定と片側検定を考えてみよう.

(A) $H_0 : \mu = \mu_0$ vs $H_1 : \mu \neq \mu_0$

(B) $H_0 : \mu = \mu_0$ vs $H_1 : \mu > \mu_0$

まず,σ^2 が既知の場合を扱う.両側検定 (A) については例 11.2 で説明したように,検定統計量 $W_{two}(\overline{X}, \sigma^2) = |\overline{X} - \mu_0|/\sigma$ を用いて,$W_{two}(\overline{X}, \sigma^2) > C$ のとき帰無仮説 $H_0 : \mu = \mu_0$ を棄却する検定が考えられ,有意水準 α の検定の棄却域が

$$R_{two} = \{(x_1, \ldots, x_n); |\overline{x} - \mu_0|/\sigma > (1/\sqrt{n})z_{\alpha/2}\}$$

で与えられる.

(B) の形の片側検定については,検定統計量 $W_{one}(\overline{X}, \sigma^2) = (\overline{X} - \mu_0)/\sigma$ を用いて $W_{one}(\overline{X}, \sigma^2) > C$ のとき $H_0 : \mu = \mu_0$ を棄却して対立仮説 $H_1 : \mu > \mu_0$ を受容する検定が自然である.この検定が帰無仮説 H_0 のもとで有意水準 α をみたすように C の値を求めてみると,$H_0 : \mu = \mu_0$ のもとで $\sqrt{n}(\overline{X} - \mu_0)/\sigma \sim \mathcal{N}(0,1)$ に従うので

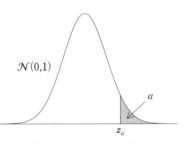

図 11.2 上側 $100\alpha\%$ 点

$$\begin{aligned}\alpha &= P_{\mu=\mu_0}((\overline{X} - \mu_0)/\sigma > C) \\ &= P_{\mu=\mu_0}(\sqrt{n}(\overline{X} - \mu_0)/\sigma > \sqrt{n}C) \\ &= 1 - \Phi(\sqrt{n}C)\end{aligned}$$

と書ける (図 11.2).z_α は $\alpha = 1 - \Phi(z_\alpha)$ をみたす分位点であるから,$\sqrt{n}C = z_\alpha$,すなわち $C = z_\alpha/\sqrt{n}$ とおけばよい.したがって,有意水準 α の片側検定の棄却域は

$$R_{one} = \{(x_1, \ldots, x_n); (\overline{x} - \mu_0)/\sigma > (1/\sqrt{n})z_\alpha\}$$

となる.

第 11 章 仮説検定

例 11.3 コインが規格を満たしているか調べるために 16 個のコインをランダムに選んで重さを測ったところ，平均は 3.950 g であった．測定誤差の標準偏差は 0.1 であることが知られている．正しいコインの重さは 4 g であるとき，このコインは正しく製造されているかを検定してみよう．正規分布 $\mathcal{N}(\mu, 0.1^2)$ において $H_0 : \mu = 4$ を検定する問題と捉えることができるので，上で与えられた両側検定を用いることができる．$z_{0.025} = 1.96$ より $(\sigma/\sqrt{n})z_{0.025} = 0.049$ となるので，H_0 の棄却域は $|\overline{x} - 4| > 0.049$ と書ける．$\overline{x} = 3.950$ であるから $|\overline{x} - 4| = 0.050$ となり，棄却域に入ることがわかる．したがって，有意水準 5% で有意となり，コインは正しくないと判断される．ただし，$\overline{x} = 3.950$ は棄却域にかろうじて入る値である．仮に有意水準を $\alpha = 0.01$ に変えたら結論はどう変わるであろうか．$z_{0.005} = 2.57$ より $(\sigma/\sqrt{n})z_{0.005} = 0.064$ となるので，$|\overline{x} - 4| = 0.050 < 0.064$，すなわち H_0 は棄却されない．したがって，有意水準 1% では有意ではなく，コインが正しくないとは言えないことになり，結論が変わってくる．このように有意水準の取り方で結論が変わってくるので，有意水準はデータをみる前に決めておく必要がある．

■ t-検定

次に σ^2 が未知の場合を扱おう．この場合，上の検定統計量において σ^2 を不偏分散 $V^2 = (n-1)^{-1} \sum_{i=1}^{n} (X_i - \overline{X})^2$ に置き換えればよい．しかし，有意水準が α になるように臨界値 C を定める際，帰無仮説 $H_0 : \mu = \mu_0$ のもとで検定統計量の分布は正規分布にはならないことに注意する．

両側検定 (A) については

$$W_{two}(\overline{X}, V^2) = |\overline{X} - \mu_0|/V$$

を用いることにする．有意水準 α の検定を求めるには

$$P_{\mu=\mu_0}(|\overline{X} - \mu_0|/V > C) = \alpha$$

となるような C の値を定める必要がある．$T = \sqrt{n}(\overline{X} - \mu_0)/V$ とおくと，$H_0 : \mu = \mu_0$ のもとで T は自由度 $n-1$ の t-分布 (t_{n-1}) に従うので，

217

第 III 部　統計的推測

$$P_{\mu=\mu_0}(|\overline{X} - \mu_0|/V > C) = P_{\mu=\mu_0}(|T| > \sqrt{n}C)$$
$$= P_{\mu=\mu_0}(T < -\sqrt{n}C) + P_{\mu=\mu_0}(T > \sqrt{n}C)$$
$$= 2P_{\mu=\mu_0}(T > \sqrt{n}C)$$

と書ける．$t_{n-1,\alpha/2}$ を t_{n-1}-分布の上側 $100(\alpha/2)\%$ 点，すなわち $P_{\mu=\mu_0}(T > t_{n-1,\alpha/2}) = \alpha/2$ をみたす値と定義すると，$t_{n-1,\alpha/2} = \sqrt{n}C$, すなわち

$$C = (1/\sqrt{n})t_{n-1,\alpha/2}$$

とおくと，

$$P_{\mu=\mu_0}(|\overline{X} - \mu_0|/V > (1/\sqrt{n})t_{n-1,\alpha/2})$$
$$= 2P_{\mu=\mu_0}(T > t_{n-1,\alpha/2}) = \alpha$$

が成り立つ．こうして，有意水準 α の検定の棄却域は

$$R_{two} = \{(x_1,\ldots,x_n); |\overline{x} - \mu_0|/v > (1/\sqrt{n})t_{n-1,\alpha/2}\}$$

となる．これを t-検定という．ただし v は V の実現値を表している．このことより，σ^2 が未知のときの棄却域は，σ^2 が既知のときの棄却域において，σ と $z_{\alpha/2}$ を V と $t_{n-1,\alpha/2}$ で置き換えたものになっていることがわかる．

　(B) の形の片側検定についても，同様にして検定統計量 $W_{one}(\overline{X}, V^2) = (\overline{X} - \mu_0)/V$ を用いて有意水準 α の片側検定の棄却域

$$R_{one} = \{(x_1,\ldots,x_n); (\overline{x} - \mu_0)/v > (1/\sqrt{n})t_{n-1,\alpha}\}$$

が得られる．

例 11.4　例 11.3 と同じ設定を考える．ただし，今回は標準偏差 σ が未知で，その推定値 $V = 0.1$ が与えられているとする．すなわち，この例での測定値は $\mathcal{N}(\mu, \sigma^2)$ の正規分布に従っていると考える．正しいコインの重さは 4g であり，このコインは正しく製造されているかを調べるために $H_0 : \mu = 4$ を検定することになる．そこで上で与えられた両側検定を用いることにす

218

る. $t_{15,0.025} = 2.13$ より $(V/\sqrt{n})t_{15,0.025} = 0.052$ となるので，H_0 の棄却域は $|\overline{x} - 4| > 0.052$ と書ける．$\overline{x} = 3.950$ であるから $|\overline{x} - 4| = 0.050$ となり，H_0 の受容域に入ることがわかる．したがって，有意水準 5％ で有意でなく，コインは正しくないとは判断できないことになる．

11.2.2 2標本問題

2標本問題を考えてみよう．$X_1, \ldots, X_m, i.i.d. \sim \mathcal{N}(\mu_1, \sigma^2)$, $Y_1, \ldots, Y_n,$ $i.i.d. \sim \mathcal{N}(\mu_2, \sigma^2)$ において，$\overline{X} = m^{-1}\sum_{i=1}^{m} X_i$, $\overline{Y} = n^{-1}\sum_{i=1}^{n} Y_i$ とする．検定問題として

(C) $H_0 : \mu_1 = \mu_2$ vs $H_1 : \mu_1 \neq \mu_2$

(D) $H_0 : \mu_1 = \mu_2$ vs $H_1 : \mu_1 > \mu_2$

を考える．まず，σ^2 が既知の場合を扱おう．両側検定 (C) については，$W(\overline{X}, \overline{Y}, \sigma^2) = |\overline{X} - \overline{Y}|/\sigma$ が検定統計量になる．H_0 のもとでは $\mu_1 = \mu_2$ であるからこれを μ とおくと，$(\overline{X} - \mu) - (\overline{Y} - \mu) \sim \mathcal{N}(0, \sigma^2(m+n)/(mn))$ となる．$Z = (\overline{X} - \overline{Y})\sqrt{mn}/(\sigma\sqrt{m+n})$ とおくと $Z \sim \mathcal{N}(0,1)$ となることから

$$P_{H_0}(|\overline{X} - \overline{Y}|/\sigma > C)$$
$$= P_{H_0}(|Z| > C\sqrt{mn}/\sqrt{m+n}) = \alpha$$

をみたす C を求めると，$C = (\sqrt{m+n}/\sqrt{mn})z_{\alpha/2}$ となる．したがって，棄却域は

$$R_{two} = \{(x_1, \ldots, x_m), (y_1, \ldots, y_n); |\overline{x} - \overline{y}|\sqrt{mn}/(\sigma\sqrt{m+n}) > z_{\alpha/2}\}$$

と書けることがわかる．

片側検定 (D) についても同様に考えて，有意水準 α の棄却域は

$$R_{one} = \{(x_1, \ldots, x_m), (y_1, \ldots, y_n); (\overline{x} - \overline{y})\sqrt{mn}/(\sigma\sqrt{m+n}) > z_{\alpha}\}$$

となる．

第 III 部　統計的推測

■ t-検定

次に σ^2 が未知母数の場合を扱う. σ^2 の推定量としてプールされた統計量

$$\hat{\sigma}^2 = \frac{1}{m+n-2}\Big\{\sum_{i=1}^m (X_i - \overline{X})^2 + \sum_{i=1}^n (Y_i - \overline{Y})^2\Big\}$$

を考える. $(m+n-2)\hat{\sigma}^2/\sigma^2 \sim \chi^2_{m+n-2}$ に従うことに注意すると,

$$T = \frac{(\overline{X} - \overline{Y})\sqrt{mn}/\sqrt{m+n}}{\hat{\sigma}}$$
$$= \frac{(\overline{X} - \overline{Y})\sqrt{mn}/(\sigma\sqrt{m+n})}{\sqrt{\hat{\sigma}^2/\sigma^2}}$$

より, $H_0 : \mu_1 = \mu_2$ のもとで $T \sim t_{m+n-2}$ に従うことがわかる.

両側検定 (C) については, σ^2, $z_{\alpha/2}$ を $\hat{\sigma}^2$, $t_{m+n-2,\alpha/2}$ で置き換えると, 棄却域は

$$R_{two} = \{(x_1, \ldots, x_m), (y_1, \ldots, y_n);$$
$$|\overline{x} - \overline{y}|\sqrt{mn}/(\hat{\sigma}\sqrt{m+n}) > t_{m+n-2,\alpha/2}\}$$

と書ける. また片側検定 (D) の棄却域は

$$R_{one} = \{(x_1, \ldots, x_m), (y_1, \ldots, y_n);$$
$$(\overline{x} - \overline{y})\sqrt{mn}/(\hat{\sigma}\sqrt{m+n}) > t_{m+n-2,\alpha}\}$$

となる.

例 11.5　コレステロール (LDL) の値を抑えるための新薬を開発し, その効果を検証するために 2 つのグループに分けて実験を実施した. グループ G_1 は 10 人でプラセボ（偽薬）を服用し, グループ G_2 は 20 人で新薬を服用することにし, 1 カ月後に LDL コレステロールの値を調べてみた. G_1 については平均と不偏分散の値は $\overline{x} = 160$, $V_1^2 = 80$, G_2 については $\overline{y} = 150$, $V_2^2 = 100$ であった. 新薬は効果があったと判断できるであろうか. このことを調べるためには, G_1, G_2 の真の平均をそれぞれ μ_1, μ_2 とすると, $H_0 : \mu_1 = \mu_2$ vs $\mu_1 > \mu_2$ となる片側検定を考えてみるとよい. まず分

220

散 σ^2 はプールされた統計量から $\hat{\sigma}^2 \fallingdotseq 93.57$, $\hat{\sigma} = \sqrt{93.57} \fallingdotseq 9.67$ となる. $t_{28,0.05} = 1.70$, $m = 10$, $n = 20$ となるので, 棄却域は

$$(\overline{x} - \overline{y}) > \frac{\hat{\sigma}\sqrt{m+n}}{\sqrt{mn}} t_{m+n-2,\alpha} \fallingdotseq 6.37$$

と書ける. $\overline{x} - \overline{y} = 10 > 6.37$ より H_0 の検定は有意となるので, 有意水準 5% で新薬は有効であると認められる. 有意水準を 1% に変えてみたときには $t_{28,0.01} = 2.46$ となり, 上の式の右辺の値は 9.23 に変わる. この場合も H_0 の検定は有意となる.

■ F-検定

2 標本問題において 2 つ標本で分散が等しいか否かを検定する問題を考えてみよう. $X_1, \ldots, X_m, i.i.d. \sim \mathcal{N}(\mu_1, \sigma_1^2)$, $Y_1, \ldots, Y_n, i.i.d. \sim \mathcal{N}(\mu_2, \sigma_2^2)$ とし,

(E) $H_0 : \sigma_1^2 = \sigma_2^2$ vs $H_1 : \sigma_1^2 \neq \sigma_2^2$

を検定したいとする. σ_1^2 と σ_2^2 はそれぞれ $V_1^2 = (m-1)^{-1} \sum_{i=1}^m (X_i - \overline{X})^2$, $V_2^2 = (n-1)^{-1} \sum_{i=1}^n (Y_i - \overline{Y})^2$ で推定されるので, V_1^2/V_2^2 が検定統計量になる. $H_0 : \sigma_1^2 = \sigma_2^2$ のもとでは $\sigma_1^2 = \sigma_2^2 = \sigma^2$ とおくと,

$$\frac{V_1^2}{V_2^2} = \frac{V_1^2/\sigma^2}{V_2^2/\sigma^2} \sim \frac{\chi_{m-1}^2/(m-1)}{\chi_{n-1}^2/(n-1)} \sim F_{m-1,n-1}$$

となり自由度 $(m-1, n-1)$ の F-分布に従う. この分布の上側 $100(1-\alpha/2)\%$ 点, 上側 $100\alpha/2\%$ 点を, $F_{m-1,n-1,1-\alpha/2}$, $F_{m-1,n-1,\alpha/2}$ とおくと, 棄却域は

$$R = \Big\{ (x_1, \ldots, x_m), (y_1, \ldots, y_n); $$
$$\frac{V_1^2}{V_2^2} < F_{m-1,n-1,1-\alpha/2} \text{ もしくは } \frac{V_1^2}{V_2^2} > F_{m-1,n-1,\alpha/2} \Big\}$$

と表される.

第 III 部　統計的推測

11.3　近似分布に基づいた検定

近似分布に基づいた信頼区間の構成のときと同様にして近似的な検定方法について説明する.

■母平均の検定

母平均 μ, 母分散 σ^2 の確率分布に従う母集団からのランダム標本 $X_1, \ldots, X_n$ に基づいて, n が大きいとき母平均 μ に関する次の両側検定を考える.

$$H_0 : \mu = \mu_0 \text{ vs } H_1 : \mu \neq \mu_0$$

帰無仮説 $H_0 : \mu = \mu_0$ のもとで σ^2 の適当な一致推定量 $\hat{\sigma}_0^2$ が存在すると仮定する. 検定統計量として $W = |\overline{X} - \mu_0|/\hat{\sigma}_0$ を用いると, 帰無仮説 $H_0 : \mu = \mu_0$ のもとでは, 中心極限定理より $\sqrt{n}(\overline{X} - \mu_0)/\hat{\sigma}_0 \approx \mathcal{N}(0, 1)$ で近似できる. したがって, 有意水準 α の近似的な検定の棄却域は

$$R_{two} = \{(x_1, \ldots, x_n); |\overline{x} - \mu_0|/\hat{\sigma}_0 > (1/\sqrt{n})z_{\alpha/2}\}$$

で与えられる. $\hat{\sigma}_0^2$ の取り方についてはいくつかの方法があり, 母集団の確率分布が特定できないときには $\hat{\sigma}_0^2 = V^2$ を用いることもできる.

例 11.6　ベルヌーイ分布のパラメータの両側検定を求めてみよう. $X_1, \ldots, X_n$ $i.i.d. \sim Ber(p)$ のとき, $\mu = p$, $\sigma^2 = p(1-p)$ であり, 両側検定 $H_0 : p = p_0$ vs $H_1 : p \neq p_0$ を考える. $\sigma^2 = p(1-p)$ の推定量として $\hat{\sigma}_1^2 = \overline{X}(1-\overline{X})$, $\hat{\sigma}_2^2 = V^2$ が考えられるが, $H_0 : p = p_0$ のもとで $\sigma_0^2 = p_0(1-p_0)$ なので $\sigma_0^2 = p_0(1-p_0)$ ととるのが望ましい. したがって, 有意水準 α の近似的な両側検定の棄却域は

$$R_{two} = \{(x_1, \ldots, x_n);$$
$$|\overline{x} - p_0|/\sqrt{p_0(1-p_0)} > (1/\sqrt{n})z_{\alpha/2}\}$$

で与えられる.

222

第 11 章　仮説検定

例 11.7　ベルヌーイ分布の 2 標本問題におけるパラメータの同等性検定を求めてみよう．2 つの独立なランダム標本があり，$X_1, \ldots, X_m$ $i.i.d.$ $\sim$ $Ber(p_1)$，$Y_1, \ldots, Y_n$ $i.i.d.$ $\sim$ $Ber(p_2)$ とする．このとき，同等性検定 $H_0 : p_1 = p_2$ vs $H_1 : p_1 \neq p_2$ を考える．$|\overline{X} - \overline{Y}| > C$ のとき帰無仮説 H_0 を棄却するのが自然である．H_0 が正しいときには $p_1 = p_2 = p$ とおくと，$E[\overline{X} - \overline{Y}] = 0$, $\mathrm{Var}(\overline{X} - \overline{Y}) = (m^{-1} + n^{-1})p(1 - p)$ となるので，m, n が大きいとき

$$\frac{\overline{X} - \overline{Y}}{\sqrt{m^{-1} + n^{-1}}\sqrt{p(1 - p)}} \approx \mathcal{N}(0, 1)$$

で近似できる．H_0 のもとで p の一致推定量は $\hat{p} = (m\overline{X} + n\overline{Y})/(m + n)$ であるので，これを代入しても

$$\frac{\overline{X} - \overline{Y}}{\sqrt{m^{-1} + n^{-1}}\sqrt{\hat{p}(1 - \hat{p})}} \approx \mathcal{N}(0, 1)$$

で近似できる．したがって，有意水準 α の近似的な両側検定の棄却域は

$$R_{two} = \{(x_1, \ldots, x_m), (y_1, \ldots, y_n);$$
$$|\overline{x} - \overline{y}|/\sqrt{\hat{p}(1 - \hat{p})} > \sqrt{m^{-1} + n^{-1}} z_{\alpha/2}\}$$

で与えられる．

例 11.8　国会がある法案を可決したことから，内閣支持率に変化があったかを調べるため，簡単なインタビュー調査を行った．100 人に電話でインタビューしたところ，30 人が支持すると答えた．3 カ月前に比較的大きな調査が行われ，600 人のインタビューで内閣支持率は 35 ％ であった．内閣支持率に変化があったといえるだろうか．前回と今回の支持率をそれぞれ p_1, p_2 とすると，これは支持率の同等性 $H_0 : p_1 = p_2$ を検定する問題になるので，例 11.7 で取り上げられた両側検定を用いることができる．$\overline{x} = 0.35$, $\overline{y} = 0.3$, $m = 600$, $n = 100$, $\hat{p} = (m\overline{x} + n\overline{y})/(m + n) \fallingdotseq 0.34$, $z_{0.025} = 1.96$ より，$H_0 : p_1 = p_2$ の棄却域は

223

第 III 部　統計的推測

$$|\overline{x} - \overline{y}| > \sqrt{\hat{p}(1-\hat{p})}\sqrt{m^{-1} + n^{-1}}z_{\alpha/2} = 0.100$$

と書ける. $|\overline{x} - \overline{y}| = 0.05$ より, この差は有意でなく, 内閣支持率に変化があったとは判断できない.

■最尤推定量に基づいた検定

母集団の確率分布が特定できるときには, 母平均以外の母数についても最尤推定量に基づいて近似的な検定を構成することができる. いま確率関数もしくは確率密度関数 $f(x;\theta)$ に従っている母集団からのランダム標本を $X_1, \ldots, X_n$ とする.

$$X_1, \ldots, X_n, \ i.i.d. \sim f(x;\theta)$$

既知の値 θ_0 に対して両側検定 $H_0 : \theta = \theta_0$ vs $H_1 : \theta \neq \theta_0$ を考える. $H_0 : \theta = \theta_0$ のもとでは最尤推定量の漸近正規性より, n が大きいとき

$$\sqrt{n}(\hat{\theta}^{ML} - \theta_0) \approx \mathcal{N}\Big(0, \frac{1}{I(\theta_0)}\Big)$$

もしくは $\sqrt{nI(\theta_0)}(\hat{\theta}^{ML} - \theta_0) \approx \mathcal{N}(0,1)$ で近似できることがわかる. ここで $I(\theta)$ はフィッシャー情報量である. したがって, 有意水準 α の近似的な検定の棄却域は

$$R_{two} = \{(x_1, \ldots, x_n);$$
$$\sqrt{I(\theta_0)}|\hat{\theta}^{ML} - \theta_0| > (1/\sqrt{n})z_{\alpha/2}\}$$

で与えられる.

■尤度比検定

母数の推定において最尤推定は, 複雑な確率分布でも数値的に求めることができる一般的な手法であった. この方法を検定に適用したのが尤度比検定である.

いま確率関数もしくは確率密度関数 $f(x;\theta)$ に従っている母集団からのラ

ンダム標本を $X_1,\ldots,X_n$ とし，既知の値 θ_0 に対して両側検定 $H_0: \theta = \theta_0$ vs $H_1: \theta \neq \theta_0$ を考える．尤度関数を $L(\theta; \boldsymbol{X}) = f(X_1;\theta) \times \cdots \times f(X_n;\theta)$ とするとき，**尤度比** (likelihood ratio)

$$\lambda(\boldsymbol{X}) = \frac{\max_{H_0:\theta=\theta_0} L(\theta; \boldsymbol{X})}{\max_\theta L(\theta; \boldsymbol{X})} = \frac{L(\theta_0; \boldsymbol{X})}{L(\hat{\theta}; \boldsymbol{X})}$$

を考える．$H_0: \theta = \theta_0$ のもとでは，$-2\log \lambda(\boldsymbol{X})$ は自由度 1 のカイ 2 乗分布

$$-2\log \lambda(\boldsymbol{X}) \approx \chi_1^2$$

で近似できることが知られている．χ_1^2-分布の上側 $100\alpha\%$ 点を $\chi_{1,\alpha}^2$ と書くとき（図 11.3），有意水準 α の近似的な尤度比検定の棄却域は

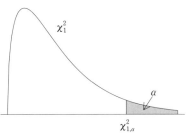

図 11.3　上側 $100\alpha\%$ 点

$$R_{two} = \{(x_1,\ldots,x_n); -2\log \lambda(\boldsymbol{x}) > \chi_{1,\alpha}^2\}$$

で与えられる．

一般に

$$\lambda(\boldsymbol{X}) = \frac{(\text{母数を } H_0 \text{ に制約したときの最大尤度})}{(\text{制約しないときの最大尤度})}$$

を**尤度比統計量** (likelihood ratio statistic) といい，n が大きいとき H_0 のもとで $-2\log \lambda(\boldsymbol{X})$ がカイ 2 乗分布で近似できる．このときのカイ 2 乗分布の自由度は，

（制約しないときの母数の個数）$-$（H_0 に制約したときの母数の個数）

で与えられることが知られている．尤度比検定は，かなり一般的な分布と仮説に関して検定方法を与えることができる．

第 III 部　統計的推測

11.4　カイ 2 乗適合度検定

この節では，現実によく使われるカイ 2 乗適合度検定について説明する．

■カイ 2 乗適合度検定

サイコロを 30 回投げたときの目の出る回数を観測したところ次のように
なった．このサイコロは各目が 1/6 の等確率で出る正確なサイコロと考え
てよいだろうか．

サイコロの目	1	2	3	4	5	6
観測数	5	3	8	2	4	8
理論値	5	5	5	5	5	5
差の 2 乗	0	4	9	9	1	9

ここで理論値はサイコロが正確であると仮定したときに出る理論的な数であ
る．このサイコロが正確か否かを調べるにはこの表の最後の行に与えられて
いるように $((観測数) - (理論数))^2$ をみるのがよい．

一般に，N 個のデータが $C_1, \ldots, C_K$ の K 個のカテゴリーに分類され，
それぞれ $n_1, \ldots, n_K$ 個観測されたとする．それぞれのカテゴリーに入る確
率を $p_1, \ldots, p_K$ とする．$n_1 + \cdots + n_K = N$，$p_1 + \cdots + p_K = 1$ である．一
方，理論上想定される確率が $\pi_1, \ldots, \pi_K$ であるとするとき，この仮定のも
とで考えられる理論値は $N\pi_1, \ldots, N\pi_K$ となる．このとき，観測データに
基づいた確率分布が理論上想定される確率分布に等しいか否かを検定する問
題は

$$H_0 : p_1 = \pi_1, \ldots, p_K = \pi_K \text{ vs } H_1 : p_i \neq \pi_i \text{（ある } i \text{ に対して）}$$

と定式化される．

カテゴリー	C_1	C_2	$\cdots$	C_K
観測数	n_1	n_2	$\cdots$	n_K
真の確率	p_1	p_2	$\cdots$	p_K
理論確率	π_1	π_2	$\cdots$	π_K

カテゴリー	C_1	C_2	$\cdots$	C_K
観測数	n_1	n_2	$\cdots$	n_K
理論値	$N\pi_1$	$N\pi_2$	$\cdots$	$N\pi_K$

観測データに基づいた確率分布と理論上想定される確率分布との違いは
$(n_1 - N\pi_1)^2, \ldots, (n_K - N\pi_K)^2$ に基づいて測ることができるので，$\boldsymbol{\pi} =$

$(\pi_1, \ldots, \pi_K)$ に対して

$$Q = \sum_{i=1}^{K} \frac{(n_i - N\pi_i)^2}{N\pi_i}$$

が検定統計量として考えられる．これをピアソンのカイ 2 乗検定統計量といい，N が大きいとき H_0 のもとで $Q \approx \chi^2_{K-1}$ で近似できることが知られている．そこで，棄却域を

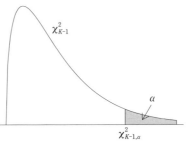

図 **11.4** χ^2_{K-1} の上側 $100\alpha\%$ 点

$$R = \{(n_1, \ldots, n_K); Q > \chi^2_{K-1, \alpha}\}$$

とする検定を考えればよいことになる．ただし，$\chi^2_{K-1,\alpha}$ は自由度 $K-1$ のカイ 2 乗分布 χ^2_{K-1} の上側 $100\alpha\%$ 点である（図 11.4）．

先ほどの例では，

$$\begin{aligned}Q &= \frac{(5-5)^2}{5} + \frac{(3-5)^2}{5} + \frac{(8-5)^2}{5} \\ &\quad + \frac{(2-5)^2}{5} + \frac{(4-5)^2}{5} + \frac{(8-5)^2}{5} = \frac{32}{5} = 6.4\end{aligned}$$

となり，$\chi^2_{5, 0.05} = 11.07$ より，有意水準 5% で有意でないことがわかる．

例 11.9　**Q-Q プロットと正規性の検定**　例 2.1 でとりあげた身長のデータが正規分布に従っているかについて調べてみよう．$\bar{x} = 172, S_x^2 = 17.95$ であるから正規分布 $\mathcal{N}(172, 17.95)$ の密度関数を 19 頁の図 2.5 のヒストグラムに重ねてみたものが図 11.5 の左図である．図 11.5 の右図は Q-Q プロットで，直線の近くにプロットされているほど正規分布への当てはまりがよいことを示している．

いま n 個のデータを小さい順に並べたものを $x_{(1)}, \ldots, x_{(n)}$ とする．経験分布関数は $\hat{F}(x) = (x_j \leq x$ となる x_j の個数$)/n = (x_{(i)} \leq x$ となる最大の i の値$)/n$ と表されるので，各 $x_{(i)}$ の点で $1/n$ ずつ増加する．そこで，連続補正した確率の値 $p_i = (i - 0.5)/n$ を考え，正規分布の分位点 $\Phi^{-1}(p_i)$ を求

第 III 部　統計的推測

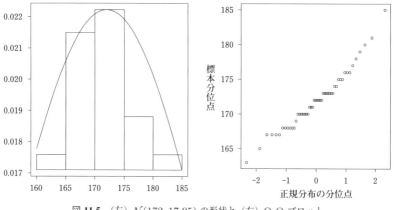

図 11.5　(左) $\mathcal{N}(172, 17.95)$ の形状と (右) Q-Q プロット

める．点

$$(\Phi^{-1}(p_1), x_{(1)}), \ldots, (\Phi^{-1}(p_n), x_{(n)})$$

を x-y 平面にプロットしたのが **Q-Q プロット** (quantile-quantile plot) もしくは**正規確率プロット** (normal probability plot) である．したがって，データの分布が正規分布に近ければ点は斜め 45 度の直線の近くにプロットされることになるので，Q-Q プロットを通して正規性を視覚的に調べることができる．統計解析ソフトウェア R ではコマンド qqnorm() を用いれば Q-Q プロットを表示してくれる．

このデータが正規分布に従っているか否かをカイ 2 乗検定を用いて検定することができる．階級 I, II, III, IV, V を 〜 165 〜 170 〜 175 〜 180 〜 とし，それぞれの階級に入る度数を数えたものが下の表の観測数である．このデータの平均と標準偏差は $\bar{x} = 172$, $S_x = 4.23$ であるから，正規分布 $\mathcal{N}(172, 4.23^2)$ についてそれぞれの範囲の確率を求めそれに 50 を掛けたものを理論値として下欄に与える．

階級	I	II	III	IV	V
観測数	2	18	21	7	2
理論値	2.45	13.46	22.14	10.49	1.46

カイ 2 乗検定統計量を計算すると，

$$Q = \frac{(2-2.45)^2}{2.45} + \frac{(18-13.46)^2}{13.46} + \frac{(21-22.14)^2}{22.14}$$
$$+ \frac{(7-10.49)^2}{10.49} + \frac{(2-1.46)^2}{1.46} \fallingdotseq 3.03$$

となる．正規分布の平均と分散をデータから推定していることから，Q の自由度は $5-1$ から更に 2 引く必要があり，自由度は 2 になる．自由度 2 のカイ 2 乗分布の上側 5% 点は $\chi^2_{2, 0.05} = 5.99$ であるから，$3.03 < 5.99$ より正規分布であることは棄却できない．したがって，このデータの正規性は妥当であると言える．

■ 分割表における独立性検定

A の事象 A_1, A_2 と B の事象 B_1, B_2 について **分割表** (contingency table) のデータが観測されているとする．N 個のデータのうち A_i かつ B_j である観測数を n_{ij} とし，真の確率を p_{ij} とする．これを分割表で表すと以下のようになる．

	B_1	B_2	計		B_1	B_2	計
A_1	n_{11}	n_{12}	$n_{1.}$	A_1	p_{11}	p_{12}	$p_{1.}$
A_2	n_{21}	n_{22}	$n_{2.}$	A_2	p_{21}	p_{22}	$p_{2.}$
計	$n_{.1}$	$n_{.2}$	N	計	$p_{.1}$	$p_{.2}$	1

ここで，A と B の関係は独立か否かという問題に関心があるとき，仮説検定は

$$H_0 : p_{ij} = p_{i.} \times p_{.j} \quad (\text{すべての } (i,j) \text{ に関して})$$
$$\text{vs } H_1 : p_{ij} \neq p_{i.} \times p_{.j} \quad (\text{ある } (i,j) \text{ に関して})$$

と書ける．$E[n_{ij}] = Np_{ij}$ であるから，H_0 のもとでは $E[n_{ij}] = Np_{i.}p_{.j}$ となる．ここで，$p_{i.}$ は $n_{i.}/N$ で，$p_{.j}$ は $n_{.j}/N$ で推定されるので，H_0 のときには，$Np_{i.}p_{.j}$ は $n_{i.}n_{.j}/N$ で推定されることになる．

229

第 III 部　統計的推測

	B_1	B_2	計
A_1	$n_1.n._1/N$	$n_1.n._2/N$	$n_1.$
A_2	$n_2.n._1/N$	$n_2.n._2/N$	$n_2.$
計	$n._1$	$n._2$	N

そこで，独立であるか否かを検定するためには，$(n_{ij} - n_i.n._j/N)^2$, $i, j = 1, 2$, に基づいた統計量を用いればよいので，検定統計量として

$$Q = \sum_{i=1}^{2}\sum_{j=1}^{2}\frac{(n_{ij} - n_i.n._j/N)^2}{n_i.n._j/N}$$

が考えられる．これを分割表の独立性に関するカイ 2 乗適合度検定という．N が大きいとき H_0 のもとで，

$$Q \approx \chi_1^2$$

で近似できることが知られているので，棄却域は

$$R = \{(n_{11}, n_{12}, n_{21}, n_{22}); Q > \chi_{1,\alpha}^2\}$$

となる．

例 11.10　ある化粧品と皮膚疾患との関係を調べるため，その皮膚疾患の患者 90 人と健常者 100 人について，その化粧品の使用と皮膚疾患について調査したところ，下の表のデータが得られた．また，独立性が成り立っているときの理論値も下の表のようになる．

観測値	皮膚疾患	健常者	計
化粧品の使用	80	60	140
化粧品の非使用	10	40	50
計	90	100	190

理論値	皮膚疾患	健常者	計
化粧品の使用	66.3	73.7	140
化粧品の非使用	23.7	26.3	50
計	90	100	190

この場合，

$$Q = \frac{(80 - 66.3)^2}{66.3} + \frac{(60 - 73.7)^2}{73.7}$$
$$+ \frac{(10 - 23.7)^2}{23.7} + \frac{(40 - 26.3)^2}{26.3} \fallingdotseq 20.43$$

となり，$\chi^2_{1,0.01} = 6.635$, $\chi^2_{1,0.05} = 3.841$ より，有意水準 5% でも 1% でも有意となり，化粧品と皮膚疾患との間に関係があると判断できることになる．

11.5 発展的事項

■検定のサイズと検出力

検定統計量の取り方もしくは帰無仮説の棄却域の決め方により様々な検定方法が存在することになる．そこで，検定手法を比較して優れた検定手法を求めることが考えられる．その枠組みを説明しよう．

まず，検定には2種類の誤りが存在する．1つは帰無仮説が正しいのに帰無仮説を棄却してしまう誤りで，これを**第1種の誤り** (type I error) という．この確率を**検定のサイズ**ともいう．もう1つは帰無仮説が正しくないのに帰無仮説を受容してしまう誤りで，**第2種の誤り** (type II error) という．

例えば，

$H_0 : \theta = \theta_0$ vs $H_1 : \theta \neq \theta_0$

なる検定問題に対する H_0 の棄却域を R で表すと，

$P_{H_0 : \theta = \theta_0}(\boldsymbol{X} \in R)$: 第1種の誤りの確率，　$P_{H_1 : \theta \neq \theta_0}(\boldsymbol{X} \notin R)$: 第2種の誤りの確率となる．これら2種類の誤りの確率を統一的に表現する関数が**検出力関数** (power function) で，H_0 を棄却する確率 $\beta(\theta) = P_\theta(\boldsymbol{X} \in R)$ で定義される．このとき $\beta(\theta_0)$ が第1種の誤りの確率，$\theta \neq \theta_0$ となる θ に対しては $1 - \beta(\theta)$ が第2種の誤りの確率になる．

有意水準を α, $(0 < \alpha < 1)$, とする．2つの検定手法 T_1 と T_2 があり，それぞれの検出力関数を $\beta_1(\theta)$, $\beta_2(\theta)$ とする．$\beta_1(\theta_0) = \beta_2(\theta_0) = \alpha$ をみたし，$\theta \neq \theta_0$ なるすべての θ に対して

第 III 部　統計的推測

$$\beta_1(\theta) \geq \beta_2(\theta)$$

が成り立つとき，T_1 は T_2 **より強力** (more powerful) であるという．こうして検定の良さは検出力関数により比較されることになる．

■ P 値

　有意確率もしくは P 値と呼ばれる関数があり，有意水準や検定結果とともに P 値が報告されることがある．$H_0 : \theta = \theta_0$ vs $H_1 : \theta \neq \theta_0$ となる検定問題において，棄却域が

$$R = \{\boldsymbol{x} | W(\boldsymbol{x}) > C\}$$

で与えられる検定を考える．このとき，

$$p(\boldsymbol{x}) = P_{\theta_0}(W(\boldsymbol{X}) \geq W(\boldsymbol{x})) \tag{11.1}$$

を **P 値**もしくは**有意確率** (p value) という．

　すべての α, $(0 < \alpha < 1)$, に対して

$$P_{\theta_0}(p(\boldsymbol{X}) \leq \alpha) = \alpha$$

が成り立つことが知られている．下の例では P 値の考え方が分かり易く説明されている．

例 11.11　平均 μ，分散 σ_0^2 の正規母集団からのランダム標本 $X_1, \ldots, X_n$ に基づいて，$H_0 : \mu = \mu_0$ vs $H_1 : \mu \neq \mu_0$ となる両側検定を行う．σ_0^2 を既知とする．検定統計量は $W(\overline{X}) = \sqrt{n}|\overline{X} - \mu_0|/\sigma_0$ であり，棄却域は $R = \{\overline{x} | W(\overline{x}) > z_{\alpha/2}\}$ となる．このとき，$Z = \sqrt{n}(\overline{X} - \mu_0)/\sigma_0$ とおくと，$W(\overline{X}) = |Z|$ であり，H_0 のもとで $Z \sim \mathcal{N}(0, 1)$ であるから，P 値は

$$p(\overline{x}) = P_{\mu_0}(W(\overline{X}) \geq W(\overline{x}))$$
$$= P(|Z| \geq \sqrt{n}|\overline{x} - \mu_0|/\sigma_0)$$

と書ける．$\overline{x} \in R$ のときには，

第 11 章 仮説検定

$$p(\overline{x}) = P(|Z| \geq \sqrt{n}|\overline{x} - \mu_0|/\sigma_0) \leq P(|Z| \geq z_{\alpha/2})$$
$$= \alpha$$

となる. 例えばデータを観測して $p(\overline{x})$ を計算したとき $p(\overline{x}) < 0.05$ なら, $\alpha = 0.05$ で H_0 の検定は有意となる. 有意確率を計算してから有意になるように有意水準を決めることができるが, これは恣意的であり反則である.

【 問 題 】

問 1. 確率変数 X は平均 μ, 分散 1 の正規分布に従っている. 仮説 H_0 : $\mu = 6$ を検定したい. 棄却域をどのようにとればよいか.

問 2. $X_1, \ldots, X_n, i.i.d. \sim \mathcal{N}(\mu, \sigma^2)$ とし, μ_0, σ_0^2 を既知の値とする. 次の検定問題について有意水準 α の検定を与えよ.

(1) σ^2 を既知とするとき, $H_0 : \mu = \mu_0$ vs $H_1 : \mu \neq \mu_0$

(2) μ を既知とするとき, $H_0 : \sigma^2 = \sigma_0^2$ vs $H_1 : \sigma^2 \neq \sigma_0^2$

問 3. $X_1, \ldots, X_n, i.i.d. \sim \mathcal{N}(\mu, \sigma^2)$ とし, μ_0, σ_0^2 を既知の値とする. 次の検定問題について有意水準 α の検定を与えよ.

(1) σ^2 を既知とするとき, $H_0 : \mu = \mu_0$ vs $H_1 : \mu > \mu_0$

(2) μ を既知とするとき, $H_0 : \sigma^2 = \sigma_0^2$ vs $H_1 : \sigma^2 > \sigma_0^2$

問 4. 正規分布 $\mathcal{N}(\mu, \sigma^2)$ (σ の値も未知とする) をしている母集団から大きさ n の無作為標本 $x_1, \ldots, x_n$ が得られたとき, その平均を $\overline{x}$, 標準偏差を s とする.

(1) 固定された $\overline{x}$ と s の値に対し, $H_0 : \mu = \mu_0$ を $H_1 : \mu \neq \mu_0$ に対して有意水準 0.05 で検定するとき, 棄却されないような μ_0 の値の全体はどのような集合か.

(2) μ の 95% 信頼区間と (1) の結果とを比較せよ.

問 5. $X_1, \ldots, X_m, i.i.d. \sim \mathcal{N}(0, \sigma_X^2)$, $Y_1, \ldots, Y_n \sim \mathcal{N}(0, \sigma_Y^2)$ とし, 2 つの標本は互いに独立とする. $\lambda = \sigma_Y^2/\sigma_X^2$ とし, λ_0 は既知とする. $H_0 : \lambda = \lambda_0$ vs $H_1 : \lambda \neq \lambda_0$ に対する有意水準 α の検定を F-統計量に基づいて与えよ.

問 6. あるサイコロを 600 回投げて 120 回 3 の目が出た. このサイコロは

233

第 III 部　統計的推測

正しく作られているかを有意水準 5% で検定せよ.

問 7.　ある部品を製造している工場では不良率は 1% であると主張している. そこで 200 個の製品を調べてみたところ 5 個の不良品が見つかった. 不良率 1% という主張は正しいかを有意水準 5% で検定せよ.

問 8.　プロ野球の試合でホームランが出る割合 ((ホームランの数)/(打撃数)) は 0.02 であることが過去のデータからわかっているとする. 今年開幕してからホームランの割合を調べたところ, 1,200 打席のうち 40 本のホームランが出ているという. 何かボールに問題があるのかが疑われるため, ホームランの割合が 0.02 を帰無仮説とし, それより大きいというのを対立仮説にして, 有意水準 5% の片側検定を行え.

問 9.　ある母集団から抽出された大きさ 100 の標本から求めた標本平均は, $\overline{x} = 1.6$ であった. 母分散は 0.25 であることがわかっている. 母平均が $\mu = 1.5$ であるという仮説を有意水準 5% 及び 1% で検定せよ.

問 10.　ある市の市長選挙では, 2 人の候補 A 氏と B 氏のみが対立している. 同市の人 200 人をランダムに抽出して支持を聞いたところ, 95 人が A 氏支持, 105 人が B 氏支持と答えた. B 氏は A 氏よりも優勢といえるか.

問 11.　次の表は, サイコロを 60 回投げたときの 1 から 6 の各出現回数である. このサイコロは正しく作られていると考えられるか. 有意水準 5% で検定せよ.

数字	1	2	3	4	5	6	計
回数	13	7	9	13	8	10	60

問 12.　プロイセン陸軍の 200 部隊について 1 年間に馬に蹴られて死亡した兵士の数の度数分布が次の表で与えられている. 109 の部隊は馬に蹴られて死亡した兵士の数は 0 であり, 1 人死亡した部隊の数が 65 などとなっている. この分布が平均 0.61 ポアソン分布に当てはまることが知られており, その場合の理論値が最後の行で与えられている. 馬に蹴られて死亡した兵士の数の分布がポアソン分布 $Po(0.61)$ に従うか否かを有意水準 5% で検定せよ.

234

死亡者数	0	1	2	3	4	5 以上
部隊の数	109	65	22	3	1	0
理論値	109	66	20	4	1	0

問 13. 下の分割表は，ある地域の 60 歳から 64 歳の男性 1,500 人に喫煙習慣をアンケートでたずね，6 年後の生存・死亡を調べたものである．喫煙習慣と生存・死亡の間に関連が認められるか，について有意水準 5% で検定せよ．

	非喫煙	喫煙	計
生存	140	60	200
死亡	950	350	1,300
計	1,090	410	1,500

第12章

回帰分析

4.2 節で回帰分析の概要を紹介し，最小 2 乗法と残差の性質について説明した．この章では，誤差項に確率分布を想定した線形回帰モデルを導入し，最小 2 乗推定量の平均，分散及び標本分布を求め，回帰係数の信頼区間の構成と，因果関係の有無に関する仮説検定の方法について学ぶ．また残差分析を通して線形回帰モデルの妥当性などについて説明する．

12.1 単回帰モデル

図 12.1 は，ある県の全市町村の人口 (x) と一般行政職員数 (y) をプロットしたものである．明らかに x と y の間には線形関係があることが見て取れる．しかし，必ずしも全データが一直線上に乗っているとは限らない．そこで，真の直線 $y = \alpha + \beta x$ を想定したとき観測データとのずれを誤差項として導入したモデルを考えるのが妥当である．

いま n 個のデータ $(x_1, y_1), \ldots, (x_n, y_n)$ が観測されているとする．観測データ y_i と回帰直線上の理論値 $\alpha + \beta x_i$ とのずれを $u_i = y_i - (\alpha + \beta x_i)$ とおくと，

$$y_i = \alpha + \beta x_i + u_i, \quad i = 1, \ldots, n \tag{12.1}$$

とかける．これを**単回帰モデル** (simple linear regression model) といい，α を y-切片項 (intercept term)，β を**回帰係数** (regression coefficient) という．また，y を**従属変数** （もしくは**応答変数**）(dependent variable (response variable)) といい，x を**独立変数** （もしくは**説明変数**）(indepen-

237

第 III 部 統計的推測

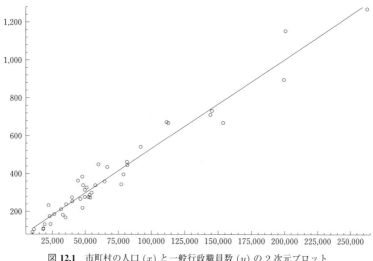

図 12.1 市町村の人口 (x) と一般行政職員数 (y) の 2 次元プロット

dent variable (explanatory variable)), u を**誤差項** (error term) という. 説明変数 $x_1,\ldots,x_n$ は確率変数ではなく, 与えられた定数とする. 誤差項 $u_1,\ldots,u_n$ は同一分布に従う確率変数で次の (A1)〜(A3) の条件をみたすと仮定する.

(A1) $E[u_i] = 0, i = 1,\ldots,n$

(A2) $E[u_i u_j] = 0, (i \neq j)$, 即ち無相関である.

(A3) $\mathrm{Var}(u_i) = \sigma^2$, 即ち分散は均一である.

さらに, u_i が正規分布 $\mathcal{N}(0,\sigma^2)$ に従うという仮定を**正規性の仮定** (assumption of normality) という.

回帰直線の α, β の値を求めるために最小 2 乗法を用いる. これは, y_i と $\alpha+\beta x_i$ との差 $|y_i - \alpha - \beta x_i|$ の 2 乗の和を最小にする方法で, 4.2 節で導出されたように α と β の最小 2 乗推定量は,

$$\hat{\alpha} = \overline{y} - \hat{\beta}\overline{x}, \quad \hat{\beta} = S_{xy}/S_{xx}$$

で与えられる. ただし, この章で用いる S_{xx}, S_{xy} は $S_{xx} = \sum_{i=1}^n (x_i - \bar{x})^2$, $S_{xy} = \sum_{i=1}^n (x_i - \bar{x})(y_i - \bar{y})$ で定義されるものとする. 最小 2 乗推定量を用いて回帰直線 $y = \hat{\alpha} + \hat{\beta}x$ を引くことができる. 図 12.1 の中に描かれた直線

が回帰直線である.

各データについて,回帰直線上の点 $\hat{\alpha} + \hat{\beta}x_i$ と y_i との間には差が生じていることがわかる. そこで,

$$e_i = y_i - (\hat{\alpha} + \hat{\beta}x_i), \quad i = 1, \ldots, n$$

とおいたものを**残差** (residual) という. また残差の 2 乗の和をとったもの

$$\mathrm{RSS} = \sum_{i=1}^{n} e_i^2 = \sum_{i=1}^{n} \{y_i - (\hat{\alpha} + \hat{\beta}x_i)\}^2$$

を**残差平方和** (residual sum of squares, RSS) という. 分散 σ^2 は

$$\hat{\sigma}^2 = \frac{1}{n-2}\mathrm{RSS}$$

で推定される.

■最小 2 乗推定量の分布

さて,最小 2 乗推定量 $\hat{\alpha}$, $\hat{\beta}$ の平均と分散及び $\hat{\sigma}^2$ の平均などを求めてみると次のようになる.

(1) $E[\hat{\beta}] = \beta$, $\mathrm{Var}(\hat{\beta}) = \sigma^2/S_{xx}$

(2) $E[\hat{\alpha}] = \alpha$, $\mathrm{Var}(\hat{\alpha}) = \sigma^2\{n^{-1} + (\overline{x})^2/S_{xx}\}$

(3) $\mathrm{Cov}(\hat{\alpha}, \hat{\beta}) = -\overline{x}\sigma^2/S_{xx}$

(4) $E[e_i] = 0$, $E[\hat{\sigma}^2] = \sigma^2$

これらの性質は誤差項に正規分布を仮定しなくても成り立つことに注意する. 証明は発展的事項で与えられる. $\hat{\beta}$ の分散が $\mathrm{Var}(\hat{\beta}) = \sigma^2/S_{xx}$ で与えられるということは,$x_1, \ldots, x_n$ の分散が大きいほど $\hat{\beta}$ の推定精度が高くなることを意味している. また,(2) より,$\overline{x}^2$ が大きいほど $\hat{\alpha}$ の分散 $\mathrm{Var}(\hat{\alpha})$ が大きくなることがわかる. α は y-切片であるから $\overline{x}$ が原点から離れるにつれ $\hat{\alpha}$ のバラツキが大きくなることを意味する.

次に誤差項 u_i の分布として正規分布 $\mathcal{N}(0, \sigma^2)$ を仮定すると,$\hat{\alpha}$, $\hat{\beta}$, $(n-2)\hat{\sigma}^2/\sigma^2$ の正確な分布を導くことができる.

$(\hat{\alpha}, \hat{\beta})$ の同時分布は 2 変量正規分布で

第 III 部　統計的推測

$$
\begin{pmatrix} \hat{\alpha} \\ \hat{\beta} \end{pmatrix} \sim \mathcal{N}_2 \left(\begin{pmatrix} \alpha \\ \beta \end{pmatrix}, \frac{\sigma^2}{S_{xx}} \begin{pmatrix} S_{xx}/n + (\overline{x})^2 & -\overline{x} \\ -\overline{x} & 1 \end{pmatrix} \right) \qquad (12.2)
$$

に従っている．また $(n-2)\hat{\sigma}^2/\sigma^2 = \mathrm{RSS}/\sigma^2 \sim \chi^2_{n-2}$ に従い，$\hat{\sigma}^2$ は $(\hat{\alpha}, \hat{\beta})$ と独立に分布することが知られている．これより $\hat{\alpha}, \hat{\beta}$ の周辺分布は，

$$
\begin{aligned}
\hat{\alpha} &\sim \mathcal{N}(\alpha, \sigma^2/n + \sigma^2(\overline{x})^2/S_{xx}), \\
\hat{\beta} &\sim \mathcal{N}(\beta, \sigma^2/S_{xx})
\end{aligned} \qquad (12.3)
$$

となる．

■検定と予測

　線形回帰モデルは y を x で説明するモデルであり，x から y への因果の方向が想定されている．このとき興味深い問題は x と y の間に因果関係が存在するか否かという点である．これを両側検定で表現すると

　$H_0 : \beta = 0$ vs $H_1 : \beta \neq 0$

と書ける．一般に既知の β_0 に対して

　$H_0 : \beta = \beta_0$ vs $H_1 : \beta \neq \beta_0$

となる検定問題を考えてみよう．$(\hat{\beta} - \beta)/\{\sigma^2/S_{xx}\}^{1/2} \sim \mathcal{N}(0,1)$, $(n-2)\hat{\sigma}^2/\sigma^2 \sim \chi^2_{n-2}$ であり，それらは互いに独立であることに注意する．H_0 のもとで

$$
\frac{\hat{\beta} - \beta_0}{\sqrt{\hat{\sigma}^2/S_{xx}}} \sim t_{n-2},
$$

に従う．自由度 $n-2$ の t-分布の上側 $100(\alpha/2)\%$ 点を $t_{n-2,\alpha/2}$ で表すと，有意水準 α の検定の棄却域は

$$
R = \{(\hat{\beta}, \hat{\sigma}^2); \ |\hat{\beta} - \beta_0|/\sqrt{\hat{\sigma}^2/S_{xx}} \geq t_{n-2,\alpha/2}\}
$$

で与えられることがわかる．同様な考え方から信頼係数 $1-\alpha$ の β の信頼区間は

240

$$C_\beta(\hat{\beta}, \hat{\sigma}^2)$$
$$= [\hat{\beta} - \sqrt{\hat{\sigma}^2/S_{xx}}\, t_{n-2,\alpha/2}, \ \hat{\beta} + \sqrt{\hat{\sigma}^2/S_{xx}}\, t_{n-2,\alpha/2}]$$

となる.

次に，新たな説明変数 x_0 の値に対して y_0 の値を**予測** (prediction) する問題を考える．(x_0, y_0) は同じ単回帰モデル

$$y_0 = \alpha + \beta x_0 + u_0$$

に従っており，u_0 は $u_1, \ldots, u_n$ と独立に $u_0 \sim \mathcal{N}(0, \sigma^2)$ に従うとする．このとき，y_0 を

$$\hat{y}_0 = \hat{\alpha} + \hat{\beta} x_0$$

で予測するのが自然である．$\hat{y}_0 - y_0$ の分布は，

$$\hat{y}_0 - y_0 = (\hat{\alpha} - \alpha) + (\hat{\beta} - \beta)x_0 - u_0$$
$$\sim \mathcal{N}(0, \sigma^2\{1 + n^{-1} + (x_0 - \overline{x})^2/S_{xx}\})$$

と書けることが知られている．したがって，$(\hat{y}_0 - y_0)/[\hat{\sigma}^2\{1 + n^{-1} + (x_0 - \overline{x})^2/S_{xx}\}]^{1/2} \sim t_{n-2}$ となるので，信頼係数 $1 - \alpha$ の y_0 の予測信頼区間は

$$\hat{y}_0 \pm \sqrt{\hat{\sigma}^2\{1 + n^{-1} + (x_0 - \overline{x})^2/S_{xx}\}}\, t_{n-2,\alpha/2}$$

で与えられることがわかる．ここで $a \pm b$ は $[a - b, a + b]$ を意味するものとする．

予測を行う際の留意点は，x_0 は $x_1, \ldots, x_n$ が分布する範囲内に入っていなければ誤った予測値を与える可能性がある点である．x と y の関係を $y = \hat{\alpha} + \hat{\beta}x$ という直線で近似できるのは x が $x_1, \ldots, x_n$ の範囲に入っているときであり，$x_1, \ldots, x_n$ の範囲の外では同じ回帰直線が当てはまっていない可能性がある．したがって，範囲外の x_0 に対して $\hat{\alpha} + \hat{\beta} x_0$ で予測することは大変危険であり，これを外挿の危険性という．

241

第 III 部　統計的推測

12.2　決定係数と残差分析

■決定係数

　データが回帰モデルにどの程度当てはまっているかを調べる方法として，データと予測値との相関係数を求めてみることが考えられる．この相関係数を 2 乗したものを**決定係数** (coefficient of determination) といい R^2 で表す．R^2 が 1 に近いほどモデルの当てはまりがよいことを意味する．

　回帰直線に基づいて y_i の予測値は $\hat{y}_i = \hat{\alpha} + \hat{\beta} x_i$ で与えられる．$n^{-1} \sum_{i=1}^{n} \hat{y}_i = \overline{y}$ に注意すると，$(\hat{y}_i, y_i)$, $i = 1, \ldots, n$, の相関係数の 2 乗は

$$
\mathrm{R}^2 = \Big\{ \sum_{i=1}^{n} (\hat{y}_i - \overline{y})(y_i - \overline{y}) \Big\}^2 \Big/ \Big\{ \sum_{i=1}^{n} (\hat{y}_i - \overline{y})^2 \sum_{i=1}^{n} (y_i - \overline{y})^2 \Big\}
$$

と書ける．ここで，$\overline{y} = \hat{\alpha} + \hat{\beta}\overline{x}$ より

$$
\begin{aligned}
\sum_{i=1}^{n} (\hat{y}_i - \overline{y})(\hat{y}_i - y_i) &= \sum_{i=1}^{n} (\hat{y}_i - \overline{y})\{(\hat{y}_i - \overline{y}) - (y_i - \overline{y})\} \\
&= \hat{\beta} \sum_{i=1}^{n} (x_i - \overline{x})\{\hat{\beta}(x_i - \overline{x}) - (y_i - \overline{y})\} \\
&= \hat{\beta}(\hat{\beta} S_{xx} - S_{xy}) = 0
\end{aligned}
$$

となるので，

$$
\begin{aligned}
\sum_{i=1}^{n} (\hat{y}_i - \overline{y})(y_i - \overline{y}) &= \sum_{i=1}^{n} (\hat{y}_i - \overline{y})(\hat{y}_i - \overline{y} + y_i - \hat{y}_i) \\
&= \sum_{i=1}^{n} (\hat{y}_i - \overline{y})^2 - \sum_{i=1}^{n} (\hat{y}_i - \overline{y})(\hat{y}_i - y_i) \\
&= \sum_{i=1}^{n} (\hat{y}_i - \overline{y})^2
\end{aligned}
$$

となる．したがって，R^2 は

第 12 章　回帰分析

$$R^2 = \sum_{i=1}^{n}(\hat{y}_i - \overline{y})^2 / \sum_{i=1}^{n}(y_i - \overline{y})^2 \qquad (12.4)$$

と書き直すことができる．ここで，

$$\sum_{i=1}^{n}(y_i - \overline{y})^2 = \sum_{i=1}^{n}(\hat{y}_i - \overline{y} + y_i - \hat{y}_i)^2$$
$$= \sum_{i=1}^{n}(\hat{y}_i - \overline{y})^2 + \sum_{i=1}^{n}(\hat{y}_i - y_i)^2$$

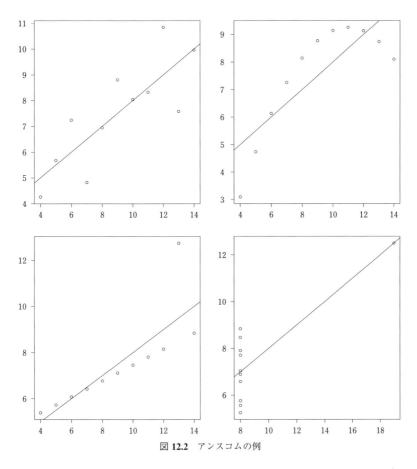

図 **12.2**　アンスコムの例

第 III 部　統計的推測

と書けることに注意する．この等式は，全変動平方和が

（全変動平方和）＝（回帰変動平方和）＋（残差平方和）

と分解できることを示している．この等式を用いると，決定係数 R^2 は

$$R^2 = 1 - RSS / \sum_{i=1}^{n} (y_i - \overline{y})^2 \tag{12.5}$$

と表すことができる．この式は，全変動平方和のうち残差平方和の割合が小さい程，データのモデルへの当てはまりがよいことを意味する．しかし，決定係数の値だけでモデルへの当てはまりの良さを判断するのは危険である．図 12.2 は，アンスコムの例として知られているデータをプロットしたもので，最小 2 乗解を求めるとすべて同じ回帰直線 $y = 3 + 0.5x$ が得られる．しかし，左上の図を除くと，回帰直線がデータ全体を表現しているとは言いがたい．そこで，次の残差分析を調べる必要がある．

■残差分析

単回帰モデル (12.1) は，$u_i = y_i - (\alpha + \beta x_i)$ と変形できる．これは，データ y_i を $\alpha + \beta x_i$ で説明したとき，説明しきれない部分を誤差項 u_i として表したモデルと解釈できる．誤差項 $u_1, \ldots, u_n$ は平均 0, 分散 σ^2 をもってランダムに分布しているということは，y_i の変動を回帰直線で説明しきれない部分に何ら情報や傾向性が存在しないことを意味する．この説明しきれない部分をみるのに残差が用いられ，残差に何ら傾向性が確認できなければ単回帰モデルへの当てはまりがよいと判断される．

残差は $e_i = y_i - (\hat{\alpha} + \hat{\beta} x_i)$, $i = 1, \ldots, n$ で与えられるが，それを標準偏差で割ったもの $e_{s,i} = e_i / \hat{\sigma}$ を標準化残差 (standardized residual) という．これらは，$u_i, u_i / \sigma$ の予測量と理解してもよい．したがって，$e_i, e_{s,i}$ をプロットしたとき，0 を中心にランダムに分布し何ら傾向性が見られなければ回帰分析が妥当であると解釈することができる．しかし，残差の分布に何らかの傾向性が残っているときには回帰直線での近似だけでは不十分で，その傾向性を取り除くために何らかの対策を単回帰モデルに加える必要がある．

残差プロットとは，i もしくは x_i を横軸にとって $(i, e_{s,i})$, $(x_i, e_{s,i})$ など

244

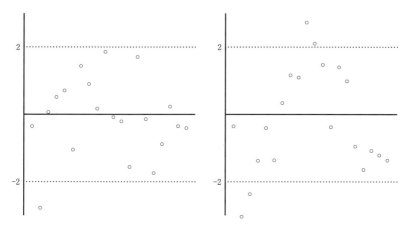

図 12.3 残差分析：（左）問題ない，（右）系列相関の存在

をプロットしてみたものである．ここで単回帰モデルの誤差項の大前提を思い出そう．

(A1) $E[u_i] = 0, i = 1, \ldots, n$
(A2) $E[u_i u_j] = 0, (i \neq j)$，即ち無相関である．
(A3) $\mathrm{Var}(u_i) = \sigma^2$，即ち分散は均一である．

標準化残差が何の傾向性もなく x 軸を対称にランダムに分布していれば仮定 (A1) が満たされていると考えられる．また $(i, e_{s,i})$ と次の $(i+1, e_{s,i+1})$ の間に傾向性がなければ仮定 (A2) が満たされ，$(x_i, e_{s,i})$ や $(i, e_{s,i})$ のプロットが均一であれば仮定 (A3) が満たされると考えられる．逆に，これらの条件が満たされなければ，単回帰分析の妥当性が疑われ，残差の傾向を取り除くための対策を検討しなければならない．

(**系列相関の有無**) 図 12.3 の右の図のように，$e_{s,i}$ と次の $e_{s,i+1}$ が同じ符号をとりやすいときには，$u_1, \ldots, u_n$ が互いに無相関であることが疑われる．系列相関の有無についてはダービン・ワトソン検定を用いて調べることができる．また系列相関の存在が認められるときには，コクラン・オーカット法などの手法がよく用いられる．これらの方法については計量経済学をはじめ応用統計の教科書で説明されている．

第 III 部　統計的推測

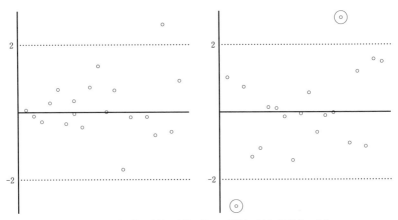

図 12.4　残差分析：（左）分散不均一の問題，（右）異常値の有無

（分散の不均一性） 図 12.4 の左の図のように，x_i が大きくなるにつれて $e_{s,i}$ のバラツキが大きくなる傾向が認められるときには，分散の均一性が疑われるので，重み付き最小 2 乗法の適用を行う．

（異常値の有無） 図 12.4 の右の図のように，ある $e_{s,i}$ の値が x 軸からかけ離れているときには，**異常値** (outlier) であると疑った方がよい．回帰分析の結果は異常値に大きく影響を受けるので，いったんその異常値を除いて回帰分析を行ってみる．その結果，分析結果にあまり変化がなければ問題がないが，結果が大きく変わった場合には異常値の妥当性を検討し，それを除外するか否かを判断した上で分析すべきである．

（分布の非正規性） $e_{s,i}$ の値がしばしば $-2 \sim 2$ の範囲を超えているときには分布の正規性が疑われる．その場合は，正規分布の仮定のもとで導かれる結果が使えないので，検定や信頼区間を構成する際に注意が必要である．

例 12.1　例 4.2 で使ったデータを再度分析してみよう．人口 (x) と一般行政職員数 (y) のデータが次の表で与えられる．ただし人口の単位は 10,000 人，職員数の単位は 100 人である．

第 12 章 回帰分析

番号	1	2	3	4	5	6	7	8
人口	7.7	4.7	14.4	7.8	5.3	5.2	8.1	4.6
職員数	3.4	2.1	7.1	3.9	2.7	2.7	4.4	2.6

番号	9	10	11	12	13	14	15
人口	20.0	5.7	11.2	11.1	4.0	4.9	6.6
職員数	11.5	3.3	6.6	6.7	2.5	3.1	4.3

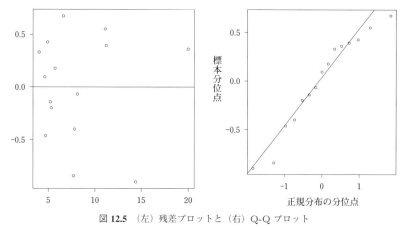

図 12.5 （左）残差プロットと（右）Q-Q プロット

このデータを x-y 平面にプロットしたものが 72 頁の図 4.8 であり，回帰分析により得られる回帰直線は $y = -0.07 + 0.56x$ で与えられる．回帰分析がうまくいっているか調べるために残差プロットと Q-Q プロットを描いてみたのが図 12.5 である．残差プロットは横軸に x の値，縦軸に残差の値をとっているが，x 軸を中心に不規則にプロットされており残差を見る限り特に問題はない．残差の Q-Q プロットは，横軸に正規分布の分位点，縦軸に残差の点をとっており，直線の近くにプロットされていれば正規分布の仮定が妥当であることを意味している．Q-Q プロットの説明は例 11.9 で与えられている．図 12.5 の Q-Q プロットをみると，正規性の仮定は悪くないように思われる．決定係数は $R^2 = 0.96$ となり回帰直線への当てはまりはよい．

$\bar{x} = 8.08, S_{xx} = 18.35$ であり (12.2) より，

第 III 部　統計的推測

$$\begin{pmatrix} \hat{\alpha} \\ \hat{\beta} \end{pmatrix} \sim \mathcal{N}_2 \left(\begin{pmatrix} \alpha \\ \beta \end{pmatrix}, \sigma^2 \begin{pmatrix} 3.63 & -0.44 \\ -0.44 & 0.05 \end{pmatrix} \right)$$

α, β の推定値は $\hat{\alpha} = -0.07$, $\hat{\beta} = 0.56$ であり，分散 σ^2 の不偏推定値は $\hat{\sigma}^2 = 0.2562$ である．自由度は $n - 2 = 13$ であるから，自由度 13 の t-分布の上側 2.5％ 点は $t_{13, 0.025} = 2.16$ となる．したがって，$H_0 : \beta = 0$ の検定の棄却域は

$$|\hat{\beta}| \geq t_{n-2, \alpha/2} \frac{\hat{\sigma}}{\sqrt{S_{xx}}} = 0.255$$

となるので，$\hat{\beta} = 0.56$ の値は棄却域の中に入っている．したがって，帰無仮説 H_0 の検定は有意となり，人口から職員数への因果関係はあると統計的に判断される．また信頼係数 95％ の β の信頼区間は $[\hat{\beta} - 0.255, \hat{\beta} + 0.255]$ より $[0.30, 0.81]$ で与えられる．

人口 10 万人の市に対する一般行政職員数を予測したいときには，予測値は $\hat{y}_0 = \hat{\alpha} + \hat{\beta}x_0 = -0.07 + 0.56 \times 10 = 5.53$ より 533 人となり，その信頼係数 95％ の予測信頼区間は，$\sqrt{\hat{\sigma}^2 \{1 + n^{-1} + (x_0 - \overline{x})^2 / S_{xx}\}} t_{n-2, \alpha/2} = 1.19$ より，$(5.53 \pm 1.19) \times 100 = [434, 672]$ となる．

12.3　重回帰モデル

1 章の例 1.4 では，父親の身長を用いて息子の身長を説明するのに単回帰モデルが用いられた．しかし，父親の身長以外に母親の身長など他のデータも利用可能なときにはそれらのデータを用いて息子の身長を説明した方がデータへの当てはまりのよい回帰直線を作ることができると考えられる．

一般に，k 個の説明変数 $x_1, \ldots, x_k$ を用いて y を説明する回帰直線

$$y = \beta_0 + \beta_1 x_1 + \cdots + \beta_k x_k$$

を求めることを考える．例えば，x_1 が父親の身長，x_2 が母親の身長などである．n 個のデータ $(y_1, x_{11}, \ldots, x_{k1}), \ldots, (y_n, x_{1n}, \ldots, x_{kn})$ が観測されたとき，

248

$$y_i = \beta_0 + \beta_1 x_{1i} + \cdots + \beta_k x_{ki} + u_i, \quad i = 1, \ldots, n \tag{12.6}$$

となるモデルを**重回帰モデル** (multiple linear regression model) といい，$\beta_1, \ldots, \beta_k$ を**偏回帰係数** (partial regression coefficient) という.

■最小 2 乗推定量

一般の場合は数理統計学もしくは計量経済学など応用統計の教科書を参照するとして，ここでは $k = 2$ の場合について簡単に説明する．そのためには行列を用いると便利である．行列の基本的な説明が付録 2 で与えられているので参照してほしい．$k = 2$ の場合，重回帰モデル (12.6) は行列を用いて

$$
\begin{pmatrix} y_1 \\ \vdots \\ y_n \end{pmatrix} = \begin{pmatrix} 1 & x_{11} & x_{21} \\ \vdots & \vdots & \vdots \\ 1 & x_{1n} & x_{2n} \end{pmatrix} \begin{pmatrix} \beta_0 \\ \beta_1 \\ \beta_2 \end{pmatrix} + \begin{pmatrix} u_1 \\ \vdots \\ u_n \end{pmatrix}
$$

と表される．$(\beta_0, \beta_1, \beta_2)$ の最小 2 乗推定量は次の方程式の解として与えられる.

$$
\begin{pmatrix} 1 & \cdots & 1 \\ x_{11} & \cdots & x_{1n} \\ x_{21} & \cdots & x_{2n} \end{pmatrix} \begin{pmatrix} y_1 \\ \vdots \\ y_n \end{pmatrix}
$$

$$
= \begin{pmatrix} 1 & \cdots & 1 \\ x_{11} & \cdots & x_{1n} \\ x_{21} & \cdots & x_{2n} \end{pmatrix} \begin{pmatrix} 1 & x_{11} & x_{21} \\ \vdots & \vdots & \vdots \\ 1 & x_{1n} & x_{2n} \end{pmatrix} \begin{pmatrix} \beta_0 \\ \beta_1 \\ \beta_2 \end{pmatrix}
$$

これを正規方程式といい，行列の積を計算すると，

$$
\begin{pmatrix} \overline{y} \\ w_{1y} \\ w_{2y} \end{pmatrix} = \begin{pmatrix} 1 & \overline{x}_1 & \overline{x}_2 \\ \overline{x}_1 & w_{11} & w_{12} \\ \overline{x}_2 & w_{21} & w_{22} \end{pmatrix} \begin{pmatrix} \beta_0 \\ \beta_1 \\ \beta_2 \end{pmatrix}
$$

第 III 部 統計的推測

と表される．ここで，$w_{1y} = n^{-1} \sum_{i=1}^{n} x_{1i} y_i$，$w_{2y} = n^{-1} \sum_{i=1}^{n} x_{2i} y_i$，$w_{ab} = n^{-1} \sum_{i=1}^{n} x_{ai} x_{bi}$，$(a, b = 1, 2)$ である．したがって，$(\beta_0, \beta_1, \beta_2)$ の最小 2 乗推定量は連立方程式

$$
\begin{cases}
\overline{y} = \beta_0 + \overline{x}_1 \beta_1 + \overline{x}_2 \beta_2 \\
w_{1y} = \overline{x}_1 \beta_0 + w_{11} \beta_1 + w_{12} \beta_2 \\
w_{2y} = \overline{x}_2 \beta_0 + w_{21} \beta_1 + w_{22} \beta_2
\end{cases}
$$

の解となる．逆行列を

$$
\begin{pmatrix}
1 & \overline{x}_1 & \overline{x}_2 \\
\overline{x}_1 & w_{11} & w_{12} \\
\overline{x}_2 & w_{21} & w_{22}
\end{pmatrix}^{-1}
= n
\begin{pmatrix}
a_{11} & a_{12} & a_{13} \\
a_{21} & a_{22} & a_{23} \\
a_{31} & a_{32} & a_{33}
\end{pmatrix}
$$

とおくと，結局，$(\beta_0, \beta_1, \beta_2)$ の最小 2 乗推定量 $(\hat{\beta}_0, \hat{\beta}_1, \hat{\beta}_2)$ は

$$
\begin{pmatrix}
\hat{\beta}_0 \\
\hat{\beta}_1 \\
\hat{\beta}_2
\end{pmatrix}
= n
\begin{pmatrix}
a_{11} & a_{12} & a_{13} \\
a_{21} & a_{22} & a_{23} \\
a_{31} & a_{32} & a_{33}
\end{pmatrix}
\begin{pmatrix}
\overline{y} \\
w_{1y} \\
w_{2y}
\end{pmatrix}
$$

で与えられる．また，残差平方和 RSS は

$$
\mathrm{RSS} = \sum_{i=1}^{n} \big\{ y_i - \hat{\beta}_0 - \hat{\beta}_1 x_{1i} - \hat{\beta}_2 x_{2i} \big\}^2
$$

で与えられ，σ^2 の不偏推定量は

$$
\hat{\sigma}^2 = \frac{1}{n-3} \mathrm{RSS} \tag{12.7}
$$

となる．

■標本分布と t-検定

　誤差項の確率分布について，$u_1, \ldots, u_n$, i.i.d. $\sim \mathcal{N}(0, \sigma^2)$ を仮定すると，次のように分布することが知られている．

(a) $\hat{\beta}_0 \sim \mathcal{N}(\beta_0, a_{11}\sigma^2)$, $\hat{\beta}_1 \sim \mathcal{N}(\beta_1, a_{22}\sigma^2)$, $\hat{\beta}_2 \sim \mathcal{N}(\beta_2, a_{33}\sigma^2)$

第 12 章　回帰分析

(b) $(n-3)\hat{\sigma}^2/\sigma^2 \sim \chi^2_{n-3}$

(c) $(\hat{\beta}_0, \hat{\beta}_1, \hat{\beta}_2)$ と $\hat{\sigma}^2$ は独立に分布する.

回帰係数に関する検定を考えよう. 既知の $\beta_{0,i}$ に対して,

$$H_0 : \beta_i = \beta_{0,i} \text{ vs } H_1 : \beta_i \neq \beta_{0,i}$$

を検定するには, $\hat{\beta}_i \sim \mathcal{N}(\beta_i, \sigma^2 a_{i+1,i+1})$ となることに注意すると, H_0 のもとで $(\hat{\beta}_i - \beta_{0,i})/(\sqrt{a_{i+1,i+1}}\hat{\sigma}) \sim t_{n-3}$ に従う. したがって t-検定の棄却域は

$$R = \{(y_1, \ldots, y_n); |\hat{\beta}_i - \beta_{0,i}|/(\sqrt{a_{i+1,i+1}}\hat{\sigma}) > t_{n-3,\alpha/2}\}$$

で与えられる. また信頼区間は

$$C = [\hat{\beta}_i - \sqrt{a_{i+1,i+1}}\hat{\sigma}t_{n-3,\alpha/2}, \ \hat{\beta}_i + \sqrt{a_{i+1,i+1}}\hat{\sigma}t_{n-3,\alpha/2}]$$

となる.

例 12.2　下の表は 13 人の男子学生とその両親の身長を調べたものである.

番号	1	2	3	4	5	6	7
父親の身長	159	167	168	156	173	164	170
母親の身長	157	155	165	152	165	150	168
息子の身長	165	171	173	165	178	168	180

番号	8	9	10	11	12	13
父親の身長	162	177	160	175	160	168
母親の身長	163	163	160	165	155	157
息子の身長	170	179	173	182	170	176

息子の身長を y, 父と母の身長をそれぞれ x_1, x_2 として, (x_1, y), (x_2, y) の値をプロットしたものが図 12.6 である. 息子の身長を父親の身長に回帰すると, 得られる回帰直線は $y = 47.80 + 0.75x_1$ となり決定係数は $R^2 = 0.78$ となり, 息子の身長を父親の身長で説明することはそれほど悪くなさそうである. 次に息子の身長を母親の身長に回帰してみると, 回帰直線は $y = 53.74 + 0.74x_2$ となるが, 決定係数は $R^2 = 0.57$ となりあまり高くない. このデータを両親の身長に回帰すると得られる回帰直線は $y = 25.42 + 0.57x_1 + 0.32x_2$ となり決定係数は $R^2 = 0.85$ となる. 重回帰モ

251

第 III 部　統計的推測

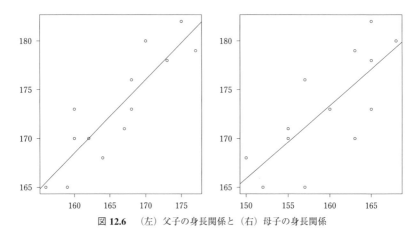

図 12.6　（左）父子の身長関係と（右）母子の身長関係

デルの方が単回帰のモデルよりも決定係数が高くなるものの，父親の身長のみで回帰したときの決定係数との差はさほど高くなく，母親の身長を加えることは意味があるのかという疑問が生ずる．そこで，$H_0 : \beta_2 = 0$ となる仮説の有意性を検定してみよう．行列の逆行列を計算して a_{33} の値を求めると $a_{33} = 0.0043155$ となり，また $\hat{\sigma}^2 = 5.6118$, $t_{10, 0.025} = 2.2281$ より，棄却域は

$$|\hat{\beta}_2| > \sqrt{a_{33}\hat{\sigma}^2} t_{10, 0.025} = 0.3467$$

となる．このとき $\hat{\beta}_2 = 0.3263$ の値は棄却域に入らないので，帰無仮説 $H_0 : \beta_2 = 0$ の検定は有意でない．このことは，母親の身長が高ければ息子の身長も高くなるという因果関係は統計的に認められないことを意味することになり，重回帰を用いなくても単回帰 $y = 47.80 + 0.75 x_1$ で十分であるという解析結果になる．

例 12.3　下の表は東北・関東甲信越地方の 13 の県について人口 (x_1)，県民所得 (x_2) と一般行政職員数 (y) を調べたデータである．ただし人口の単位は 1,000,000 人，職員数の単位は 1,000 人，所得の単位は 1 兆円である．

番号	1	2	3	4	5	6	7
人口	1.48	1.41	2.24	1.22	1.25	2.10	2.84
所得	3.22	3.12	5.70	2.78	2.91	5.37	7.99
職員数	5.98	5.23	5.73	5.00	5.03	6.81	6.84

番号	8	9	10	11	12	13
人口	1.93	1.96	2.47	0.85	2.15	3.67
所得	5.69	5.51	6.26	2.29	6.06	10.91
職員数	5.51	4.99	7.49	3.64	6.38	6.84

人口, 県民所得, 一般行政職員数の関係を調べるため (x_1, y), (x_2, y) の値をプロットしたものが図 12.7 の上段左と上段右の図である. 職員数を人口に回帰すると, 得られる回帰直線は $y = 3.65 + 1.09x_1$ となり決定係数は $R^2 = 0.61$ となる. 次に職員数を県民所得に回帰してみると, 回帰直線は $y = 4.20 + 0.30x_2$, 決定係数は $R^2 = 0.49$ となる. このデータを人口と県民所得に回帰すると得られる回帰直線は $y = 2.46 + 4.86x_1 - 1.19x_2$ となり決定係数は $R^2 = 0.81$ となる.

重回帰モデルの方が単回帰のモデルよりもかなり決定係数が高くなるので, 両方の説明変数を用いた方がいいと思われるが, x_2 の符号が負になっており, 単回帰のときと異なる符号になるのが疑問である. そこで, 人口と県民所得の関係をプロットしてみると図 12.7 の下のようになり, 人口と県民所得の間にはかなり強い正の相関があることがわかる. 実際, 相関係数は $r_{x_1, x_2} = 0.98$ となる. x_2 自体が x_1 でかなりの部分を説明されてしまうため, x_2 の符号が負になるという現象が現れた訳である. このように説明変数同士の間に強い相関が認められることを**多重共線性**といい, 重回帰分析において注意すべき点の 1 つとして知られている. この場合の解析方法は計量経済学をはじめ応用統計の教科書などで学習していく.

12.4 分散分析

医薬生物学での臨床実験を始め, 農事試験, 工業実験, 心理学実験, 最近では経済学における政策評価などにおいては, 関心のある処理や方法などが

第 III 部　統計的推測

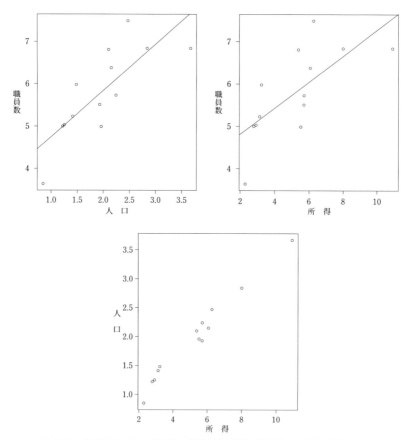

図 **12.7**　（上段左）人口 – 職員数，（上段右）所得 – 職員数，（下段）所得 – 人口

効果があるのかを調べるために，実験を計画してデータをとる場合がある．例えば，新薬の有効性を検証するために，新薬を投与する群（処理群）とプラセボという偽薬（薬を真似たもので効果が無いもの）を投与する群（対照群）に分けて実験を行い，それぞれの群から得られたデータに基づいて，処理群と対照群との間に有意な差がみられるかを検定する．このように，処理や方法などの違いにより効果に差が出るかを検証するために適切な実験を組み立てることを**実験計画** (design of experiment) という．上の例では処理群と対照群の 2 群からなるので実験計画は簡単であるが，問題によっては

第 12 章　回帰分析

複雑な実験を組む必要がある．また臨床実験のように 1 つのデータをとる
のに少なからずコストがかかるのであれば，少ないデータで効果的に検証で
きるような実験を組むことが求められる．こうした観点から，実験計画法は
統計学の重要な分野として位置づけられており学問としても体系化されてい
る．

例 12.4　カフェインの摂取の量が興奮度にどの程度影響するかを調べるた
めに，次のような簡単な実験を行った．体型がほぼ同程度で同年齢の男子
大学生 30 人について，指叩き (finger tapping) の練習を事前に行っておく．
カフェインが入っていない飲み物（プラセボ），100 mg のカフェインが入
った飲み物，200 mg のカフェインが入った飲み物を，それぞれ 10 人ずつ
ランダムに割り付ける．どの程度のカフェインが入っているかなどについ
て本人には知らされておらず，摂取後 2 時間が経過した頃に，1 分当たりの
指叩きの回数を数えてみた結果が次の表で与えられる．（Draper and Smith
(1998) Applied Regression Analysis より引用）

処理	1	2	3	4	5	6	7	8	9	10
カフェイン　　0 mg	242	245	244	248	247	248	242	244	246	242
カフェイン 100 mg	248	246	245	247	248	250	247	246	243	244
カフェイン 200 mg	246	248	250	252	248	250	246	248	245	250

この実験データから，カフェインの量は興奮度（指叩きの回数）に影響する
と考えていいだろうか．

　上の例において 0 mg, 100 mg, 200 mg のカフェインを摂取することを一
般に**処理** (treatment) といい，ここではそれぞれを $i = 1$, $i = 2$, $i = 3$ で表
すことにする．また 0 mg のカフェインを摂取するグループを対照群，100
mg, 200 mg のカフェインを摂取するグループを処理群とも呼んでいる．処
理 i における j 番目の学生のデータを y_{ij} で表し，処理 i に対する母集団平
均を θ_i とすると，一般に

$$y_{ij} = \theta_i + \varepsilon_{ij}, \quad i = 1, \ldots, k, \ j = 1, \ldots, n_i,$$

となるモデルが考えられる．上の例は，$k = 3$, $n_1 = n_2 = n_3 = 10$ に対応す

255

第 III 部 統計的推測

る．ここで，ε_{ij} は互いに独立な確率変数で正規分布 $\mathcal{N}(0, \sigma^2)$ に従うものとする．これを 1 元配置の**分散分析モデル** (analysis of variance model) という．$\mu = \sum_{i=1}^{k} n_i \theta_i / \sum_{i=1}^{k} n_i$ とおくと，$\theta_i = \mu + (\theta_i - \mu)$ と分解できるので，$\alpha_i = \theta_i - \mu$ とおくと，分散分析モデルは

$$y_{ij} = \mu + \alpha_i + \varepsilon_{ij}, \quad i = 1, \ldots, k, \; j = 1, \ldots, n_i,$$

と書き直すことができる．ただし，$\sum_{i=1}^{k} n_i \alpha_i = 0$ を満たす必要がある．分散分析モデルというと，こちらのモデルで表現されることが多い．

さて，問題は平均の間に差があるかを検証することにあるので，帰無仮説

$$H_0 : \theta_1 = \theta_2 = \cdots = \theta_k$$

を検定することが目標になる．対立仮説は，どれかの i, j について $\theta_i \neq \theta_j$ となることである．この検定を行うために次のような平方和の分解を考える．$N = \sum_{i=1}^{k} n_i, \overline{y}_{i.} = \sum_{j=1}^{n_i} y_{ij} / n_i, \overline{y}_{..} = \sum_{i=1}^{k} n_i \overline{y}_{i.} / N$ とおくとき，

$$\sum_{i=1}^{k} \sum_{j=1}^{n_i} (y_{ij} - \overline{y}_{..})^2$$
$$= \sum_{i=1}^{k} \sum_{j=1}^{n_i} \{(y_{ij} - \overline{y}_{i.}) + (\overline{y}_{i.} - \overline{y}_{..})\}^2$$
$$= \sum_{i=1}^{k} n_i (\overline{y}_{i.} - \overline{y}_{..})^2 + \sum_{i=1}^{k} \sum_{j=1}^{n_i} (y_{ij} - \overline{y}_{i.})^2$$

と分解できる．$\mathrm{SSB} = \sum_{i=1}^{k} n_i (\overline{y}_{i.} - \overline{y}_{..})^2, \mathrm{SSW} = \sum_{i=1}^{k} \sum_{j=1}^{n_i} (y_{ij} - \overline{y}_{i.})^2$ をそれぞれ**群間平方和** (between sum of squares), **群内平方和** (within sum of squares) という．また自由度はそれぞれ $k-1$, $N-k$ であるので，$\mathrm{MSB} = \mathrm{SSB}/(k-1), \mathrm{MSW} = \mathrm{SSW}/(N-k)$ とおいたものが平均平方 (mean square) になる．SSW/σ^2 は自由度 $N-k$ のカイ 2 乗分布 χ_{N-k}^2 に従うので，$\mathrm{SSW}/(N-k)$ が σ^2 の不偏推定量になる．SSB についても帰無仮説が正しければ SSB/σ^2 は χ_{k-1}^2 に従うことになる．帰無仮説が正しくなければ，SSB/σ^2 は χ_{k-1}^2 には従わず，もっと大きな値になることがわかる．したがって，SSB を検定統計量として用いることができる．SSB と SSW は独立に分布

256

するので,

$$F = \frac{\mathrm{SSB}/(k-1)}{\mathrm{SSW}/(N-k)}$$

となる F-検定統計量を用いると,帰無仮説のもとでは自由度 $(k-1, N-k)$ の F-分布に従うので,その値が $F_{k-1,N-k,\alpha}$ を超えるとき帰無仮説 H_0 が棄却される.これらの値を一覧表にまとめたものが**分散分析表** (ANOVA table) である.

変動の種類	自由度	平方和	平均平方	F 統計量
群間変動	$k-1$	SSB= $\sum n_i(\overline{y}_{i.} - \overline{y}_{..})^2$	MSB= SSB/$(k-1)$	$F=$ MSB/MSW
群内変動	$N-k$	SSW= $\sum\sum(y_{ij} - \overline{y}_{i.})^2$	MSW= SSW/$(N-k)$	
合計	$N-1$	SST= $\sum\sum(y_{ij} - \overline{y}_{..})^2$		

例 12.4 のデータを分散分析表にまとめてみると次のようになる.

変動の種類	自由度	平方和	平均平方	F 統計量
群間変動	2	61.40	30.70	6.18
群内変動	27	134.10	4.97	
合計	29	195.50		

この場合 $F_{2,27,0.05} = 3.35$ であるので,帰無仮説 H_0 の検定は有意水準 5% で有意になることがわかる.

帰無仮説 $H_0 : \theta_1 = \cdots = \theta_k$ が棄却されるとき,もう少し細かい検定の組み $H_0 : \theta_i = \theta_j, (i \neq j)$,について同時に検定して,どの対 (i, j) について $\theta_i = \theta_j$ が棄却されるのかを調べることもできる.例 12.4 では $k = 3$ であり,$\theta_1, \theta_2, \theta_3$ の間に順序がついているので,$H_0 : \theta_1 = \theta_2, H_0 : \theta_2 = \theta_3$ を同時に検定してみると,どの部分で有意になるかを知ることができる.こうした検定を**多重比較検定** (multiple comparison testing) という.多重比較においては各検定での有意水準の取り方が問題になり様々な方法が提案されている.

この節では,1 元配置の分散分析モデルを扱ったが,2 種類の薬を処方してそれらの効果を調べたいときには,2 元配置の分散分析モデルを用いる必

第 III 部　統計的推測

要がある. この場合, 2 種類の薬の交互作用効果 (相乗効果) の有無などを
考慮する必要があるのでモデルはより複雑になる. このように様々な問題に
対応する実験計画の方法とそれに伴う分散分析の方法が知られている.

12.5　ロジスティック回帰モデル

1 章の例 1.5 で取り上げた 2 値選択問題を思い出そう. 宅地の坪当たりの
価格 (x_i) と購入したか否か (y_i) に関して n 件のデータが観測されていると
する. y_i は購入したか否かを表すデータなので,

$$y_i = \begin{cases} 1 & 購入したとき \\ 0 & 購入しなかったとき \end{cases}$$

という 0-1 の 2 値データの形をとることになる. $P(y_i = 1) = p_i$, $P(y_i = 0) = 1 - p_i$ とおくと, $y_1, \ldots, y_n$ は互いに独立で, $y_i \sim Ber(p_i)$ に従う. 宅
地の価格と購入結果の間の因果関係を解析する問題なので回帰分析を用いる
ことが考えられるが, y_i が 0-1 の 2 値のみをとるベルヌーイ分布に従うの
で, 通常の回帰分析を当てはめることは好ましくない.

そこで, 次のような仮想的なモデルを考えて, 回帰モデルと関係づける.

$$y_i^* = \alpha + \beta x_i + u_i$$

において, y_i は

$$y_i = \begin{cases} 1 & (y_i^* \geq 0 のとき) \\ 0 & (y_i^* < 0 のとき) \end{cases}$$

により定義されるとする. $-u_i$ の分布関数を $F(\cdot)$ とおくと,

$$p_i = P(y_i = 1) = P(y_i^* \geq 0) = P(-u_i \leq \alpha + \beta x_i) = F(\alpha + \beta x_i)$$

と表すことができる. すなわち, 分布関数を通して確率 p_i と $\alpha + \beta x_i$ とを
関係づけることになる.

例えば, 標準正規分布の分布関数 $\Phi(x) = \int_{-\infty}^{x} (2\pi)^{-1/2} \exp\{-z^2/2\} dz$

258

を用いて

$$p_i = \Phi(\alpha + \beta x_i) \tag{12.8}$$

とするモデルを**プロビット・モデル** (probit model) という．また，ロジスティック分布の分布関数を用いて

$$p_i = \exp\{\alpha + \beta x_i\}/(1 + \exp\{\alpha + \beta x_i\}) \tag{12.9}$$

とするモデルを**ロジット・モデルもしくはロジスティック回帰モデル** (logistic regression model) という．$\log\{p_i/(1-p_i)\}$ を**ロジット** (logit) もしくは**対数オッズ** (log odds) といい，

$$\log \frac{p_i}{1 - p_i} = \alpha + \beta x_i$$

となる形で表すことができる．プロビット・モデルでは積分が残ってしまうが，ロジット・モデルでは対数オッズが線形の形で表されるので扱いやすい．いずれにしても，尤度関数は

$$L(\alpha, \beta) = \prod_{i=1}^{n} p_i^{y_i} (1 - p_i)^{1-y_i}, \quad p_i = F(\alpha + \beta x_i)$$

であり，対数尤度関数は

$$\ell(\alpha, \beta)$$
$$= \sum_{i=1}^{n} \left\{ y_i \log F(\alpha + \beta x_i) + (1 - y_i) \log(1 - F(\alpha + \beta x_i)) \right\}$$

と書けるので，この尤度に基づいて数値的に α, β の最尤推定量を求めればよい．また α, β に関する検定についても尤度比検定を構成することができる．

例 12.5　次の表は例 1.5 で用いられたデータを表す．価格 (x) の単位は万円で，購入したときには 1, 購入しなかったときには 0 とする．

第 III 部 統計的推測

番号	1	2	3	4	5	6	7	8	9	10
価格	25	27	28	29	30	32	34	35	37	40
購入	1	1	1	1	1	1	1	1	1	0

番号	11	12	13	14	15	16	17	18	19	20
価格	33	34	35	38	42	45	50	46	43	41
購入	0	0	0	0	0	0	0	0	0	0

価格と購入の関係を調べるため (x, y) の値をプロットしたものが図 12.8 である．このデータにロジスティック回帰モデルを当てはめると，$\hat{\alpha} + \hat{\beta}x = 17.79 - 0.51x$ となり，$H_0 : \beta = 0$ の検定は有意水準 5% で有意となる．

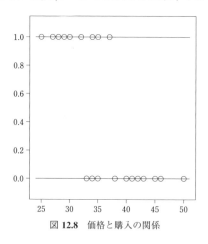

図 12.8 価格と購入の関係

例 12.6 (量 - 反応関係) 薬品の濃度を増すにつれて死亡する虫の個数が増える実験を行った．その結果が次の表で与えられている．$\log_2$（濃度）の値が上段で，下段は死亡したとき 1, 生存しているとき 0 としている．

番号	1	2	3	4	5	6	7	8	9	10
濃度 (x)	0	0	0	0	1	1	1	1	2	2
死亡 (y)	1	0	0	0	0	1	0	0	1	0

番号	11	12	13	14	15	16	17	18	19	20
濃度 (x)	2	2	3	3	3	3	4	4	4	4
死亡 (y)	0	1	1	1	1	0	1	1	1	1

これは量と反応の関係と呼ばれる．このデータにロジスティック回帰モデルを当てはめると，$\hat{\alpha} + \hat{\beta}x = -1.76 + 1.03x$ となり，$H_0 : \beta = 0$ の検定は有意水準 5% で有意となる．

12.6 発展的事項

α と β の最小 2 乗推定量 $\hat{\alpha}$ と $\hat{\beta}$ について，それらの平均，分散，共分散が 12.1 節で与えられている．ここでは，その証明を与えておこう．

命題 12.1 (1) $E[\hat{\beta}] = \beta$, $\mathrm{Var}(\hat{\beta}) = \sigma^2/S_{xx}$

(2) $E[\hat{\alpha}] = \alpha$, $\mathrm{Var}(\hat{\alpha}) = \sigma^2\{n^{-1} + (\overline{x})^2/S_{xx}\}$

(3) $\mathrm{Cov}(\hat{\alpha}, \hat{\beta}) = -\overline{x}\sigma^2/S_{xx}$

(4) $E[e_i] = 0$, $E[\hat{\sigma}^2] = \sigma^2$

(証明) $\overline{u} = n^{-1}\sum_{i=1}^{n} u_i$ とおくと，$y_i - \overline{y} - (x_i - \overline{x})\beta = u_i - \overline{u}$ であり，$\sum_{i=1}^{n}(x_i - \overline{x})\overline{u} = 0$ に注意すると，

$$
\begin{aligned}
\hat{\beta} - \beta &= \frac{\sum_{i=1}^{n}(x_i - \overline{x})\{(y_i - \overline{y}) - (x_i - \overline{x})\beta\}}{S_{xx}} \\
&= \frac{\sum_{i=1}^{n}(x_i - \overline{x})(u_i - \overline{u})}{S_{xx}} = \frac{\sum_{i=1}^{n}(x_i - \overline{x})u_i}{S_{xx}}
\end{aligned}
$$

となる．これより，$E[\hat{\beta} - \beta] = 0$, $\mathrm{Var}(\hat{\beta}) = E[(\hat{\beta} - \beta)^2] = \sum_{i=1}^{n}(x_i - \overline{x})^2 E[u_i^2]/S_{xx}^2 = \sigma^2/S_{xx}$ が得られる．また，

$$
\hat{\alpha} - \alpha = \overline{u} - \overline{x}(\hat{\beta} - \beta) = \sum_{i=1}^{n}\Big\{\frac{1}{n} - \frac{(x_i - \overline{x})\overline{x}}{S_{xx}}\Big\}u_i
$$

より，$E[\hat{\alpha} - \alpha] = 0$ であり，

$$
\begin{aligned}
\mathrm{Var}(\hat{\alpha}) &= E[(\hat{\alpha} - \alpha)^2] \\
&= \sum_{i=1}^{n}\Big\{\frac{1}{n} - \frac{(x_i - \overline{x})\overline{x}}{S_{xx}}\Big\}^2 E[u_i^2]
\end{aligned}
$$

となるので，(2)で与えられた式が得られる．同様にして

261

第 III 部　統計的推測

$$\mathrm{Cov}(\hat{\alpha}, \hat{\beta}) = E[(\hat{\alpha} - \alpha)(\hat{\beta} - \beta)]$$
$$= \frac{1}{S_{xx}} \sum_{i=1}^{n} (x_i - \overline{x}) \left\{ \frac{1}{n} - \frac{(x_i - \overline{x})\overline{x}}{S_{xx}} \right\} E[u_i^2]$$

と書けるので，(3)が得られる．(4)については，$e_i = y_i - \overline{y} - (x_i - \overline{x})\hat{\beta} = (x_i - \overline{x})\beta + (u_i - \overline{u}) - (x_i - \overline{x})\hat{\beta} = (u_i - \overline{u}) - (x_i - \overline{x})(\hat{\beta} - \beta)$ と表されるので，$E[e_i] = 0$ となる．また，

$$\sum_{i=1}^{n} E[e_i^2] = \sum_{i=1}^{n} E[(u_i - \overline{u})^2]$$
$$- 2 \sum_{i=1}^{n} (x_i - \overline{x}) E[(u_i - \overline{u})(\hat{\beta} - \beta)]$$
$$+ \sum_{i=1}^{n} (x_i - \overline{x})^2 E[(\hat{\beta} - \beta)^2]$$

と書ける．ここで，

$$\sum_{i=1}^{n} E[(u_i - \overline{u})^2] = \sum_{i=1}^{n} E[u_i^2] - nE[\overline{u}^2]$$
$$= n\sigma^2 - n\frac{\sigma^2}{n} = (n-1)\sigma^2$$

$$\sum_{i=1}^{n} (x_i - \overline{x}) E[(u_i - \overline{u})(\hat{\beta} - \beta)]$$
$$= \sum_{i=1}^{n} (x_i - \overline{x}) E[u_i \frac{\sum_{j=1}^{n}(x_j - \overline{x})u_j}{S_{xx}}] = \sigma^2$$

となり，$\sum_{i=1}^{n}(x_i - \overline{x})^2 E[(\hat{\beta} - \beta)^2] = S_{xx}\sigma^2/S_{xx} = \sigma^2$ より，$\sum_{i=1}^{n} E[e_i^2] = (n-1)\sigma^2 - 2\sigma^2 + \sigma^2 = (n-2)\sigma^2$ となるので，(4)が成り立つ．

262

第 **IV** 部

社会・経済・時系列データ

第13章

経済・社会データと統計分析

　　社会・経済で利用されている統計データは多種多様であるが，国民が負担している税金を利用して作成・公表されている公的データと企業など民間団体がそれぞれの目的のために作成している民間データがある．本章では社会・経済における統計データを理解，活用していく為の統計データの基礎事項を概観する[1]．

■経済・社会の統計データ

　経済，社会では様々な統計データが利用されているが，自然科学，工学・医学・薬学などで利用できる実験データとは異なり，観察データであることが多い．統計データを大まかに**クロス・セクション・データ** (cross section data) と**時系列データ** (time series data) に分けると，クロス・セクション・データとは個人や企業などのある母集団についてその構成員に関する統計調査から得られるデータである．中央や地方の政府部局が調査・集計・公表している1次データとしての公的統計（政府統計）の多くはクロス・セクション・データである．公的統計としては国勢調査をはじめ多くの統計調査があるが，一例を挙げれば総務省統計局が調査を実施し公表している家計調査は標本調査法に基づき，毎月全国から約 9,000 世帯の家計の家計簿を調査して集計されているという．家計の経済行動を知る上で重要な統計データである．クロスセクション・データとして得られる統計データには市町村，県・地域，国をはじめ空間的広がりのある空間データも含まれるが，さらにクロスセクション・データを（同一の対象について）長期的に調査して

---

1)　経済統計に関する基本文献としては中村隆英・新家健精・美添泰人・豊田敬『経済統計入門（第2版）』（東京大学出版会）などが挙げられる．

265

第 IV 部　社会・経済・時系列データ

得られる**パネル・データ** (panel data) も重要である.

経済・社会の統計データとしては公的統計ではない民間統計も少なくない. 新聞社やテレビ局が実施している内閣支持率や選挙予測などの世論調査を始め, 企業や調査会社が実施している調査データの収集や分析は民間の経済活動, 情報収集活動の一部である. 近年ではコンビニやスーパーマーケットのレジで得られる**POS(Point of Sales) データ**をはじめ, 大規模に収集された（**ビッグデータ**と呼ばれている）データの活用も活発である. 民間データと公的統計の主要な相違は, 前者は企業倫理, 個人情報の規制などはあるものの, 後者はそれに加えて統計法により調査, 収集, 公表, 利用などの規則が厳しく定められていることにある. **統計法**では特に政府が実施する**基幹統計**[2)]を定めている. こうした公的調査には国民は協力することが法的に義務付けられている反面, データの目的外の利用については厳しく制限されている. また基幹統計などの公的統計は国民の税金により作成されているので, コスト面での制約の中で情報の価値を高める為に科学的方法である標本調査法に基づいて設計, データが集計されている. これに対して民間統計にはコスト面での制約の他, 統計調査の設計などについて公表義務はないのでデータ情報の信頼性の評価はもっぱら利用者の責任になる.

13.1　有限母集団と標本調査

統計分析の対象となる母集団としては**有限母集団**と**無限母集団**が考えられる. ここで前章までに説明した統計分析, 例えば正規分布の母集団のように, 無限母集団からの標本として得られた統計データについての議論が多いことに注意しておこう. 無限母集団の設定は十分に意味あることが多いが, 経済・社会のデータ分析を例に改めて考察することは十分な意味がある.

例えば日本人の全体, 製造業に従事している人全体など経済・社会集団を分析する多くの場合には対象とする集合は明らかに有限母集団である. すなわち家計調査など公的統計で調査対象となる集団はほとんど有限母集団と

---

2)　2015 年 10 月現在で 55 の統計が指定されている. 政府統計についての詳細は政府統計の窓口 e-stat (https://www.e-stat.go.jp/) より知ることができる.

第 13 章 経済・社会データと統計分析

考えられる．これに対して分析対象となる事象の数が有限とは見なしにくい
状況もむろん考えられる．例えばルーレットでの針の角度，ある製品の寿命
などでは変数の取りうる値は無限個なので無限母集団を対象とするのが自然
である．また分析対象が有限母集団であっても，母集団の大きさが非常に大
きい場合には，それがあたかも無限母集団である，と見なして分析すること
が有効なことも少なくない．国内総生産（GDP）や株式価格など多くの経
済変数は最小単位があるので厳密には離散変数であるが，しばしばあたかも
連続変数と見なして統計分析が行われている．データ分析で扱われるのはサ
ンプリングにより得られる統計データばかりではないが，母集団からの標本
データという問題設定により有益な統計分析が可能となることも少なくない．

またデータが非常に大きい場合（ビッグデータと呼ばれることがある），
まずは原データ（**1 次データ**）よりサンプリング，あるいは層別などで加工
した **2 次データ**より有益な情報が得られることがある．そうした場合には 2
次データが調査の本来の目的としている母集団の性質を調べる上でバイアス
（偏り）を持たないか否か，データ分析の重要な論点である．

■有限母集団からの標本分布

母集団の大きさ N，標本抽出により得られる標本数を n としよう．$N <$
∞ かつ $N = n$ のときこの標本調査を全数調査（センサス）と呼ぶ．全数調
査で得られるデータ，**センサス・データ**の代表的な例としては日本の全人口
を調べる「国勢調査」が挙げられる．日本では**国勢調査**は 1920 年に初めて
行われ，戦争の時期を除いて 5 年に 1 度ずつ実施されている．5 年に 1 度し
か行われない理由は全国を対象とする国勢調査を行うには多大の労力と費
用を要するからである．国勢調査の他に日本において全数調査が行われてい
る政府統計調査としては総務省（統計局），経済産業省の「経済センサス」，
経済産業省の「工業統計」「商業統計」や「農林業センサス」などがあるが，
公的統計調査の全体からみると限られている．公的統計の調査では多くの場
合には $n << N$（N は n に比べて十分に大きい）であるが，標本調査法に
基づく調査により統計データを得ることにより一定の信頼性を確保してい
る．

267

第 IV 部　社会・経済・時系列データ

表 13.1　標本調査の例

調査名	標本数	調査対象	調査法	調査機関
家計調査	約 9,000 世帯	約 4,956 万世帯	層別 3 段抽出法	総務省（統計局）
労働力調査	約 4 万世帯	総人口	層化 2 段抽出法	総務省（統計局）
賃金構造基本調査	約 140 万人	約 2,950 万人	層化 2 段抽出法	厚労省
毎月勤労統計調査	約 33,000 事業所	事業所	層別 2 段抽出法	厚労省

　母集団からの標本抽出の基本は無作為抽出（ランダム・サンプリング）である．ここでランダム・サンプリングとは，母集団よりどの個体も同じ確率で標本として抽出する（人工的）メカニズムを意味するが，計算機により疑似乱数を発生させたり，乱数表と呼ばれる数表を用いて "でたらめ"(random) な値にしたがい母集団の構成員を示す母集団名簿から標本を取り出す**標本調査**が行われている．ここで幾つかの公的統計調査を表 13.1 に示しておこう．

　大きさ N の有限母集団から 1 個の標本をランダムに取り出せば残った母集団の大きさは $N-1$ となる．次に 1 個の標本を取り出せば残りの母集団は $N-2$ の大きさになる．このように母集団の大きさ N から大きさ n の標本 $(X_1, \cdots, X_n)$ を取るとき標本がある数値（データ）の組 $(x_1, \cdots, x_n)$ となる確率は

$$P(X_1(\omega) = x_1, \cdots, X_n(\omega) = x_n) = \frac{1}{N} \frac{1}{N-1} \cdots \frac{1}{N-n+1} \quad (13.1)$$

であり，こうした標本の選び方を非復元抽出と呼ぶ．他方，大きさ N の母集団から 1 個の標本を抽出する際，抽出した標本を再び元に戻して 2 個目の標本を最初と同一の母集団からあらためて取り出す操作も考えられる．このときには大きさ N の母集団から n 個の標本の組 $(X_1, \cdots, X_n)$ が特定の値 $(x_1, \cdots, x_n)$ をとる確率は

$$P(X_1(\omega) = x_1, \cdots, X_n(\omega) = x_n) = \left(\frac{1}{N}\right)^n \quad (13.2)$$

であり，この操作を**復元抽出** (sampling with replacement) と呼ぶ．復元抽出の方が**非復元抽出**よりも確率計算は簡単になるが，調査の実務では非復元抽出が一般的である．

第 13 章　経済・社会データと統計分析

大きさ N の母集団から n 個の標本 $(X_1, \cdots, X_n)$ が得られるとき，n 個の標本を確率変数の組と見ると，標本から様々な統計量が構成される．標本平均は $\overline{X} = (1/n) \sum_{i=1}^{n} X_i$，不偏分散は $V^2 = [1/(n-1)] \sum_{i=1}^{n} (X_i - \overline{X})^2$ である．有限母集団の (真の) 平均と分散をそれぞれ $\mu_N = (1/N) \sum_{i=1}^{N} x_i$，$\sigma_N^2 = (1/N) \sum_{i=1}^{N} (x_i - \mu_N)^2$ により定めると，標本平均 $\overline{X}$ と不偏分散 V^2 について次の結果を得る．

定理 13.1　大きさ N の有限母集団から無作為 (ランダム) 非復元抽出により得られる n 個の標本 $(X_1, \cdots, X_n)$ の標本平均と不偏分散について

$$E(\overline{X}) = \mu_N \tag{13.3}$$

$$\mathrm{Var}(\overline{X}) = \frac{N-n}{N-1} \frac{\sigma_N^2}{n} \tag{13.4}$$

$$E(V^2) = \frac{N}{N-1} \sigma_N^2 \tag{13.5}$$

が成り立つ．

(証明)　大きさ N の有限母集団からの標本平均を

$$\overline{X} = \frac{1}{n} \sum_{i=1}^{N} a_i x_i \tag{13.6}$$

と表す．ここで $1, 0$ の値をとる確率変数 $\{a_i\}$ は母集団の i 番目の要素 x_i が標本に入るか否かを表し，確率は $P(a_i = 1) = n/N$，$P(a_i = 0) = 1 - n/N$ で与えられる．系列 $\{a_i\}$ は確率 $p = n/N$ のベルヌイ試行とみると期待値と分散は $E(a_i) = n/N$，$\mathrm{Var}(a_i) = (n/N)[1 - (n/N)]$ となる．したがって期待値 (13.3) を得る．ここで $i \neq j$ に対して共分散は

$$\mathrm{Cov}(a_i, a_j) = E(a_i a_j) - E(a_i)E(a_j)$$
$$= \frac{n}{N} \frac{n-1}{N-1} - \left(\frac{n}{N}\right)^2$$

より $-[n/\{N(N-1)\}][1 - (n/N)]$ となる．標本平均の分散は

269

第 IV 部　社会・経済・時系列データ

$$\mathrm{Var}(\overline{X}) = \frac{1}{n^2}\Big\{ \sum_{i=1}^{N} x_i^2 \mathrm{Var}(a_i) + \sum_{i \neq j} x_i x_j \mathrm{Cov}(a_i, a_j) \Big\}$$

$$= \frac{1}{n^2}\frac{n}{N}\frac{1}{N-1}\Big(1 - \frac{1}{N}\Big)\Big\{(N-1)\sum_{i=1}^{N} x_i^2 - \sum_{i \neq j} x_i x_j\Big\}$$

$$= \frac{N-n}{N-1}\frac{1}{n}\frac{1}{N^2}\Big\{N\sum_{i=1}^{N} x_i^2 - \Big(\sum_{i \neq j} x_i\Big)^2\Big\}$$

を整理すると $[(N-n)/(N-1)]\sigma_N^2/n$ となり (13.4) が得られる．さらに標本平均の回りの平方和は確率変数 a_i を用いると $\sum_{i=1}^{n}\left(X_i - \overline{X}\right)^2 = \sum_{i=1}^{n} X_i^2 - n\overline{X}^2 = \sum_{i=1}^{N} a_i^2 x_i^2 - n^{-1}\left(\sum_{i=1}^{N} a_i x_i\right)^2$ と表せるので，その期待値は

$$\sum_{i=1}^{N}\Big(\frac{n}{N}\Big)x_i^2 - \frac{1}{n}E\Big(\sum_{i=1}^{N} a_i^2 x_i^2 + \sum_{i \neq j} a_i a_j x_i x_j\Big)$$

$$= \frac{n}{N}\sum_{i=1}^{N} x_i^2 - \frac{1}{n}\Big\{\sum_{i=1}^{N}\Big(\frac{n}{N}\Big)x_i^2 + \sum_{i \neq j}\Big(\frac{n}{N}\Big)\Big(\frac{n-1}{N-1}\Big)x_i x_j\Big\}$$

$$= \frac{n}{N}\sum_{i=1}^{N} x_i^2 - \frac{N-n}{N(N-1)}\sum_{i=1}^{N} x_i^2 - \frac{1}{N}\frac{n-1}{N-1}\sum_{i,j=1}^{N} x_i x_j$$

$$= \frac{n-1}{N-1}\sum_{i=1}^{N} x_i^2 - N\frac{n-1}{N-1}\Big(\frac{1}{N}\sum_{i=1}^{N} x_i\Big)^2$$

と変形できる．これを整理すると $[(n-1)/(N-1)]\sum_{i=1}^{N}(x_i - \mu_N)^2$ となり (13.5) が得られる．

　定理 13.1 の (13.3) より標本平均の期待値は母平均に一致するので不偏性を持つ．(13.4) は標本平均の分散を表す式であり，右辺の係数 $(N-n)/(N-1)$ は**有限母集団修正**と呼ばれている．無限母集団の場合には有限母集団の大きさ $N \to \infty$ となる極限と見なせば修正項は 1 となる．N が大きければ標本分散はほぼ不偏である．さらに標本数を N に依存させ n_N として $\lim_{N\to\infty}\sigma_N^2 \to \sigma^2 > 0$ を仮定すると，$n_N \to \infty$ $(N \to \infty)$ のとき $\sqrt{n_N}[\overline{X} - \mu_N] \overset{\mathcal{L}}{\to} \mathcal{N}(0, \sigma^2)$ となるので，中心極限定理より正規分布の利用が正当化できる．

　実際の標本調査では様々な問題があり，対処のために様々な統計手法が考

270

第 13 章　経済・社会データと統計分析

案されている．例えば母集団から直接的に標本をランダムに選ぶ方法は単純ランダム・サンプリングであるが，調査対象が大きかったり，母集団が明らかに性格の異なる複数の層から構成されている場合には**層別抽出**がしばしば利用されている．全国規模での家計や労働力の調査では，農村と大都市など異なる地域，製造業と非製造業などの業種によりデータのばらつきなどがかなり異なることが観察される．そこであらかじめ層別に標本を抽出することにより偏りを小さくするなどより効率的に標本が得られる方法が利用されている．ここで大きさ N の母集団 x_{ij} $(i = 1, \cdots, m; j = 1, \cdots, N_i)$ を m 個の群に分け，第 i 群の母集団の個数を N_i，標本調査で得られる標本も m 個の群に分け，第 i 群の標本の個数を n_i，i 群の j 番目の標本を X_{ij}，i 層の重みを $w_i = N_i/N, N = N_1 + \cdots + N_m$ で表そう．母集団全体の平均を $\mu = (1/N) \sum_{i=1}^{m} \sum_{j=1}^{N_i} x_{ij}$，第 i 層の母平均を $\mu_i = (1/N_i) \sum_{j=1}^{N_i} x_{ij}$，第 i 層の分散を $\sigma_i^2 = (1/N_i) \sum_{j=1}^{N_i} (x_{ij} - \mu_i)^2$ として母分散を層別分散に分解すると，$\mu_i \neq \mu$ ならば

$$
\begin{aligned}
\sigma_N^2 &= \frac{1}{N} \sum_{i=1}^{m} \sum_{j=1}^{N_i} (x_{ij} - \mu_i + \mu_i - \mu)^2 \\
&= \frac{1}{N} \Big\{ \sum_{i=1}^{m} \sum_{j=1}^{N_i} (x_{ij} - \mu_i)^2 + \sum_{i=1}^{m} N_i (\mu_i - \mu)^2 \Big\} \\
&> \sum_{i=1}^{m} \frac{N_i}{N} \sigma_i^2
\end{aligned}
$$

が成立する．

　例えば大きさ n の標本を層別して母集団の大きさに比例配分 $(w_i = n_i/n = N_i/N)$ すると，第 i 層の標本平均の分散は $\mathrm{Var}[\overline{X}_i] = [(N_i - n_i)/(N_i - 1)][\sigma_i^2/n_i]$ よりある定数 $\epsilon(N, n)(> 0)$ をとり

$$
\mathrm{Var}[\overline{X}] > [1 + \epsilon(N, n)] \, \mathrm{Var}[\sum_{i=1}^{m} w_i \overline{X}_i] \tag{13.7}
$$

と表現できる．ここで n が N に比べて十分に小さい場合には，$\epsilon(N, n)$ が数値的に小さくなるので，σ_N^2 の第 2 項は正であれば層別された標本平均の

271

第 IV 部　社会・経済・時系列データ

ばらつきは全体の標本平均のばらつきよりも小さくできる．すなわち層別抽出法を利用することで標本平均の推定精度の向上が期待できるので，効果的な標本設計が可能となる．

　全国規模の標本調査では単純無作為抽出ではなく，市町村を第 1 次抽出単位（集落，クラスター）としてランダムに抽出し，次に各世帯を第 2 次抽出単位としてランダムに抽出するサンプリングが広く利用されている．この方法は 2 段抽出と呼ばれるが，さらにより小さな調査区を設定する 3 段抽出なども可能である．こうしたサンプリング法は一般に多段抽出法と呼ばれているが，単純な無作為抽出に対して，(i) 費用が節減ができる，(ii) 集計・分析に要する時間を節約できる，(iii) 調査の精度を一定水準に保証できる，などの長所がある．

13.2　時系列データ

　社会・経済の時系列データとしてマクロ経済データや金融データなどは新聞やテレビ・ニュースなどマスメディアにより報道されることもあり人々の関心も高い．人口，所得・消費・投資など国民経済計算，生産などの企業活動，物価や家計などの時系列データは情報としての公共性がある半面，その基礎データの収集や作成には多大の労力と費用がかかることから，政府統計として作成される 1 次統計を基礎にして，さらに加工した 2 次統計として作成，公表されることが多い．したがって，時系列データの利用においては 1 次基礎データのサンプリングとともに各時系列データの作成，加工に関する一定の理解が重要である．また，とかく激しい変動のみが強調されてマスメディアにより報道されることが多い，株価，外国為替レートなど金融時系列データについては変動の背後にある不確実性・リスクに関わる社会・経済・市場についての基本的原理を理解することが，内外の金融市場が連動している近年では以前にも増して重要になっている．

■時系列の記述統計
　経済データを収集・加工して定期的に公表している政府統計にもとづくエ

第 13 章 経済・社会データと統計分析

表 **13.2** RGDP

(10 億円)

	I	II	III	IV
2005 年	124,370.60	123,428.40	126,001.70	130,120.30
	(498,012.80)	(504,566.10)	(506,352.30)	(507,249.40)
2006 年	127,607.60	125,032.20	127,110.40	132,701.80
	(509,434.10)	(511,624.20)	(511,220.40)	(517,762.40)
2007 年	131,193.80	127,910.30	129,714.70	134,867.00
	(522,881.50)	(523,738.50)	(521,697.00)	(526,148.20)
2008 年	132,977.90	127,764.30	128,903.20	128,585.50
	(529,650.80)	(523,532.00)	(517,974.60)	(500,902.60)
2009 年	120,541.70	119,339.40	121,731.70	127,975.60
	(480,895.30)	(489,227.80)	(489,576.70)	(497,978.90)
2010 年	126,512.10	124,724.00	129,126.10	132,292.50
	(505,383.50)	(510,926.40)	(518,487.50)	(515,739.60)

コノミストによる景気分析, 経営・マーケティングにおける市場調査などで
は, 時系列データに関する統計手法がよく用いられている. ここで例として
マクロ経済時系列の代表的指標である実質国内総生産 (RGDP) の四半期
データを例に挙げておこう. 内閣府社会経済研究所から定期的に発表され
る「国民経済計算」より 2005 年第 1 四半期〜2010 年第 4 四半期における
RGDP の値は表 13.2 のとおりであり[3], 図 13.1 の系列 1 は原系列（四半
期）, 系列 2 は季節調整系列（年間）である. ここで（実質国内総生産）=（名
目国内総生産）/（物価デフレータ）で定義されるが数値は原系列と年率換算
した季節調整値（カッコ内）で単位は 10 億円である.

■移動平均と季節調整

テレビや新聞などのマスメディアを通じて目にするマクロ経済指標の多
くは季節調整値の公表値である. 季節調整値とは元の集計された原系列から
季節調整 (seasonal adjustment) と呼ばれる統計手法を用いて "季節性" を
取り除いて作成された数値である. 季節調整の基本は当該時刻の前後の数
値により時系列データの**平滑化**（スムージング smoothing）の方法であり,

---

3) 2015 年 10 月の時点での GDP 速報として掲載された値（内閣府社会経済総合研究
所, https://www.esri.cao.go/jp）より引用したが, GDP 速報値は定期的に更新さ
れる.

第 IV 部　社会・経済・時系列データ

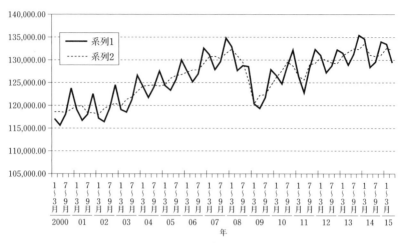

図 **13.1**　GDP の原系列と季節調整値

その代表的な方法は**移動平均** (moving average) である．時系列データの原系列を $\{x_t\}, 1 \leq t \leq T$ とすると，移動平均とは時刻 t のデータ x_t の前後 k 期 (k は正整数) の算術平均をとり原系列 $\{x_t\}$ を変換

$$y_t = \frac{1}{2k+1}[x_{t-k} + \cdots + x_t + \cdots + x_{t+k}] \qquad (13.8)$$

より系列 $\{y_t, k+1 \leq t \leq T-k\}$ を構成する操作である．この算術平均はウェイト $\{w_i, -k \leq i \leq k\}$ を用いて前後のデータの加重和

$$y_t = \sum_{i=-k}^{k} w_i x_{t+i} \qquad (13.9)$$

により系列 $\{x_t\}$ から系列 $\{y_t\}$ を構成するように一般化できる．原系列と季節調整値の単位を揃えるには基準化 $\sum_{i=-k}^{k} w_i = 1$ を利用すればよい．経済マクロ時系列の場合には月次や四半期など偶数の周期を持つデータでは加重平均型の移動平均を利用する必要がある．月次データではある年の 1 月から 12 月まで単純移動平均を行うと 1 月〜12 月の中心月は 6.5 月に対応する平均値が得られるが，この月は実際には存在しない．同様に 2 月から翌年の 1 月のデータまでを単純平均すればその年の 7.5 月に対応する移動平均値が求まる．この架空の 6.5 月と 7.5 月のデータの平均をとれば 7 月に対応

第 13 章　経済・社会データと統計分析

するデータが得られるが，この操作を移動平均の中心化と呼ぶ．1 年目の i 月の原データを $x_{1:i}$ として最初の移動平均で求めた 1 年目の移動平均値を $y_{1:6.5} = (1/12)[x_{1:1} + \cdots + x_{1:12}]$ と表そう．同様に $y_{1:7.5} = (1/12)[x_{1:2} + \cdots + x_{2:1}]$ とすると，7 月の最終的な移動平均値 $z_{1:7}$ は $z_{1:7} = (1/2)y_{1:6.6} + (1/2)y_{1:7.5} = (1/24)[x_{1:1} + 2(x_{1:2} + \cdots + x_{1:12}) + x_{2:1}]$ で与えられる．時間を表す添字を改めて t として原系列 $\{x_t\}$ から作られる 13 カ月移動平均の系列 $\{y_t\}$ は

$$y_t = \frac{1}{24}[x_{t-6} + 2\sum_{i=-5}^{5} x_{t+i} + x_{t+6}] \tag{13.10}$$

と表現すると加重平均型の移動平均となる．

　実際に内閣府から公表される GDP，日本銀行から公表される通貨統計，統計局から公表される物価統計，など公的統計として公表されている時系列データの多くでは，原系列から季節調整を行って得られる数値を公表している．経済学者や民間エコノミストなど政府統計の "ユーザー" は公表される季節調整値を用いて経済分析を行い，景気判断の材料とすることが多い．日本の内閣府をはじめとする政府当局や中央銀行が使用している季節調整法は，米国のセンサス局が 1990 年代に開発・公開した単純な移動平均法よりもはるかに複雑なセンサス X-12-ARIMA 法を利用しているが，**センサス X-12-ARIMA** は移動平均法を基礎として開発された X-11 法をさらに改良したものである．単純な移動平均法では例えばデータを変換すると始めと終わりのデータに対応する両端の季節調整値 $\{y_t; t = 1, \cdots, k, T - k + 1, \cdots, T\}$ を計算できないなどの欠点があるので，次章で説明する ARIMA と呼ばれる統計的時系列モデルによる予測値を利用して処理する**季節調整法**である．なおここで一言で季節性といっても日本における年末・年始の消費行動の変化など実際には時間とともに変化しているので季節性の除去という操作は単純ではない．季節調整法としてはセンサス局法ではない統計数理研究所の北川源四郎氏が開発した統計的状態空間モデルに基づく DECOMP

275

第 IV 部　社会・経済・時系列データ

なども有力であり，この方法も Web 上で利用可能となっている[4].

　なお例として用いた GDP データは四半期データであり，例えば 2005 年の第 1 四半期から第 4 四半期までの移動平均を計算すると，月次データから類推して 4 つのデータを中心として第 2.5 四半期の移動平均データが作られる．同様にして 2005 年第 2 四半期から 2006 年第 1 四半期までの単純移動平均を計算，中心化してデータの平均をとれば 2005 年第 3 四半期の季節調整データが得られ，年率換算の季節調整値は $y_t = \frac{1}{2}[x_{t-2} + 2(x_{t-1} + x_t + x_{t+1}) + x_{t+2}]$ とで与えられるので $y_{2005:III} = [124, 370.60 + 2(123, 428.40 + 126, 001.70 + 130, 120.30 + 127, 607.60]/2 \sim 507959.9$ となる．公表されている季節調整値 506,352.30（10 億円）でありほぼ一致するが，他の時期における GDP の移動平均値と季節調整値についても同様なことが確かめられる．

　季節調整法を含め移動平均法を経済時系列に適用することにはいろいろな批判がありうる．例えば全く "でたらめな" 乱数を計算機によって発生，移動平均をとると循環変動を示すような系列を作れる．季節調整法によって計算される公表系列としての季節調整み系列における季節性や異常な一時的変動が適切に除去されているか否か，今なお研究が行われているテーマである．

■系列相関と自己相関係数

　2 つの変数の関係を表す指標として相関係数があるが，時系列データでは一つの時系列について多数の相関が考えられる．時点 t のデータ y_t に対して 1 時点前のデータを y_{t-1}，2 時点前のデータを y_{t-2} と表そう．同様に時点 t から k 時点前のデータを y_{t-k} $(k \geq 1)$ と表し，系列 $\{y_t\}$ と系列 $\{y_{t-k}\}$ の相関を

$$r(k) = \frac{\sum_{t=k+1}^{T}(y_t - \bar{y})(y_{t-k} - \bar{y})}{\sum_{t=1}^{T}(y_t - \bar{y})^2} \tag{13.11}$$

―――――――――
[4]　2016 年 4 月 現 在，統 計 数 理 研 究 所 の Web ペ ー ジ http://ssnt.ism.ac.jp/inets/inets.html から利用可能である.

で定めよう. 平均は $\bar{y}_{-k} = [1/(T - k)]\sum_{t=k+1}^{T} y_{t-k}$, 時系列 $\{y_t\}$ が $t = 1, 2, ..., T$ について得られているとすると, 分母は $T - k$ 項の積率の和になるので

$$r^*(k) = \frac{\frac{1}{T-k}\sum_{t=k+1}^{T}(y_t - \bar{y}_{-k})(y_{t-k} - \bar{y}_{-k})}{\frac{1}{T}\sum_{t=1}^{T}(y_t - \bar{y})^2} \tag{13.12}$$

と定義してもよい. この相関係数 $\{r(k); k = 1, 2, ..., T - k\}$ を k 次 (標本) 自己相関関数と呼ぶが, 自己相関係数 (autocorrelation) は時間とともに変数の挙動, 時系列パターンを知る基本的な統計量であり, **自己相関係数**の系列 $\{r(k)\}$ は**コレログラム** (correlogram) とも呼ばれている. 例えば互いに独立な確率変数列から実現値として得られる時系列データではすべての相関係数の値は小さいはずである.

■ トレンドと循環変動

経済時系列では時間の経過とともに一方的に増加, あるいは減少する傾向が見られることがある. こうした動きは**トレンド** (trend) 要素と呼ばれているが, マクロ時系列では人口・労働力の増加や技術進歩による生産性の向上とともに生じる傾向 (トレンド) が観察されることがある. これに対して経済の循環変動に関心がある場合, 経済学者やエコノミストはトレンドをあらかじめ除去して経済変動を分析する必要が生じる. 原系列を $\{y_t\}$ とすると, $\{y_t\}$ からトレンドを除去する方法として回帰による方法と階差による方法が知られている. 回帰にもとづく方法とは原系列を非説明変数, 説明変数 x_t として時間の関数, 例えば $T_t = a + bt$ (a, b は定数) などとおいて残差系列 $\{e_t\}$ を求め, この残差系列についてさらに分析を行う方法である. 別の有力な方法として原データの**階差** (difference) を取り分析を行うことがある. 例えば時系列データ $\{y_t\}$ にたいして

$$\Delta y_t = y_t - y_{t-1} \tag{13.13}$$

によって階差変換 Δ を定義し, この操作により時系列データ $\{\Delta y_t\}$ を作り出すことができる. Δy_t を 1 次階差と呼ぶことにすると, 2 次階差は $\Delta^2 y_t$

第 IV 部　社会・経済・時系列データ

$= \Delta\Delta y_t = \Delta(y_t - y_{t-1}) = y_t - 2y_{t-1} + y_{t-2}$ で定められる．同様に k 次階差 Δ^k が定義できるが，経済データ分析では $k = 1, 2$ が使われることが多い．

ここで説明した時系列データを扱う記述統計法をデータ分析に適用する手順は次のようにまとめておこう．

(i) 時系列にはトレンド要素があれば回帰や階差などよりトレンドを除去する．

(ii) 時系列には季節変動要素があれば移動平均などにより季節要素を除去する．

(iii) 時系列データに内在する循環的変動を自己相関によって検出する．

原時系列データ $\{y_t\}$ に対してそのトレンド部分を T_t，季節変動部分を S_t，循環的部分を C_t，これら T_t, S_t, C_t 以外の変動を不規則変動部分 I_t と呼ぼう．時系列 y_t の加法的分解とは

$$y_t = T_t + C_t + S_T + I_t \tag{13.14}$$

である．このような時系列 $\{y_t\}$ の構成要素に分解したモデルは加法時系列モデルと呼ばれている．これに対して乗法モデルとは時系列 y_t に対して 4 つの構成要素から $y_t = T_t \times C_t \times S_t \times I_t$ となる時系列分解モデルである．加法モデルや乗法モデルなど統計的時系列モデルは時系列データに対する有用な分析手段である．

ここで GDP（季節調整済み系列）データの対数変換値 $\{y_t\}$ から計算した標本自己相関係数を次に示しておこう．標本自己相関係数は系列 $\{y_t\}$，および階差系列 $\{\Delta y_t\}$ について計算すると，$\{y_t\}$ の系列では自己相関係数は大きな正の値を取り続けるが，階差系列では比較的大きな 1 次相関係数を除くとかなり循環的に絶対値は小さくなることが観察できる．季節調整前の原系列では季節性に対応するラグで標本自己相関の絶対値は大きくなる．

表 **13.3**　GDP のコレログラム

	$r(1)$	$r(2)$	$r(3)$	$r(4)$	$r(5)$	$r(6)$
y_t	0.921	0.821	0.718	0.637	0.575	0.513
Δy_t	0.240	0.015	-0.183	-0.203	-0.169	0.009

第 13 章　経済・社会データと統計分析

自己相関係数はある時系列変数 x_t と同一の時系列変数の過去値 x_{t-k} の相関係数であるが，2 変数では，時間をも考慮した相関係数も調べることが可能である．時刻 t における変数 x の時系列を x_t，時刻 s における変数 y の時系列を y_s とすると，x_t と y_s について相関関係を調べるには，x_{t-k} と y_t $(k \geq 1)$ の相関係数

$$r_{xy}(k) = \frac{\sum_{t=k+1}^{T}(x_{t-k} - \bar{x})(y_t - \bar{y})}{\sqrt{\sum_{t=k+1}^{T}(x_{t-k} - \bar{x})^2}\sqrt{\sum_{t=k+1}^{T}(y_t - \bar{y})^2}} \tag{13.15}$$

の系列が定義できる．これを k 次相互相関係数 (cross-autocorrelation coefficient) と呼んでいる.

13.3 経済指数の利用

　経済成長や景気循環など時間とともに変化する経済現象を分析することを目的にさまざまな経済指数が利用されている．毎日の新聞やテレビのニュースに報道されているように経済の動きに関した多くのデータが観測され，近年では多くのデータがインターネットなどでも手軽に利用可能になっているのである．他方，例えば GDP は多様な生産活動の集計値であるが，多種多様の財・サービスの取引についての多くの価格が観察されている中で一般的な物価水準を理解するのは容易でない．その為には経済の変動を把握する目的の為に代表値を利用する必要があり，多数の時系列データからしばしば一つの集計された時系列を作成し，時系列データとして分析することが多い．経済時系列指数としては株価指数，生産指数，物価指数，賃金指数，雇用指数（あるいは失業率），景気指数などがあるが，人口，労働，消費，地域，生活水準，不平等度など様々な側面で**経済指数**が利用されている．ここでは代表例として物価指数の考え方をとりあげて経済指数作成の問題の一端を理解しよう.

　一般に同時点における複数の時系列データから代表値として集計された数値を指数（インデックス）と呼ぶ．すなわち，時刻 t 時点において観察可能な n 個の時系列データを $z_i(t)$ $(i = 1, \cdots, n)$, ウェイト $w_i(t)$ の加重和

279

第 IV 部 社会・経済・時系列データ

$$x(t) = \sum_{i=1}^{n} w_i(t) z_i(t) \tag{13.16}$$

により時系列データ $\{x(t)\}$ を指数 (index) と呼ぶ．ここでウェイト関数 $w_i(t)$ は全体が 1（すなわち $\sum_{i=1}^{n} w_i(t) = 1$ を課す）となるようにとる．

ウェイト関数の数値は様々な与え方が可能であるが，物価指数では時刻 t 時点における第 i 番目の財について観察される価格を $p_i(t)$ とすると，通常は物価の上昇や下降が重要なので，特定の基準時点からの各財の価格変化を考える必要がある．基準時点 0 として時刻 0 における第 i 番目の財について観察される価格を $p_i(0)$ とすれば，基準時点からの価格の変化は

$$z_i(t) = \frac{p_i(t)}{p_i(0)} \quad (i = 1, \cdots, n) \tag{13.17}$$

で表される．物価水準の場合には価格データとともに取引数量データも利用可能として時刻 t 時点における第 i 番目の財の取引数量を $q_i(t)$ とする．ここで時刻 0 時点における第 i 番目の財について観察される価格は $q_i(0)$ であるから，基準時点 $t = 0$ における第 i 番目の財・サービスの取引金額は $p_i(0)q_i(0)$ で表されるので，経済の取引全体に占めるこの財の割合

$$w_i(t) = \frac{p_i(0)q_i(0)}{\sum_{j=1}^{n} p_j(0)q_j(0)}$$

をウェイト関数とすることが考えられる．このとき基準時点の取引金額によりウェイトが決まるので関数 $w_i(t)$ は実は時点 t に依存せず，物価指数 $p_L(t)$ は

$$\begin{aligned} p_L(t) &= \sum_{i=1}^{n} \frac{p_i(0)q_i(0)}{\sum_{j=1}^{n} p_j(0)q_j(0)} \frac{p_i(t)}{p_i(0)} \\ &= \frac{\sum_{i=1}^{n} p_i(t)q_i(0)}{\sum_{j=1}^{n} p_j(0)q_j(0)} \end{aligned}$$

というラスパイレス型指数になる．このラスパイレス指数はウェイト関数が時間とともに不変であるという性質があるので，指数を作る立場からは基準時点における取引金額がわかれば，その後は各時点における価格のみを調査すればよく，便利なので実際に物価指数や生産指数などにおいてもっと

280

もよく用いられている．例えば総務省統計局が作成している消費者物価指数 (CPI) はラスパイレス型物価指数である．ただしラスパイレス型指数では時間の経過にともないウェイト関数は固定されているので，経済における財・サービスの取引構成が変化する場合には合理性に欠ける可能性がある．例えばパーソナル・コンピュータやスマート・フォンをとってみると 10 年間では財の質がかなり変化するが，ほとんどの場合には高品質の財価格が下がれば需要が増加，取引も増加することが観察される．ここでウェイト関数として価格水準の調査時点における数量を用いて

$$w_i(t) = \frac{p_i(0)q_i(t)}{\sum_{j=1}^{n} p_j(0)q_j(t)}$$

とすると，物価指数 $p_P(t)$ は

$$p_P(t) = \sum_{i=1}^{n} \frac{p_i(0)q_i(t)}{\sum_{j=1}^{n} p_j(0)q_j(t)} \frac{p_i(t)}{p_i(0)}$$
$$= \frac{\sum_{i=1}^{n} p_i(t)q_i(t)}{\sum_{j=1}^{n} p_j(0)q_j(t)}$$

で与えられる．この指数はラスパイレス指数に対して**パーシェ型指数**と呼ばれるが，国民経済計算上で求められる総合物価指数（GDP デフレーター）も結果的にはこの種の指数と見なすことができる．パーシェ型指数を実際に計算する為には多数の財・サービスについて毎期ごとに価格水準ばかりでなく数量水準も市場で調査しなければならないので政府統計を作る担当部局ではあまり採用していないが，例えば消費者物価指数 (CPI) などでは定期的に基準時点の変更が行われるなど長期的には数量の変化による物価水準のバイアスを減らす工夫が行われている．基準時点を改訂する際にはパーシェ指数を計算し，ラスパイレス指数の変化を再吟味する操作のことはパーシェ検定と呼ばれている．

物価指数としてはラスパイレス指数とパーシェ指数の他にも様々な指数の形がありうるが，例えば，ラスパイレス指数とパーシェ指数の幾何平均をとり $p_F(t) = \sqrt{p_L(t)p_P(t)}$ は**フィッシャー指数**と呼ばれる指標である．

ここでマクロ経済の景気変動を表す指数としては内閣府が定期的に作成している景気動向指数 DI(diffusion index)（ディフュージョン・インデック

281

第IV部　社会・経済・時系列データ

ス）にも言及しておこう．景気動向指数はエコノミストが景気の動向を判断
したり，景気の山や谷を決めたりする時に利用する指数である．景気動向指
数は先行指数，一致指数，遅行指数の3種類から構成されるが，景気の先
行きを表す指数，景気の動向を表す指標，景気の動きに遅れて変動する指数
と理解されている．例えば一致指数を例にとりあげてみると景気動向を表す
基本的データの経済時系列を合成して作られている[5]．景気動向指数の作成
ではまず景気を表現しているとみられる時系列を $y_i(t)$ $(i = 1, 2, ..., n)$ とす
る．時系列は測定単位は金額や比率などまちまちなので何らかの方法で総合
する必要がある．変数 $z_i(t)$ として

$$
z_i(t) = \begin{cases}
1 & (y_i(t)/y_i(t-1) > 1) \\
1/2 & (y_i(t)/y_i(t-1) = 1) \\
0 & (y_i(t)/y_i(t-1) < 1)
\end{cases}
$$

とおく．すなわち，前期（$t-1$ 時点）の観測値 $y_i(t-1)$ に比べて今期（t 時
点）の観測値 $y_i(t)$ が増加（減少）すればプラス1（マイナス1），変化が無
ければ0.5の得点（スコア）を各時系列について毎期計算し，得点に対して
ウェイト関数として $w_i(t) = 1/n$ $(i = 1, \cdots, N)$ をとり全体を100% 表示
により景気動向指数 (DI) が作られる．基礎となる時系列の数については，
2015年10月現在では一致指数の場合は $n = 11$，先行指数の場合は $n =$
13，遅行指数の場合には $n = 8$ と決められている．こうした DI の作成方法
は長年の景気分析の経験から考えられたものであるが，得点に基づく加重和
をとることにより採用系列のそれぞれ固有の変動の指数全体への影響をある
程度安定化させている．統計学の用語を使えば DI 指数は不規則変動に対し
て "頑健" な指数であるといえる．景気動向を表す指数としては DI の他に
より複雑なウェイト関数をとることも考えられるが，こうした複合指数（コ
ンポジット・インデックス，CI）が DI に比べてよい方法とは必ずしも言え

---

5)　公的統計における公表値の作成方法は定期的に見直されている．各統計については担
　　当の統計部局の Web ページから直接にかなり詳細な情報を得ることができる．例えば
　　消費者物価指数 (CPI) についての詳しい説明は総務省統計局，景気動向指数については
　　内閣府社会経済総合研究所の Web ページを参照されたい．

第13章　経済・社会データと統計分析

ない．いずれにしても，DI や CI など景気を表す指数を作る場合には基礎となる時系列の選定が重要な問題となる．

　また日本銀行が企業に行う経済の見通し調査をまとめている短期経済観測調査や内閣府が行っている景気ウォッチャーなども経済の現況や見通しを知る上では貴重な情報である．経済の構成員はそれぞれがとりまかれている環境や関係している産業の先行きについての見通しをもとに活動している．むろん将来の予想と今後の活動が連動しているものの同一ではないから完全に客観的な情報とは言い難い面もあり，例えば景気指数や物価指数は "実感" に合わないと批判されることがある．経済・社会のデータでは各個人の経験にとらわれ，その根拠が曖昧なままに議論されることもあり，"物価の実感" や "景気の実感" は主観的に考えられている場合も少なくない．"景気の実感" や "生活の実感" という言葉をより明確に定義する意味でも統計学の視点を欠かすことはできないのである．

283

第14章

時系列の統計分析

12章までに説明された互いに独立な確率変数としての標本，ある母集団から得られる標本に基づく統計学の標準的な分析法の多くは，必ずしも互いに独立とは限らない確率変数列としての標本に基づく統計分析に拡張できる．互いに独立とは限らず時間的従属性をもつ確率変数列は時系列 (time series)，あるいは**確率過程** (stochastic process) と呼ばれている．本章では社会・経済におけるリスク，結果として観察される時系列データの統計分析の基礎事項を概観する.

14.1 時系列データと統計モデル

時系列データの中でも経済時系列の多くは一定の期間を1単位として定期的に観測されている．マクロ経済時系列である国内総生産 (GDP) や投資などは3カ月（四半期）や1年（年次）が測定単位，自動車登録台数や百貨店売上高といった市場データの多くは1カ月（月次）を基本単位として公表されている．近年では株式価格や外国為替レートなど金融時系列はより細かい時間単位，1日やより細かい（高頻度データと呼ばれる）データも利用可能である．こうした時系列データは様々な目的の為に収集されるが，まずは前章で説明したように時系列データの記述的方法を用いて調べることで有益な情報が得られる．さらに与えられたデータからの過去の出来事の説明，情報のみならず将来の動向の予測に関心がある場合には，時系列モデルが有力な方法を与えてくれる．例えばある産業に属する企業にとっては市場における自社製品の将来の販売動向の見通しを立てる必要があるが，現在・

285

第 IV 部　社会・経済・時系列データ

過去の時系列データを元にして将来の市場予測（マーケティング）を行い，市場の動向をふまえた企業の戦略や経営方針などを立案することなどには重要な意味がある．また経済政策を立案する当局者には将来の動向とともに政策効果の計測などが重要な課題である．

なお当然のことであるが，ここで具体的な例として挙げた社会・経済に限らず，医学・薬学や自然科学・工学などでも時間の経過とともに観察される時系列データは少なくない．

過去・現在に観測した時系列データから将来の値を予測するのは時系列データを発生させる構造を把握し，データの動きを説明できる統計モデルが必要であり，将来の不確実性を客観的に評価した上で時系列の将来値の予測も可能となる．本章では時系列の変動を分析，予測する為に有用な統計的時系列モデル（略して時系列モデル，time series models）の基礎事項などを説明しよう．

■時系列変動と確率過程

観測データがある母集団から互いに独立に得られる標本の実現値，と見なせる状況での分析法を中心に本書ではこれまで説明していた．統計的独立性は無相関性を意味するのでこれは観測データが互いに無相関な確率変数の実現値と見なすことにも対応している．ところが時間の推移とともに観察される時系列データではある時点での観測値はそれ以前の観測値の水準や変動に依存し，例えば標本自己相関係数は有意にゼロではないことが少なくなく，独立性の下での統計分析が非現実的と見なせることも多い．そこで時系列データの分析には有意に自己相関を内蔵する統計モデルが必要となる．観測される時系列の変動を統計的に表現する第一歩として定常的な状態の確率過程と呼ばれる統計モデルを簡単な例を用いて導入しよう．

離散時間 $t = 1, 2, \ldots$ に実数値をとる時系列データを $\{y_1^*, y_2^*, \cdots, y_T^*\}$，観察されるこの時系列データが確率変数列 $\{y_1, y_2, \cdots, y_T\}$ の実現系列であるとしよう．ある時間 t において過去の値 y_{t-1} を条件としたときの y_t の条件付期待値は前期の状態 y_{t-1} の一定割合となる統計モデルを考える．ここで記号 $E_{t-1}(y_t)$ は過去の情報を所与とする期待値（条件付期待値）を表し

286

$$E_{t-1}(y_t) = \phi y_{t-1} \tag{14.1}$$

と表現する．ここで右辺に現れる ϕ は未知母数，割合を表す．誤差項 $\{v_t; t = 1, \cdots, T\}$ は $v_t = y_t - \phi y_{t-1}$ により定義する．次にある時刻 t において過去の値 y_{t-1} を所与とした確率変数 y_t の条件付分散（ばらつき）を一定として σ^2 と置くと，任意の時刻 $1 \le s \le t-1$ に対して

$$E(v_t y_s) = E[v_t (E_{t-1}(y_s))] = 0 \tag{14.2}$$

である．ここでは2つの確率変数 X と Z について条件付期待値の公式 $E(X) = E[E(X|Z)]$ を利用すると，任意の $s < t$ に対して $E(y_s v_t) = 0$ である．このことから確率変数 y_t と v_t は

$$y_t = \phi y_{t-1} + v_t, t = 1, \cdots, T \tag{14.3}$$

が成立する．左辺の y_t を被説明変数，右辺の y_{t-1} を説明変数と見ればこの統計モデルを線形回帰モデルと解釈できるので，**1次自己回帰過程** (first order auto-regressive process)$AR(1)$ モデルと呼ばれている．例えば y_t の初期値を $y_0 = 0$ とおき平均0，分散1の正規分布にしたがう正規乱数の系列 $\{v_t\}$ を加えていき時系列 $\{y_t\}$ を次々に発生させると，係数 ϕ の絶対値が1より小さくかつ正の値をとる時には時間の経過とともになだらかに変化する実現系列，係数 ϕ の絶対値が1より小さく負の値をとる時には上下の変動する実現系列が観察される．特に係数 ϕ が0ならば互いに無相関の確率変数の実現系列が得られる．

　この例のような確率変数の列 $\{y_t; t = 1, 2, ...\}$ を確率過程 (stochastic process) モデルと呼ぼう．一般に確率過程 $\{y_t, t = 1, 2, ...\}$ としては様々な可能性が考えられ，例えば時間 t における確率変数 y_t の期待値や分散は時間 t に依存し，相異なる時間 s，t における確率変数 y_s と y_t の共分散 (autocovariance)$\mathrm{Cov}(y_s, y_t)$ は時刻 s と t の関数となる．このような一般的な状況を想定すると，1個のデータが1個の確率変数の実現値と見ることになり，データ分析は困難となるので，統計的方法では何らかの意味である母数に関する情報が複数の観測データから得られる設定が必要である．そこで

第 IV 部　社会・経済・時系列データ

時間 t における確率変数 y_t の期待値と分散が時間 t に依存せず一定，確率
変数 y_s と y_t の共分散 $\mathrm{Cov}(y_s, y_t)$ が時間差 $t - s$ のみの関数となる状況を考
察することがまずは有用なのである．こうした確率的な意味での均衡状態，
定常状態にあるとき確率過程 $\{y_t\}$ は**定常的** (stationary) という．

定義 14.1　次の条件を満たす確率過程 $\{y_t\}$ を**弱定常過程** (weakly station-
ary process) と呼ぶ．

(i) 任意の時間 t について期待値が存在して $E(y_t) = \mu$，（一定値），(ii) 任
意の 2 時点 $s, t = 0, 1, 2, \cdots$ に対して共分散 $\mathrm{Cov}(y_s, y_t) = E(y_s - \mu)(y_t - \mu)$
が存在して時間差 $|t - s|$ のみに依存して $\gamma(|t - s|)$ と書ける．

関数 $\gamma(t)$ を共分散関数と呼ぶが条件 (i),(ii) は 1 次積率・2 次積率につ
いての条件である．これに対して確率変数 y_t の分布の定常性は強定常と呼ば
れている．弱定常性の条件は時系列モデルにおいて必ず成立するとは限ら
ず，1 次自己回帰過程 AR(1) モデルでは

$$|\phi| < 1 \tag{14.4}$$

が必要である．直観的には攪乱項 v_t がないとき $y_t = \phi y_{t-1} = \phi\,(\phi y_{t-2}) =$
$\cdots = \phi^t y_0$ となるので，例えば条件 $|\phi| > 1$ が成立すれば初期値 y_0 から y_t
の系列は時刻 t の経過とともに指数関数的に発散する．微妙な状況としては
AR(1) モデルにおいて $|\phi| = 1$ となる場合であるが，こうした統計モデルは
単位根 (unit root) や**ランダム・ウォーク**（酔歩）・モデルと呼ばれ後述する
ように経済や金融（ファイナンス）分野ではよく用いられる．古くから経験
的には株式価格や外国為替レートなどの資産価格水準の変動は定常的な確率
過程の実現系列としては変動が激しすぎることが知られているが，それには
かなりの理由がある．ランダム・ウォーク過程にしたがうデータは時間の経
過とともに不規則に変動を繰り返し，長期的には分散が発散することが特徴
である．

定常確率過程を分析する為に自己共分散関数 $\gamma(t)$ を導入したが，この量
は標本自己共分散の母集団版と見なすことができる．データ分析では計測単
位に依存しない自己相関，**標本自己相関**を利用することが多い．

288

定義 14.2 $s = 0, 1, \cdots$ に対して共分散 $\gamma(s)$ を s 次自己共分散と呼ぶ. ただし $\gamma(0)$ は y_t の分散である. また相関 $\rho(s) = \gamma(s)/\gamma(0)$ を s 次自己相関と呼ぶ.

こうした自己共分散の系列 $\{\gamma(s)\}$ を自己共分散関数, また自己相関の系列 $\{\rho(s)\}$ は自己相関関数と呼ぶが条件 $\gamma(0) \geq 0, \gamma(s) = \gamma(-s)$ という性質がある. 自己相関関数は $\rho(0) = 1, |\rho(s)| \leq 1, \rho(s) = \rho(-s)$ を満たす.

14.2 自己回帰移動平均モデル

時系列モデル (time series model) は変数の数が 1 個なら 1 変量時系列, 複数なら多変量時系列に分類できる. 例えば経済における失業率の動学的変動をとらえようとする場合, 失業率だけの情報を使う方法を 1 変量時系列モデル, 失業率の変動を説明する場合に国民所得, 物価水準など他の変数も同時に考慮するモデルが多変量時系列モデルであるが, 本章では時系列分析の基本である 1 変量の場合を扱う.

時間 t における時系列 y_t を 1 期前の過去値 y_{t-1} によって説明する AR(1) を一般化し, 時刻 t における時系列 y_t を p 個の過去値 $y_{t-1}, y_{t-2}, \cdots, y_{t-p}$ によって説明する AR(p) モデルを導入する. 表現

$$y_t = \mu' + \phi_1 y_{t-1} + \cdots + \phi_p y_{t-p} + v_t \tag{14.5}$$

の右辺は変数 $\{y_{t-k} \; ; k = 1, \cdots, p\}$ の線形関数であり, 確率変数 y_t は定数項 μ' と k 期前の過去値 y_{t-k} を説明変数, ϕ_i を未知母数及び過去の値では説明できない項として誤差項 v_t を加えた統計モデルである. y_t を被説明変数, 定数項及び過去値 $\phi_i y_{t-i}$ を説明変数とおけば線形重回帰モデルに対応している. 確率変数列 $\{v_t\}$ は平均 0, 分散 σ^2 の互いに独立な確率変数列のとき p 次自己回帰モデル (p-th order autoregressive model, 略して AR(p)) と記する.

時系列モデルは自己共分散関数や自己相関関数の形状により特徴づけられるが, AR(p) モデルにおける自己共分散関数 $\gamma(s)$ や自己相関関数 $\rho(s)$ の形は一般には複雑になる. 1 次自己回帰過程 AR(1) を例とすると, 定数項

第 IV 部　社会・経済・時系列データ

の母数を $\mu' = 0$ とすると，移動平均表現

$$
\begin{aligned}
y_t &= v_t + \phi_1 y_{t-1} \\
&= v_t + \phi_1 \left(v_{t-1} + \phi_1 y_{t-2} \right) \\
&= v_t + \phi_1 v_{t-1} + \phi_1^2 v_{t-2} + \phi_1^3 v_{t-3} \cdots
\end{aligned}
$$

を得る．ここで右辺に現れた確率変数の列 $\{v_t\}$ は互いに無相関，分散 σ^2 なので，時系列 y_s と y_{s+t} の共分散は

$$
\begin{aligned}
\gamma(t) &= E\left(y_s y_{s+t} \right) \\
&= E\big[\left(v_s + \phi_1 v_{s-1} + \phi_1^2 v_{s-2} + \phi_1^3 v_{s-3} + \cdots \right) \\
&\qquad \times \left(v_{s+t} + \phi_1 v_{s+t-1} + \cdots + \phi_1^t v_s + \phi_1^{t+1} v_{s-1} \cdots \right) \big] \\
&= \phi_1^t \left(1 + \phi_1^2 + \cdots \right) \sigma^2 \\
&= \phi_1^t \gamma(0)
\end{aligned}
$$

である．$\gamma(0)$ は自己共分散関数 $\gamma(s)$ において $s = 0$ とおいた y_t の分散を意味する．したがって $|\phi_1| < 1$ ならば

$$
\gamma(0) = \left(1 + \phi_1^2 + \cdots \right) \sigma^2 = \frac{\sigma^2}{1 - \phi_1^2},
$$

自己相関関数は $\rho(s) = \phi_1^s$ となる．AR(1) モデルでは係数 $|\phi_1| < 1$ であれば，時刻 s の値 y_s と時刻 t の値 y_t の自己相関は時間差が大きくなるにつれて幾何級数的に減衰し，係数 $\phi_1 = 0$ では互いに無相関な確率変数で自己相関は全てゼロになる．他方，係数 $|\phi_1| < 1$ が境界値 1 に近づくにつれ時刻差が大きくなってもあまり自己相関が小さくならない．一般にこの様な自己相関の構造は線形時系列モデルとしての自己回帰モデルを特徴づけている．

　ここで AR(1) モデルにおける変数 y_t を誤差の系列 $\{v_t\}$ に関する移動平均表現に注目すると，時刻 t から見ると過去に遡るにつれて相関は小さくなり，遠い過去に起きた事象の y_t への影響はほぼ無視できる．こうした形式的に現在の変数を過去の攪乱項の線形和で表現することは定常性の条件下で厳密に正当化することが可能であり，一般に AR(p) モデルの移動平均表現が得られる．

290

第14章 時系列の統計分析

　次に過去の攪乱項の線形和から出発すると，移動平均表現における係数が有限個となる確率過程が考えられる．移動平均表現の係数を未知母数 $\{\theta_j; j = 1, \cdots, q\}$ として過去の攪乱項に対応する互いに独立な確率変数列 $\{v_t\}$ の有限個の線形結合で表現されるモデルは移動平均モデルと呼ばれる．q 次移動平均モデル（q-th order moving average model）

$$y_t = \mu + v_t + \theta_1 v_{t-1} + \cdots + \theta_q v_{t-q} \tag{14.6}$$

は MA(q) と略されるが，系列 $\{v_t\}$ は平均 0，分散 σ^2 の互いに無相関な確率変数列，$\{\theta_j\}$ は未知母数である．移動平均過程の次数 q を大きくとれば AR(p) を含め様々な定常過程を表現できる．

　ここで AR(p) モデルと MA(q) モデルを区別する為に 1 次移動平均モデル MA(1) を例にとると，自己共分散は $\gamma(0) = \left(1 + \theta_1^2\right)\sigma^2$，$\gamma(1) = \theta_1\sigma^2, \gamma(s) = 0 (s > 1)$ で与えられる．自己相関関数は

$$\rho(s) = \begin{cases} \theta_1/(1 + \theta_1^2) & (s = 1) \\ 0 & (s > 1) \end{cases} \tag{14.7}$$

となる．したがって次数 1 より大きい自己相関は全てゼロとなり，自己相関関数は次数 $q = 1$ において切断されている．一般的には q 次移動平均過程の場合には次数 q の所で切断されている，すなわち移動平均過程では時刻 t の観測値は有限個の過去の攪乱項により表現される．したがって現在時点では過去に起きた出来事の影響の記憶は有限であり，遠い過去の影響が残る自己回帰モデルとは異なる特徴がある．

　このように自己回帰モデルと移動平均モデルは異なる自己相関の構造を持つので，様々な定常的な時系列を表現することが可能である．したがって，p 次自己回帰モデルと q 次自己回帰モデルを組み合わせた自己回帰移動平均モデル（autoregressive moving average model）と呼ばれる時系列モデル

$$y_t = \mu' + \phi_1 y_{t-1} + \cdots + \phi_p y_{t-p} + v_t + \theta_1 v_{t-1} + \cdots + \theta_q v_{t-q} \tag{14.8}$$

が有用である．ここで係数 $\theta_j = 0$ $(j = 1, \cdots, q)$ ならば自己回帰モデル AR(p)，$\phi_i = 0$ $(i = 1, \cdots, p)$ ならば移動平均モデル MA(q) が得られる

291

第 IV 部　社会・経済・時系列データ

が，自己回帰移動平均モデルは略して ARMA(p,q) と表され定常的な線形
時系列モデルとして広く利用されている．自己回帰モデルや移動平均モデ
ルを特殊な場合として含んでいるので様々な時系列構造を表現することが
できる反面，その自己相関構造の解析はより複雑な様相を呈するが，例えば
ARMA(1,1) モデルの自己相関関数を調べてみるとよいであろう．

■予測と応用

時系列モデルを用いる一つの目的は現在・過去において利用可能なデータ
を基にして将来の値を予測する方法を構成することにある．現時点 t として
利用可能なデータ時系列データ $\{y_s \ ; s = t, t-1, \cdots\}$ から将来値を予測す
る方法を考察するとき，予測法としては将来に時系列がとる値を一つの予測
値として求める点予測がよく用いられるが，予測する範囲を区間で表す区間
予測も有用である．ここでは 1 次自己回帰モデル AR(1) を用いて時刻 t か
ら h 期先の将来値を予測することを例示しよう．例えば予測期間 $h = 2$ と
おき y_{t+2} を整理すると

$$
\begin{aligned}
y_{t+2} &= \mu' + \phi_1 y_{t+1} + v_{t+2} \\
&= \mu' + \phi_1 \left(\mu' + \phi_1 y_t + v_{t+1} \right) + v_{t+2} \\
&= \mu'(1 + \phi_1) + \phi_1^2 y_t + (\phi_1 v_{t+1} + v_{t+2})
\end{aligned}
$$

と書ける．ここで時刻 t においては撹乱項 v_{t+1}, v_{t+2} は将来発生するであろ
う撹乱要因なので右辺に現れる最終項 $\phi_1 v_{t+1} + v_{t+2}$ はゼロと推定するしか
なく，このとき予測誤差の平均 0，分散は $(1 + \phi_1^2)\sigma^2$ で与えられる．そこで
時刻 t における利用可能な情報を元にする y_{t+2} の予測値を $y_{t+2|t}$ とおくと，
係数値 μ', ϕ が分かっていれば予測値は

$$
y_{t+2|t} = \mu'(1 + \phi_1) + \phi_1^2 y_t \tag{14.9}
$$

で与えられる．母数 μ', ϕ_1 は未知なのでデータより推定した母数の推定値
を代入することにより予測値を構成される．同様に時刻 t までの情報をもと
にした将来値 $y_{t+h}(h > 0)$ の予測値 $y_{t+h|t}$ を構成できる．時系列モデルが高
次の自己回帰モデルや移動平均モデル，さらには自己回帰移動平均モデルで

は実際に予測値を構成する方法は一見するとより複雑ではあるが，同様にして将来の予測値の系列を構成できるのである．

■時系列モデルの推定と識別

これまで時系列モデルに含まれる母数 $\{\mu', \phi_i, i = 1, \cdots, p; \theta_j, j = 1, \cdots, q\}$ は所与としていたが，実際には観測データから推定すべき母数である．ここで独立標本の観測値が与えられたときの推定論を修正する必要はあるが，観測データから標本平均や標本分散により平均や分散は推定できる．時系列データから標本自己共分散と標本自己相関が求められるので，時系列 $\{y_t\}$ に対する時系列モデルで説明した母数，期待値・自己共分散・自己相関などの推定量としては記述統計で説明した標本平均・標本共分散・標本自己相関によって推定すればよい．

ここで母集団として時系列モデルを想定すると標本平均・標本共分散・標本自己相関などの統計量の性質は独立な標本が得られる場合と一致することは保証されないが，標本数がある程度大きければ中心極限定理が成立し，独立標本の議論が近似的に正当化されることが多い．例えば母集団の自己相関が有意性に関する検定は標本自己相関を用いて判定することが自然である．s 次自己相関がゼロという仮説は帰無仮説として $H_0 : \rho(s) = 0 \ (s \geq 1)$ をとれば，この帰無仮説の下で標本自己相関 $r(s)$ は中心極限定理より正規分布 $N(0, 1/T)$ で近似できるので，t-統計量は $\sqrt{T}r(s)$ が $\mathcal{N}(0, 1)$ で近似できることを利用すればよい．多数ある自己相関の有意性を同時に検出するには m 個の標本相関係数より Ljung-Box 統計量 $Q = T(T+2)[\sum_{i=1}^{m} r(s)^2/(T-i)]$ が帰無仮説の下でカイ 2 乗分布（自由度 m）にしたがうことを利用すればよい．

自己回帰モデルの推定は回帰分析から類推できることが多いが，移動平均過程や自己回帰移動平均過程における未知母数を推定する問題はやや複雑な統計的問題となる．この種の統計モデルの推定問題については様々な推定方法が提案されているが，残差自乗和を最小にする最小 2 乗法が比較的容易である．例えば MA(1) を例にとると母係数 θ_1 の値が与えられれば $|\theta_1| < 1$ のとき（反転条件と呼ばれる）AR(1) モデルとは逆に撹乱項を観測値で表

293

第 IV 部　社会・経済・時系列データ

せ,

$$v_t\left(\theta_1\right) = y_t + \left(-\theta_1\right)y_{t-1} + \left(-\theta_1\right)^2 y_{t-2} + \cdots + \left(-\theta_1\right)^t y_0$$

と表現できる. これより残差 2 乗和

$$S_T\left(\theta_1\right) = \sum_{t=1}^{T} v_t\left(\theta_1\right)^2 \tag{14.10}$$

を最小にするように推定値を計算できるが, 母数 θ_1 の値を少しずつ変化さ
せてゆき数値的に残差二乗和を最小にするように θ_1 を推定する方法は最小
2 乗法と呼ばれている. 自己回帰モデルの場合には最小値を達成する母数の
値を明示的に求めることができるが, 移動平均過程や自己回帰動平均過程の
場合には明示的に解を求めることができないので非線形最適化の問題とな
る. なお計算機による統計計算の進歩より, 近年ではこうした非線形問題も
容易に解決できる. なお時系列モデルの推定方法としては最尤法などを用い
ることもできるが, 時系列モデルの場合には最尤推定はより複雑な数値的計
算が必要となる.

■ ARIMA と季節性

　季節性が顕著な時系列では原データを適当に変換して定常的時系列モデ
ルをあてはめるという統計処理が実用的である. 原系列データを y_t とおき,
分散の不均一性が顕著な場合には対数変換 $x_t = \log(y_t)$ などの処理を行っ
た後に時系列モデルを用いたデータ分析がよく行われている. 時系列ではト
レンドがしばしば観察されるので, 原系列 $\{y_t\}$ の階差をとることで解決で
きる場合が少なくない. 原系列 $\{y_t\}$ から **1 次階差** $x_t = \Delta y_t = y_t - y_{t-1}$ に
より新たな系列 $\{x_t\}$ を作る 1 次階差の操作を行えば, 原系列に存在してい
た線形トレンドは消える. 1 次階差によりトレンドが消えない場合には 2 次
階差を取ることもありうるが, 不用意に階差を多く取りすぎると推定や予測
が不安定になることがある. 季節性が顕著にみられる場合には**季節階差**も有
用である. 一般に s 期 $(s \geq 1)$ の階差操作 Δ_s を

$$x_t = y_t - y_{t-s} \ (= \Delta_s y_t) \tag{14.11}$$

により定義すると，通常の1次階差は $s=1$ の階差，月次データの季節階差は $s=12$，四半期データの季節階差は $s=4$ を意味する．

次にこうした階差操作を行い，時系列データ $\{x_t\}$ に対して定常 ARMA モデルを適用することが考えられる．この場合には原系列 $\{y_t\}$ に対しては階差操作及び ARMA モデルを適用するとき，原系列に対しては自己回帰和分移動平均過程をあてはめると言う．ここで和分とは階差の逆操作を意味しているが，この時系列モデルのことを**自己回帰和分移動平均過程**（ARIMA 過程）と呼び，略して ARIMA(p,d,q) と書くが，p は自己回帰部分の係数の数，d は階差操作を施した回数，q は移動平均部分の数を表している．

時系列データでは季節性が時間の経過とともに次第に変化することもしばしば観察される．そこで ARMA モデルをさらに拡張して季節性も同時にモデル化として**季節自己回帰和分移動平均過程**を挙げることができる．このモデルは略して SARIMA(P,D,Q)$_S$ と表し，

$$\Delta_s^D y_t = \mu' + \Phi_1 \Delta_s^D y_{t-s} + \cdots + \Phi_P \Delta_s^D y_{t-sP}$$
$$+ v_t + \Theta_1 v_{t-s} + \cdots + \Theta_Q y_{t-sQ} \tag{14.12}$$

で与えられる．ここで P は季節自己回帰の次数，D は季節階差の次数，Q は季節移動平均の次数を表すが，こうした ARIMA モデル及び季節 ARIMA モデルを組み合わせることで様々な時系列モデルを構成できる．経済時系列の実証分析でよく使われている一般的な1変量時系列モデルとしては ARIMA モデルと SARIMA モデルを組み合わせた時系列モデルは一般的には複雑だが ARIMA(p,d,q)-SARIMA(P,D,Q)$_S$ 過程と呼ばれて，略して $(p,d,q) \times (P,D,Q)_S$ と表せる．一般的な時系列モデルの中から実際の時系列データの記述にあった適当なモデルを選び出し，将来値の予測に用いるデータ分析法は統計家ボックスとジェンキンズにより開発されたのでボックス = ジェンキンズ (Box-Jenkins) 法と呼ばれている．

時系列データの分析では以上のようにまず原系列を変換し，変換されたデータの標本自己相関を計算し有意な自己相関を考慮しながら適当な時系列

第 IV 部　社会・経済・時系列データ

モデルを選ぶというのが基本的方法である．次に様々な時系列モデルの中から適当な時系列モデルを選択する必要があり，適切な時系列モデルを選ぶには観察されるトレンドや季節パターンと選んだ時系列モデルが整合的であることが必要となる．また観察される標本自己相関と想定する時系列モデルは矛盾しないことも重要であり，その上で残ったモデルの候補の中からどのように適当なモデルを選んだらよいかについて統計的基準が必要となる．

ここで実際的な方法として情報量基準に基づくモデルの選択基準について言及しておこう．ARMA モデルに対して統計量

$$\text{AIC} = (-2) \log (\text{最大尤度}) + 2 (\text{母数の数}) \tag{14.13}$$

により情報量を定義する．ここで（最大尤度）は特定の時系列モデルを仮定して尤度関数を最大化した値であるが，時系列モデルの推定を最尤法を用いて行えば自動的に計算することができる．情報量基準に基づくモデルの選択とはこの統計量 AIC を最小化するようにモデルを選択する方法であるが，情報量基準の第 1 項はモデルの観測データへのあてはまりの悪さを示し，第 2 項は母数の数に対するペナルティーに対応する．したがって，情報量基準はモデルのあてはまりの良さ及び母数の数による自由度の喪失の両方の要素を加味した形なので統計家の常識とよく合致する基準になっている．他の統計モデルへの応用としては例えば，回帰モデルや計量経済モデルにおける説明変数の選択などにも用いることができるが，情報量基準 AIC は統計数理研究所の赤池弘次氏によって考案されたので **AIC（赤池の情報量基準）** と呼ばれている．

尤度関数での表現では使いにくい場合には様々な変形が考えられる．線形時系列モデルである ARMA(p,q) モデルの場合には近似的に

$$\text{AIC}^* = T \log \hat{\sigma}_T^2 + 2(p+q) \tag{14.14}$$

となる．ここで T 個の時系列データより時系列モデルの母数を推定，$\hat{\sigma}_T^2$ はその際に得られる残差平方和から計算された撹乱項の分散推定値を意味する．したがって最尤法を直接に推定に使わない場合にも近似的に AIC を計算することも可能である．

ここで時系列モデルの母数の数を示す次数 p, d, q, P, D, Q などによって特定化されているので，これらの数値を情報量基準により選ぶことによりモデルが選択されることになる．情報量基準に限らず一般的に時系列データから適当な時系列モデルを探索することを時系列分析では識別と呼ばれている．

■ ARIMA モデルと回帰モデル

時系列データの統計分析では統計的時系列モデルは将来値の予測を容易に実現できる意味で有用な方法を与えている．他方，12 章で説明した線形回帰モデルは時系列データの分析では変数の関係の分析，構造的関係にもとづく将来の長期的予測などで利用されることが多い．そこで 2 つの統計モデルを組み合わせた時系列モデルとして

$$y_t = \beta_0 + \beta_1 x_{1t} + \cdots + \beta_k x_{kt} + u_t \, ,$$

$$u_t = \phi_1 u_{t-1} + \cdots + \phi_p u_{t-p} + v_t + \theta_1 v_{t-1} + \cdots + \theta_q v_{t-q} \, ,$$

$$(t = \max\{p, q\} + 1, \cdots, T)$$

を利用することが考えられる．ここで $\{y_t\}$ は被説明変数，$\{x_{it}; i = 1, \cdots, k\}$ は説明変数，$\{v_t\}$ は互いに独立で期待値 0，分散 σ^2 の確率変数列，線形回帰モデルの誤差項 u_t は定常 ARMA モデルにしたがうとすればかなりの柔軟性を持つ線形時系列モデルとして利用できる．

例えば，季節調整法として直近の移動平均値を求めるには将来の予測値が必要となる．政府統計で近年しばしば用いられている X-12-ARIMA 法では Reg（回帰）-ARIMA と呼ばれる統計モデルが利用されているが，これは ARIMA 構造を誤差項に持つ線形回帰モデルを意味している．

将来の時系列値を予測するにはトレンドや循環部分の変化，異常値などを線形回帰部分のモデリングにより取り込み，季節性や循環変動などを ARIMA モデルで取り込むことにより単純な移動平均ではとらえきれない複雑な季節性を X-12-ARIMA は取り扱っている，と解釈できよう．

第 IV 部　社会・経済・時系列データ

14.3　発展的事項

■市場と確率

　経済時系列の中でも金融時系列の見方について近年になり関心の高まりとともに統計学的な観点からの理解も深まっている．ここでは単純な例示により経済や金融市場で観察される時系列データの理解に関連する幾つかの重要な論点を説明しよう．

　有限数の参加者により2つの事象のどちらかに賭けることが繰り返し行われ，（参加者の損得の集計値がゼロとなる）ゼロ・サム・ゲームにより例示される市場取引の意味の考察から始めよう．賭けゲームの市場において毎回の賭けにおける（事前には結果がわからない）不確実性な事象を仮にH（表）とT（裏）とする．各参加者は初期資産1より毎回賭けゲームに参加し，単位あたり利得はHであれば1，Tであれば-1というルールにより参加者の掛け金を毎回分配するというゲームを考え，ゲームを運営する胴元のコストはゼロと仮定しよう．第i回の利得（1か-1），つまり表か裏かをx_i $(i = 1, \cdots, n)$として，毎回資産の小さな部分αだけ事象Hに投資する個人A（αはあとで選ぶ）は資産がゼロとなると賭けゲームより撤退，あるいは資金を借りて参加し続けるとしよう．

　仮に長い間ではこのHの回数がTよりほんの少し有利でnが十分に大きいとき[条件I]：（Hの回数）$/n \to 1/2 + \epsilon$ $(\epsilon > 0)$であったとする．このときゲームに参加している時点nにおけるA君の資産額をY_nとすると

$$Y_n = 1 \cdot (1 + \alpha x_1) \cdot (1 + \alpha x_2) \cdots (1 + \alpha x_n) \tag{14.15}$$

である．資産の対数をとり$n \to \infty$のときの価値（例えば$0 < \alpha < 1/2$として）Y_nを評価すると

298

$$\log Y_n = \sum_{i=1}^{n} \log[1 + \alpha x_i]$$
$$> \sum_{i=1}^{n} [\alpha x_i - \alpha^2 x_i^2]$$
$$= n\alpha \Big[\frac{1}{n}\sum_{i=1}^{n} x_i - \alpha\Big] = n\alpha[2\epsilon - \alpha]$$

となる．ここで α は任意の実数とできれば（仮に幾ら小さくとも正実数であれば），ϵ の値が分かれば $2\epsilon - \alpha > 0$ とすると，右辺は n が大きくなるにつれて幾らでも大きくできる．また仮に $\epsilon < 0$ であれば T に投資する戦略を考えればよい．もしこの市場ゲームの参加者の数が有限ならば一方で破綻して（資産がゼロとなる）市場ゲームから撤退する参加者が発生するが，他方で利益をあげることができる A 君もいる．時間の経過とともに市場ゲームが存立できなくなるので，[条件 I] が成立する場合には「[条件 II]：市場ゲームはそのうち必ず破綻する」ことになる．したがってこの命題の対偶をとると次の結果が導かれる．

定理 14.1 「この市場ゲームが必ず破綻するとは限らない」ならば

$$\lim_{n \to \infty} \frac{(\text{H の回数})}{n} = \frac{1}{2} \tag{14.16}$$

である．

ここではたとえ各自がそれぞれ個人的確率から出発してゲームに参加していたとしても，このゲームが市場として存立する為には（経済学の用語を用いると一種の均衡と解釈）経験的確率と呼ばれる数値が得られることは興味深い．ここでの議論はより一般的な設定でも成立する．

さてここで得られる市場で成立する**公平な価格** (fair-price) としての確率を**市場確率**と呼べば，$n-1$ 時点で Y_{n-1} の資産を持つ A 君の $n-1$ 期と n 期の資産の間には $Y_n = Y_{n-1}[1 + \alpha x_n]$ が成り立ち，$v_n = Y_{n-1}\alpha x_n$ と置けば

第 IV 部　社会・経済・時系列データ

$$Y_n = Y_{n-1} + v_n \quad (n > 0) \tag{14.17}$$

および $v_n = \alpha Y_{n-1}$（確率 $1/2$），$v_n = -\alpha Y_{n-1}$（確率 $1/2$）である．この
ランダム・ウォーク（酔歩）モデルはもともと賭ゲームから生じたが，Y_n
の辿る過程は過去の情報 $Y_{n-1}, Y_{n-2}, \cdots$ が与えられたとき，Y_n の条件付期
待値について

$$E[Y_n | Y_{n-1}, \cdots, Y_0] = Y_{n-1} \tag{14.18}$$

が成立する．この条件を満たす確率過程は**マルティンゲール** (martingale)
とも呼ばれている．

　ランダムオークでは時点 $n-1$ においては，それまでの情報を幾ら利用
しても時点 n における Y_n の値が増加する事象も減少する事象も同等に確か
らしい．したがって，時点 $n-1$ における時点 n の値 Y_n の予測値は Y_{n-1}
そのものが妥当となる．この式で表現される系列を人工的に発生させると，
Y_n の実現する経路としては過去の情報から将来の経路の予測がかなり困難
である．このことを現在の価格が将来の価格の情報を反映している，市場が
効率的である，などと表現されることがあり，ランダム・ウォーク・モデル
はそうした状況を表現することに役立つことになる．

■保険と期待値原理

　事象に対して確率が定義されるとリスクが定義される．リスクを市場で取
引しようとすると事象の価値，あるいはリスクの市場価値を評価する必要が
ある．この問題は歴史的には**保険** (insurance) の意味に関する統計的議論な
どから考察されてきたが，次の例が一つの解釈を与えている．

　毎回の結果として仮に H（表）か T（裏）という 2 つの事象の中のどち
らかが起き，3 回繰り返され，毎回の賭け金は 1，毎回の支払い (payoff) が
1，-1 となる市場ゲームを考える．H か T の市場確率をそれぞれ $1/2$ と
して，3 回のコイン投げの結果の事象 $\Omega = \{HHH, HHT, HTH, HTT,$
$THH, THT, TTH, TTT\}$ はどれも同等に確からしい．この市場に参加で
きるある保険会社が，市場にはアクセスできないある個人 A に対して 3 回

300

ともに T が起きる事象のときにのみ 1 単位を保険会社が保証する保険 $X(\omega)$ を販売することを考える．（つまり $X(\{TTT\}) = 1$, その他の ω については $X(\omega) = 0$ である.）会社の運営費を無視すると，この保険の販売に際して前もって請求すべき保険料は期待値

$$E[X(\omega)] = 1 \times \frac{1}{8} + 0 \times \frac{7}{8} \tag{14.19}$$

であれば良い.

　このことは次のように考えれば納得しやすいであろう．個人 A より保険料として 1/8 を徴収した会社は T に投資する．もし最初の結果が H であればこの保険会社は事象 TTT は起きることがないので事業は終了である．もし最初の結果が T であればこの保険会社の収入は 1/8 あるので資産は 1/8+1/8=1/4 に増加する．この場合には 2 回目にやはり T に 1/4 を投資すると，同様の議論より 2 回目に H が出れば終了，T が出れば資産は 1/4+1/4=1/2 となる．3 回目も同様にするとこの場合には 3 回目にもやはり T に 1/2 を投資すると，同様の議論より 3 回目に H が出れば終了，T が出れば資産は 1/2+1/2=1 となり，この 1 を事象 TTT となるリスクを回避して保険契約に加入していた個人に対して支払いを行えばすべての契約が履行できる．ここで保険会社は契約上で支払う可能性に対して複製戦略 (replicating strategy) を構成していることに注目しよう．この戦略はファイナンスにおけるデリバティブ（derivatives, 派生証券）の議論と同一である．この簡単な例では可能であれば個人 A が直接に市場に参加して自分で自分のリスクをヘッジしてもよいが，保険会社は契約により生じるリスクを徴収した保険料を利用して 100% ヘッジ（回避）しているのである.

　このような数学的期待値 $E[X]$ に基づく保険契約の評価法を保険計算の分野では統計的原理，あるいは期待値原理と呼んでいる.

　他方，経済・金融の分野では不確実性に直面する経済人は期待値ではなく期待効用を最大化するように不確実性を評価するとの考え方が一般的である．不確実性を含むある金融契約の価値を確率変数 X, 効用関数 $U(X)$ として，例えば X が（宝くじの賞金額），C $(> E[X])$ を（宝くじの購入額），ある人の宝くじの評価金額を $CQ(X)$ としよう．このとき $CQ(X) > E(X)$

第 IV 部　社会・経済・時系列データ

と評価する人は宝くじを購入するのが合理的と解釈できる可能性がある．普通の宝くじでは C は $E(X)$ よりかなり高いが，購入者にとっては期待効用 $E[U(X)]$ $(> E(X))$ より宝くじの購入により満足が得られる可能性があることになる．このように $CQ(X) > E[X]$ と評価する態度（あるいは人）を危険愛好的 (risk lover)，また $CQ(X) < E[X]$ と評価する態度を危険回避的 (risk averter)，$CQ(X) = E[X]$ と評価する態度を危険中立的 (risk neutral)，と呼んでいる．期待効用をより大きくするという行動原理は**期待効用最大化原理**と呼ばれるが，期待値は低くとも宝くじを購入したり，ギャンブルを行う行動，あるいは逆にリスクを回避するために保険を契約する行動などが共存する社会・経済におけるリスクに関わる現象を説明できることになる．

　なお実際に期待値を計算するには確率，確率分布が必要であり，経済・経営の分析では**主観確率** (subjective probability)，個人確率 (personal probability)，により評価と解釈されることが多い．また，実際の金融市場や保険市場は情報や不確実性の源泉が不完全な場合が多いので（市場の非完備性といわれることがある）期待効用原理が保険の期待値原理と矛盾するとは必ずしも言えないのである．

■市場と連続時間の確率過程

　金融市場で観察される価格変動は近年では短い時間間隔においても観察され，データも利用可能になっている．こうした細かな時間間隔，その極限としての連続時間の確率過程の問題を考えよう．

　区間 $[0,1]$ 上を n 等分して各 i/n $(i = 1, \cdots, n)$ 時点で確率変数 Z_i の期待値 $E[Z_i] = 0$, 分散 $V[Z_i] = \sigma^2/n$ とする．すなわち微少な区間での確率変数の区間当たりの分散を $\sigma^2(1/n)$ としたのである．ここで $k(n)$ を n に依存させて各時刻 $(k(n)/n) = t(k_n) \in [0,1]$ 上の $k(n)$ 個の確率和 $X_n(t(k_n)) = (1/\sigma)\sum_{i=1}^{[k(n)]} Z_i$ として（$[a]$ は a を超えない最大の整数），$[0,1]$ 上の任意の時刻 t において補間により $X_n(t)$ が時間変数 t の変化に対して連続経路をとるようにしよう．このとき $n \to \infty$ につれて $t(k_n) \to t \in [0,1]$ に対して確率分布の意味で収束するはずなのでこれを

302

$$X_n(t(k_n)) \overset{\mathcal{L}}{\to} X(t),$$

と表現する．ここで極限として表れる確率過程 $X(t)$ は中心極限定理より $X(t) \sim \mathcal{N}(0, t)$ となるはずである．またこの確率過程は任意の $0 \leq s < t \leq 1$ に対し $X(s)$ と $X(t) - X(s)$ は独立な確率変数となるはずである．

ここでの議論は一種の中心極限定理の応用であるが，確率変数 $X(t)$ ($t \in [0, 1]$) は**ブラウン運動** (Brownian Motion) と呼ばれている連続時間上の確率過程として数学的に意味を持つことが知られている．ブラウン運動の実現経路は時間軸上の経路は不規則な変動を示す．任意の t に対して正規分布 $N(0, t)$ にしたがい，t について連続な経路をとる確率変数列 $X(t)$ が存在するのである．こうした確率変数列が意味を持つか否かは自明ではないが，このブラウン運動は任意の ω に対して非有界変動，2乗変動は有界で $E[(X(t))^2] = t$ となることが知られている．連続時間の確率過程であるブラウン運動はマルチンゲール性を持つので，ブラウン運動やその関数（汎関数と呼ばれる）は資産価格の動的経路を分析する手段として広く利用されている．

例えば価格過程は非負であるので，ある時刻 t における価格 P_t の対数をとり $Y_t = \log P_t$ とすると，$Y_t - Y_0 \sim \mathcal{N}(\mu t, \sigma^2 t)$（ここで μ, σ^2 は定数）となる**幾何ブラウン運動**と呼ばれる統計モデルは近年では連続時間の金融時系列における標準となっている．

■金融市場の計量分析

日本の金融市場についてしばしばマスメディアにより報道される代表的な金融時系列である日経 225 の動向を図 14.1 で示しておこう．

古くから株価，外国為替レート，国債など債券価格，金利などを始め金融市場で観察される価格変動は短期的には激しく変動するため予測が困難であることが観察されている．仮にたまたまある時点において近い将来の価格水準の予測ができたとしても，しばらく先の時点で同様のことが起きる可能性は大きくないのである．一見すると逆説的に聞こえるが，金融市場などで観察される価格 "水準" データでは将来値の予測力が大きくないことが市場経

第 IV 部　社会・経済・時系列データ

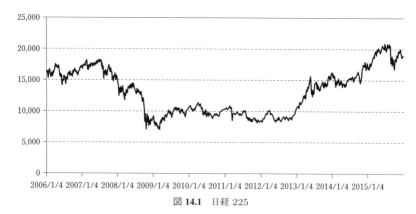

図 **14.1**　日経 225

済における"正常な状態"といってよい．実はこうした経験則は時系列の統計分析を学ぶことにより確認できるとともに，さらに新たな展望が得られるのである．統計分析においてランダムオーク・モデル，単位根が存在する場合は非定常確率過程と呼ばれている．こうした非定常時系列の性質を議論する際には価格水準を表す原系列データを階差系列，(対数)階差系列(すなわち単純な場合には，ある時刻 t の価格 P_t より $Y_t = \log[P_t/P_{t-1}]$ で定義される)などに変換し，ほぼ自己相関が弱かったり，あるいは無相関な時系列や定常系列と見なしうる系列について統計分析を行うことが，今日では金融データの統計学的分析においてきわめて常識的なのである．

さらに近年では金融時系列のリスク指標として収益率の分散をボラティリティと呼び，時間とともに変動する統計モデルの利用も盛んに行われている．

【問　題】

問 1.　2013 年 12 月の朝日新聞で公表された内閣支持率は 49% であったが，2014 年 1 月の NHK ニュースによると支持率は 54% であった．2 つの世論調査は共に全国の有権者の中からほぼ 1,000 人～2,000 人に対して RDD 法(乱数を用いて無作為抽出で電話番号を割り付けたインタビューを行う方法)で行われたと説明されている．

(1)世論調査の統計モデル，支持率の差の推定方法を説明し，その統計的

妥当性を説明し，点推定と区間推定の結果を説明せよ．

(2)真の支持率に差がないという帰無仮説の検定方法とその妥当性を説明せよ．また検定結果を説明せよ．

(3)真の支持率の差がほぼ確実に 0.05 程度にするためには標本数がどの程度必要と考えられるか？

問 2. 統計学の標準的視点より次の文章を解説し，主張の妥当性を評価せよ．

(1)典型的な消費者が毎週，キリンビールとアサヒビールを同じ価格で一本ずつ買うと仮定する．翌年キリンの価格が 2 倍になり，アサヒの価格が半分になると，ラスパイレス物価指数ではビールの価格指数は 1.25 倍になる．

(2)超幾何分布は 2 項分布で近似できる．さらに 2 項分布は正規分布で近似できる．したがって実用上は正規分布を利用すればよい．

(3)宝くじの年末ジャンボではコスト 300 円に対して期待値はほぼ 150 円である．したがってこうした宝くじを購入する人は非合理的といえる．

(4)2015 年 12 月 8 日に内閣府が公表した 2015 年 7 月〜9 月の 2 次 GDP 速報では実質 GDP は約 1 カ月前に公表された同時期の前期比増分（四半期，季節調整済，年率換算値）の 1 次速報値 -0.8 から 1.0 に改訂された．

(5)過去 1 年間の株価が上昇傾向にあったので毎週の終値の株価に対して線形トレンドモデルにより正の傾きの推定値を得た．そこでこのトレンドモデルを用いて予測して 1 カ月間資産運用を行ったところ好成績を得た．

問 3. (1) 13 章式 (13.7) における $\epsilon(N, n)$ を求め，層別抽出に関する本文の主張の妥当性を評価せよ．

(2)宝くじの購入はどの効用関数 $U_1(X) = X^2, U_2(X) = X, U_3(X) = \sqrt{X}$ と整合的であるか？ 宝くじのコスト C，賞金額 X，確率的等価値 (CQ(X)) として宝くじを購入することと保険を同時に購入することに矛盾が生じないか考察せよ．

第 IV 部　社会・経済・時系列データ

(3)定常的な AR(1) モデルが妥当する時系列データ $\{y_t; t = 1, \cdots, T\}$ を利用してある時刻 T までのデータを所与とするときの将来値 y_{T+1}, y_{T+2} の予測区間を構成せよ.

■時系列データの実習

　近年では公的統計の多くは作成当局の Web ページよりエクセル形式のデータをダウンロードできる. 統計解析ソフトウェア R で利用する為にはデータを.csv 形式に変換しておく必要がある. R を利用する場合にはパッケージ stats をメニューの「パッケージ」よりあらかじめパッケージを読み込んでおくと便利である. 有用なコマンド例として時系列プロット, コレログラム, 自己回帰モデル, 残差の検定などは

ts.plot(ファイル名)

acf(data,type="correlation",plot=TRUE)

ar(data, aic=TRUE,order,max=Null)

Box.test(lh, ar$res,type="lyung")

により実行できる.

付録 1

統計計算ソフトウェア

(1) R 入門

[1] R について

 R または R 言語は S 言語などを発展させた統計計算のソフトウェアである. 元々は統計家 Ross Ihaka, Robert Gentleman などが中心になり開発が進められたが, 1997 年ごろからかなりの数の統計家が参加し, より充実した形で開発がオープンリソースで続けられている. R の特徴として次のような点が挙げられる.

- R はフリーなソフトウェアなので, R を提供しているサイトからダウンロードし, 容易にインストールすることができる.
- R はグラフィクスが充実している.
- 様々なパッケージが提供されており, 最新の統計手法が利用可能である. その意味では, 常に進化し続けている.
- 単なるデータ解析にとどまらず, シミュレーション実験など本格的な数値計算を行うこともできる.

 R はまず R 本体を起動させるパッケージをインストールするように設計されているが, その他に利用可能な統計ソフトウェアは多数にのぼる. 市販ではなくオープンリソースであるのでインストールや R 内部の計算についての責任は利用者であることが重要な点である. 日本でも計算統計に関心のある統計家を中心に R の日本語化などの取り組みもあるが, 統計数理研究所で開発された統計計算プログラムなども R に移植され広範な統計計算に

307

おいて R を利用することができるようになっている.

[2] R をダウンロードしよう

まず, 国別のミラーサイト, 例えば日本の統計数理研究所のサイト
http://cran.ism.ac.jp にアクセスし, 自分のパソコンの OS の種類に応じて
ダウンロードするファイルを選択する. 次に, 'base' のリンクをクリックす
る. OS が Windows の場合, 一番上のリンク 'Download R3.2.2 for Win-
dows' をクリックする. バージョンアップすると 'R3.2.2' の後ろの数字も変
わる. インストーラーを起動し指示通りにインストールする.

[3] R を利用しよう

(1) 四則演算. 例えば 2+3 を求めるときには, > の後ろに 2+3 を入力しリ
ターンキーを押すと答えが次の行に現れる. 四則演算は次のようになる.

　　> 2+3

　　[1] 5

　　> 2-3

　　[1] -1

　　> 2*3

　　[1] 6

　　> 2/3

　　[1] 0.6666667

(2) データの入力. 3 個のデータ 4, 7, 11 を A に入力するには, A <- c(4,
7, 11) と入力する. 実際 A の中身を print(A) で出力すると次のようにな
る.

　　> A <- c(4, 7, 11)

　　> print(A)

　　[1] 4 7 11

3×2 の行列として B に入力するには,

　　> B <- matrix(c(1, 2, 3, 4, 5, 6),3,2)

　　> print(B)

308

```
     [,1]   [,2]
[1,]  1     4
[2,]  2     5
[3,]  3     6
```

とすればよい. また 2×3 の行列として C に入力するには,

```
> C <- matrix(c(1,2,3,4,5,6),2,3)
> print(C)
     [,1]   [,2]   [,3]
[1,]  1     3      5
[2,]  2     4      6
```

とすればよい. また data1.txt という名前のテキストファイルに入っている
データを D として読み込むときには

```
> D <- read.table("data1.txt", header=T)
```

などとし, data2.csv という名前のエクセルファイルに入っているデータを
E として読み込むときには

```
> E <- read.csv("data2.csv", header=T)
```

などとすればよい. print(D), print(E) として D, E の中身を出力してみる
と, 正しく読み込まれているかを確かめることができる. エクセルファイル
の各列に名前がついているときには header=T, 名前がついてないときには
header=F とする.

(3) 基本統計量の計算. 10 人の数学の得点が 52, 65,42,55,48,62,95,74,58,52
で与えられているとき, その最小値, 第1四分位点, メディアン, 平均,
第3四分位点, 最大値, 分散, 標準偏差の値を求めてみよう. 最小値, 第
1四分位点, メディアン, 平均, 第3四分位点, 最大値を一括して与えるに
は summary($\cdot$) というコマンドを使う.

```
> MS <- c(52, 65,42,55,48,62,95,74,58,52)
> summary(MS)
  Min.   1st Qu.   Median   Mean   3rd Qu.   Max.
 42.00    52.00    56.50    60.30   64.25    95.00
> var(MS)     % 不偏分散 (n-1 で割ったもの)
```

309

[1] 230.4556

> sd(MS)   % 標準偏差（不偏分散の平方根）

[1] 15.18076

データから平均，分散を直接計算するには次のようにする．まずベクトルの積の記号に注意する．

> A <- c(1,2,3,4)

> A*A   % 成分どうしを掛ける

[1] 1 4 9 16

> A%*%A   % 内積をとる

[1] 30

> sum(A)   %A の中身の和をとる

[1] 10

> n <- length(A)   %A の個数

> xm <- sum(A)/n   %A の平均

> sum((A-xm)*(A-xm))/n   %A の標本分散（n で割ったもの）

[1] 1.25

> max(A)

[1] 4

(4) ヒストグラム等のグラフ表示． 幹葉表示を描くには stem($\cdot$) を使う．

> stem(MS, scale=2)

グラフを描画するには，まず x11() と入力し，作図デバイスを立ち上げる．続いて，ヒストグラム，箱ひげ図を表示してみる．

> x11()

> hist(MS)

> boxplot(MS,range=0)

(5) 相関係数． 6 人の生徒の (数学, 理科) の得点が，(52, 43), (80, 75), (45, 44), (70, 65), (53, 58), (58, 55) で与えられるときに，数学と理科の得点の相関係数とスピアマンの順位相関係数を求めてみよう．

> sugaku <- c(52,80,45,70,53,58)

> rika <- c(43,75,44,65,58,55)

310

付録1 統計計算ソフトウェア

> cor(sugaku,rika)　　% 相関係数

[1] 0.931228

> cor(sugaku,rika, method="s")　　% スピアマンの順位相関係数

[1] 0.8857143

数学と理科の得点データを x-y 平面にプロットしてみる．グラフィックスの出力デバイスが立ち上がっていないときには，x11() と入力して画面を立ち上げておく．

> plot(sugaku, rika, xlab="MATHEMATICS", ylab="SCIENCE",
　　xlim=c(35,85), ylim=c(35,85))

と入力すると，得点データが x-y 平面にプロットされる．

(6) 回帰分析. 2 つのデータ y と $x1$ について，y を $x1$ に回帰する方法を説明する．

> y <- c(11, 23, 36, 42, 55)

> x1 <- c(1, 2, 3, 4, 5)

回帰分析には lm() を用いる．x11() と入力した後で次のように入力すると，x-y 平面上に回帰直線とともにデータがプロットされる．また回帰係数の推定値など回帰分析の結果を出力するには summary($\cdot$) というコマンドを使う．

> reg <- lm(y ~ x1)　　%y を x1 に回帰する分析を行う

> plot(x1, y)　　%(x1, y) のデータをプロットする

> abline(reg)　　% 回帰直線を引く

> summary(reg)　　% 回帰分析の結果を表示する

> plot(x1, resid(reg))　　% 横軸を x1 の値をとって残差をプロットする

重回帰分析やロジスティック回帰分析は次のように入力する．

> x2 <- c(1, 4, 5, 9, 15)

> reg1 <- lm(y ~ x1+x2)　　%y を (x1, x2) に重回帰する

> z <- c(0,0,0,1,1)　　%2 値データを入力

> reg2 <- glm(z ~ 1+x1+x2, binomial(logit))　　% ロジスティック回帰

(7) 偏相関係数の計算. 16 個の 3 変数のデータ $(0, 1, 2), \ldots, (3, 8, 8)$ が与えられるとき，偏相関を計算してみよう．16 行 3 列の行列の形でデータを

311

次のように入力する.

> pdata <- matrix(c(0,0,0,0,1,1,1,1,2,2,2,2,3,3,3,3,

1,1,2,2,3,3,4,4,5,5,6,6,7,7,8,8,

2,4,0,2,4,6,2,4,6,8,4,6,8,10,6,8),16, 3)

この行列の 2 列目と 3 列目の相関係数の計算と, (1 列目, 2 列目), (2 列目, 3 列目), (3 列目, 1 列目) の各ペアのデータをプロットするには, 次のようにする.

> cor(pdata[,2], pdata[,3])

> pairs(pdata)

偏相関を計算する簡単な方法は, psych というパッケージを利用することである. このパッケージが組み込まれていないときには, メニュー「パッケージ」の中の「パッケージの読み込み」をクリックし, psych をクリックすると組み込まれる. library(psych) と入力して, 利用可能な状態にする. 以下は, 1 列目の影響を取り除いた 2 列目と 3 列目の偏相関, 3 列目の影響を取り除いた 1 列目と 2 列目の偏相関, 2 列目の影響を取り除いた 1 列目と 3 列目の偏相関を計算している.

> library(psych)

> partial.r(pdata, c(2,3),c(1))

> partial.r(pdata, c(1,2),c(3))

> partial.r(pdata, c(1,3),c(2))

(8) 確率と分位点の値. 正規分布の分布関数 $\Phi(a) = \int_{-\infty}^{a} (2\pi)^{-1/2} \exp\{-x^2/2\} dx$ を求めたいときには, pnorm(a) を用いる. また $\Phi(c_a) = a$ となる分位点 c_a の値を求めるには qnorm(a) を用いる. 例えば次のようになる.

> qnorm(0.95)　% 上側 5% 点

[1] 1.64

> qnorm(0.975)　% 上側 2.5% 点

[1] 1.96

自由度 10 の t-分布の上側 2.5% 点, 自由度 10 のカイ 2 乗分布の上側 5% 点, 自由度 $(2, 27)$ の F-分布の上側 5% 点は次のようになる.

> qt(0.975, 10)

付録 1　統計計算ソフトウェア

[1] 2.228139

> qchisq(0.95, 10)

[1] 18.30704

> qf(0.95, 2, 27)

[1] 3.354131

分布関数 $F(x)$ に対して $\alpha = 1 - F(x_\alpha)$ となる点 x_α とする．α は有意水準などに対応する．いくつかの α の値について分位点 x_α の値を R で求めたものが下の表である．

α	0.10	0.05	0.025	0.01	0.005
$\mathcal{N}(0,1)$	1.28	1.64	1.96	2.33	2.57
t_5	1.47	2.01	2.57	3.36	4.03
t_{10}	1.37	1.81	2.22	2.76	3.16
χ_1^2	2.70	3.84	5.02	6.63	7.87
χ_5^2	9.23	11.07	12.83	15.08	16.74
χ_{10}^2	15.98	18.30	20.48	23.20	25.18

分位点に関連して Q-Q プロットというものがある．与えられたデータに正規分布を仮定することの妥当性をみる場合は，次のようにする．

> x <- c(3,4,4.5,4.8,4.9,5.1,5.2,5.5,6,7)

> qqnorm(x)　%x の Q-Q プロットを表示し直線に近ければ正規性は妥当である

(9) ローレンツ曲線とジニ係数.　10 個のデータ 100, 100, 95, 90, 90, 90, 80, 50, 30, 20 のローレンツ曲線を描くには，例えば次のように入力する．ここで lenght(data) は data の要素の個数，sort(data) は data を小さい順に並べ直すこと，cumsum(y1) は y1 の累積和，seq(0, 1, length=n+1) は区間 $[0, 1]$ を n 等分したときの区切りの点を並べたものを意味する．具体的には, cumsum(1,2,3)=(1, 3, 6) となる．

> data <- c(100, 100, 95, 90, 90, 90, 80, 50, 30, 20)

> n <- length(data)

> y1 <- sort(data)

> y2 <- cumsum(y1)

> y <- c(0, y2/max(y2))

313

```
> x <- seq(0, 1, length=n+1)
> plot(x, y, type="l", ann=F,xlim=c(0, 1), ylim=c(0, 1))
> plot(segments(0,0,1,1), lty="dotted", add=TRUE)
```

　集中度を表すローレンツ曲線は data を大きい順に並べ直すので sort(data, decreasing=T) を用いる．またジニ係数は次のようにして求められる．

```
> 2*sum(x-y)/n
```

(10) スクリプトの利用． R の入力画面に直接入力するのではなく，メニュー「ファイル」にある「新しいスクリプト」を作成し，そこに R の命令を記述するとよい．実行したい命令文だけをマウスで範囲選択し，マウスの右ボタンで実行すると，R の入力画面の方に結果が出力される．スクリプトは自動保存されないので，気がついたときに保存しておいた方がよい．最後に，R を終了するには

```
> q()
```

と入力する．

[4] **参考文献**

　基本的な使い方は上で説明したが，他にも様々なコマンドが用意されており，R でできることは実に幅広い．インストールの仕方や R の基本的な使い方，様々な統計手法や確率の計算，グラフの使い方などについては，R の解説書を参考にしてほしい．例えば，小暮厚之 (2009)，金明哲 (2007) があげられる．これから R を利用しようとして実際にコードを打つ際には以下のサイトの資料が参考になる．http://cse.naro.affrc.go.jp/takezawa/r-tips/r.html

(2) エクセル入門

[1] **エクセルについて**

　エクセルはマイクロソフトから販売されている表計算ソフトウェアで広く利用されている．エクセルの表画面の上に直接データを入力し，様々な関数

付録 1　統計計算ソフトウェア

や分析ツールを適用することにより分析結果を求める．分析ツールの中には回帰やヒストグラムなど利用しやすいものが含まれているので，エクセルのアドイン・プログラムである [分析ツール] をインストールして利用することが望ましい．以下の説明は [エクセル 2010] に関する内容である．

[2] 分析ツールを読み込む

まず，アドイン・プログラムである [分析ツール] を次のようにして読み込む．

① [ファイル] タブをクリックし，左メニューの下にある [オプション] をクリックする．

② [アドイン] をクリックし，[管理] ボックスの一覧の [Excel アドイン] をクリックする．その右隣の [設定] ボタンをクリックする．[有効なアドイン] ボックスが現れるので，[分析ツール] チェックボックスをオンにし，[OK] をクリックする．

③ 分析ツールを読み込むと，[データ] タブの [分析] で [データ分析] を利用できるようになる．

[3] エクセルを使ってみる

(1) データの入力．列 A の 1 行にはデータの名前を記入する．具体的なデータの数値は 2 行目の A2 から順次書き入れる．例えば，10 個のデータが A2 から A11 に入力されているとする．

(2) 平均，分散．C1 のセルに 10 個のデータの合計を表示させるには，セル C1 をクリックし，そこに「=SUM(A2:A11)」と入力しリターンキーを押すと合計した値が表示される．その他様々な特性値を求めることができる．平均を求めたいときには，上の SUM を AVERAGE に代えればよい．メディアン，モード，分散，標準偏差は MEDIAN，MODE，VARP，STDEVP を用いる．

(3) データの変換．A2 から A11 に入力されているデータを自然対数で変換したいときには，セル D2 をクリックして「=」を入力し，[数式] タブの [関数ライブラリ] で [関数/三角] をクリックし，[LN] をクリックする．A2

315

と入力し [OK] をクリックすると，自然対数で変換した数値がセル D2 に出力される．次に，セル D2 をクリックし，マウスの右ボタンを押して [コピー] をクリックする．セル D3 からセル D11 をドラッグし，マウスの右ボタンをクリックして，[貼り付けのオプション] の中の [fx] をクリックすると，A3 から A11 の数値を自然対数で変換した数値が D3 から D11 に出力される．他のデータの変換も同様に行うことができる．

(4) 基本統計量. (2) のようにして平均や分散を求めることができるが，[分析ツール] を用いると，様々な基本統計量を一度に計算してくれる．[データ] タブの [分析] で [データ分析] をクリックし，[分析ツール] ボックスの中の [基本統計量] をクリックし，[OK] ボタンをクリックする．データが A2 から A11 に入力されているときには，[基本統計量] の中の [入力範囲] をクリックしてから，A2 から A11 をドラッグすると，データが指定される．下の [出力先] をクリックして，出力したい場所のセルを指定する．その下の [統計情報] ボックスにチェックを入れて，[OK] ボタンをクリックすると，平均，分散などの基本統計量の値が出力される．

(5) ヒストグラム. [データ] タブの [分析] で [データ分析] をクリックし，[分析ツール] ボックスの中の [ヒストグラム] をクリックし，[OK] ボタンをクリックする．データが A2 から A11 に入力されているときには，[ヒストグラム] の中の [入力範囲] をクリックしてから，A2 から A11 をドラッグすると，データが指定される．下の [出力先] をクリックして，出力したい場所のセルを指定する．その下の [グラフ作成] ボックスにチェックを入れて，[OK] ボタンをクリックすると，ヒストグラムが表示される．

(6) 確率の計算. 例えば正規分布の確率は，=NORMSDIST (a1) とすると a1 に対応した分布関数の値，=NORMSINV (b1) とすると b1 に対応する分位点を求めることができる．二項分布 Bin (n, p) の場合は，数値 x における確率分布は BINORMDIST (x, n, p, TRUE) と入力すればよい．

(7) 回帰分析. [データ] タブの [分析] で [データ分析] をクリックし，[分析ツール] ボックスの中の [回帰分析] をクリックし，[OK] ボタンをクリックする．Y のデータが A2 から A11 に，X のデータが B2 から B11 に入力されているときには，[回帰分析] の中の [入力 Y 範囲] をクリックしてから，

付録 1 統計計算ソフトウェア

A2 から A11 をドラッグし，また [入力 X 範囲] をクリックしてから，B2 から B11 をドラッグする．下の [一覧の出力先] をクリックして，出力したい場所のセルを指定する．[OK] ボタンをクリックすると，回帰分析の結果が出力される．

[4] **参考文献**

分析ツールの中には他にも様々な統計手法が組み込まれている．詳しくは，例えば，森棟公夫他 (2008) の 3 章を参照してほしい．

付録 2

数学の基礎知識

　　大学ではこれまでに数学を学んだことはないが統計学やデータ解析を勉強したい諸君は少なくない．本書で利用する統計学やデータ分析の為には実数 e（超越数とも呼ばれる）や関数（対数関数・指数関数など初等関数）の微分，ベクトルと行列の基本演算，などを利用することが便利である．こうした内容を学ぶには大学初年級の線形代数や微積分の教科書を利用するとよい．また数理的思考を苦としない諸君には，数学的厳密さを失うことなく直観的な議論が多い，志賀浩二『微分・積分 30 講』，『解析入門 30 講』，『線形代数 30 講』（朝倉書店）などを勧めたい．より本格的な教科書としては古典である，齋藤正彦『線型代数入門』（東京大学出版会），高木貞治『解析概論』（岩波書店），より近代的な杉浦光夫『解析入門 I・II』（東京大学出版会）などが挙げられる．

(1) 基本事項

■**和の記号**　$\sum$ は上下に示した範囲で和をとる記号で

$$\sum_{k=1}^{n} x_k = x_1 + x_2 + \cdots + x_n$$

を意味する．定数 b については $\sum_{k=1}^{n} b = nb$ となるので

$$\sum_{k=1}^{n} (ax_k + b) = a \sum_{k=1}^{n} x_k + nb$$

が成り立つ．数学的帰納法により次の等式が示される．

$$\sum_{k=1}^{n} k = \frac{n(n+1)}{2}, \qquad \sum_{k=1}^{n} k^2 = \frac{n(n+1)(2n+1)}{6},$$

$$\sum_{k=1}^{n} k^3 = \left[\frac{n(n+1)}{2}\right]^2, \qquad \sum_{k=1}^{n} k^4 = \frac{n(n+1)(2n+1)(3n^2+3n-1)}{30}$$

次の等式は容易に確かめられる.

$$\sum_{k=0}^{n} ar^k = a\frac{1-r^{n+1}}{1-r}$$

■**数列の極限**　$a_1, a_2, \ldots, a_n, \ldots$ のように無限に続く数の列を数列といい,
$\{a_n\}$ と書き, a_n を一般項という. 例えば, 一般項が $a_n = 1/n$ の数列は
$1, 1/2, \ldots, 1/n, \ldots$ となる. また $a_n = ar^n$ を等比数列という. n を限りな
く大きくすることを $n \to \infty$ と書く. $n \to \infty$ のとき数列 $\{a_n\}$ が α に近づ
くなら, $\{a_n\}$ は α に収束するという. これを $\lim_{n\to\infty} a_n = \alpha$ と書き, α
を $\{a_n\}$ の極限値あるいは単に極限という.

自然対数の底 e は数列 $\{(1+n^{-1})^n\}$ の極限

$$e = \lim_{n\to\infty}(1+n^{-1})^n$$

として定義される. 実数 λ に対して $\lim_{n\to\infty}(1+\lambda n^{-1})^n = e^\lambda$ が成り立つ.

無限級数は $\sum_{k=1}^{\infty} a_k = \lim_{n\to\infty}\sum_{k=1}^{n} a_k$ という意味である. $|r| < 1$ を満
たす等比無限級数は $\sum_{k=0}^{\infty} ar^k = a/(1-r)$ となる.

■**逆関数**　実数 x に対して $y = f(x)$ の値がただ一つ決まるとき, $f(x)$ を
関数という. どんな実数 y に対しても $y = f(x)$ となる x の値が存在すると
き, 関数 $f(x)$ は全射 (onto) であるという. また $y = f(x)$ となる x がただ
一つ決まるとき, 関数 $f(x)$ は単射 (one-to-one) であるという. 単射である
ことを示すには, $f(x_1) = f(x_2)$ とおくとき $x_1 = x_2$ となることを示せばよ
い. 関数 $f(x)$ が全射でありしかも単射であるとき, 全単射であるといい,
この場合 $f(x)$ の逆関数が存在する. これを $x = f^{-1}(y)$ と書く.

320

$y = f(x) = e^x = \exp\{x\}$ を指数関数といい,この逆関数 $x = f^{-1}(y)$ を $\log y$ と書いて対数関数という.正の実数 x に対して

$$x = \log(e^x) = e^{\log x}$$

なる変形が成り立つ.この定義式から,対数関数の基本的な性質 $\log(xy) = \log(x) + \log(y)$, $\log(x^a) = a \log(x)$ が導かれる.

■**2項係数** 実数 a に対して $(a)_k = a(a-1)\cdots(a-k+1)$ とし,2項係数 $_aC_k$ を

$$\binom{a}{k} = \frac{(a)_k}{k!}$$

と書くこともある.n が正の整数のときには $(n)_k = n!/(n-k)!$, $(n)_n = n!$ となる.$0! = 1$ と定義する.また

$$\binom{n+1}{k} = \binom{n}{k} + \binom{n}{k-1}, \quad \binom{-n}{k} = (-1)^k \binom{n+k-1}{k}$$

が成り立つ.

■**不等式** 統計で登場する不等式をまとめておく.X, Y を確率変数とし平均 $E[|X|]$, $E[|Y|]$ が存在すると仮定する.

コーシー・シュバルツの不等式:$(E[XY])^2 \leq E[X^2]E[Y^2]$

イェンセンの不等式:凸関数 $\phi(\cdot)$ に対して $\phi(E[X]) \leq E[\phi(X)]$ が成り立つ.

マルコフの不等式:非負の確率変数 Y と任意の $c > 0$ に対して $P(Y \geq c) = E[I_{[Y \geq c]}] \leq E[Y]/c$ が成り立つ.ここで,$I_{[A]}$ は定義関数もしくは指示関数と呼ばれる関数で

$$I_{[A]} = \begin{cases} 1 & (A \text{ が満たされるとき}) \\ 0 & (A \text{ が満たされないとき}) \end{cases}$$

321

で定義される.

チェビシェフの不等式：確率変数 X について $\mu = E[X]$, $\sigma^2 = \mathrm{Var}(X)$ が存在するとき $P(|X - \mu| \geq k) \leq \sigma^2/k$ が成り立つ.

(2) 微分積分

■**関数の極限**　実数 x が a に近づくことを $x \to a$ と書く. $x \to a$ のとき, 関数 $f(x)$ が α に近づくなら, $\lim_{x \to a} f(x) = \alpha$ と書く. x を限りなく大きくするときには $\lim_{x \to \infty} f(x)$ と書く. $\lim_{x \to a} f(x) = f(a)$ が成り立つとき, $f(x)$ は $x = a$ で連続であるという.

■**微分**　関数 $f(x)$ の $x = a$ における微分係数を

$$f'(a) = \lim_{x \to a} \frac{f(x) - f(a)}{x - a} = \lim_{h \to 0} \frac{f(a + h) - f(a)}{h}$$

で定義する. 微分係数 $f'(a)$ は関数 $f(x)$ の点 $x = a$ での傾きを表している. 微分係数が存在するとき $f(x)$ は $x = a$ で微分可能であるという. 区間 I の任意の点で微分可能であるとき $f(x)$ は I で微分可能であるという. $f'(x) = (d/dx)f(x)$ と書いて導関数という. $f'(x)$ が連続であるとき, $f(x)$ は連続微分可能であるという. 例えば, $(e^x)' = e^x$, $(a^x)' = (\log a)a^x$, $a > 0$, $(\log x)' = 1/x$, $x > 0$, $(\sin x)' = \cos x$, $(\cos x)' = -\sin x$, $(\tan x)' = 1/\cos^2 x$ となる.

■**微分の演算**　合成関数 $g(f(x))$ 及び関数の積 $f(x)g(x)$, 比 $f(x)/g(x)$ を x で微分したときの導関数は

$$\frac{d}{dx}g(f(x)) = f'(x)g'(f(x)),$$
$$\frac{d}{dx}[f(x)g(x)] = f'(x)g(x) + f(x)g'(x),$$
$$\frac{d}{dx}\frac{f(x)}{g(x)} = \frac{f'(x)g(x) - f(x)g'(x)}{\{g(x)\}^2}$$

と表される.

付録 2 数学の基礎知識

■**ロピタルの定理** $\lim_{x \to a} f(x) = \lim_{x \to a} g(x) = 0$ となる連続微分可能な関数 $f(x)$, $g(x)$ に対して，$\lim_{x \to a} f'(x)/g'(x)$ が存在するとき，次の等式が成り立つ．

$$\lim_{x \to a} \frac{f(x)}{g(x)} = \lim_{x \to a} \frac{f'(x)}{g'(x)}$$

■**逆関数の微分** $x = f(f^{-1}(x))$ の両辺を微分すると

$$1 = \frac{d}{dx} f(f^{-1}(x)) = f'(f^{-1}(x)) \frac{d}{dx} f^{-1}(x)$$

より

$$\frac{d}{dx} f^{-1}(x) = \frac{1}{f'(f^{-1}(x))}$$

となる．例えば，$(\sin^{-1} x)' = 1/\sqrt{1-x^2}$，$(\cos^{-1} x)' = -1/\sqrt{1-x^2}$，$(\tan^{-1} x)' = 1/(1+x^2)$ となる．

■**テイラー展開** $x = a$ の周りで $n+1$ 回連続微分可能な関数 $f(x)$ に対して

$$f(x) = f(a) + f^{(1)}(a)(x-a) + \frac{f^{(2)}}{2!}(x-a)^2 + \cdots$$
$$+ \frac{f^{(n)}(a)}{n!}(x-a)^n + R_n$$

で与えられる．ただし，

$$f^{(n)}(a) = \left. \frac{d^n f(x)}{dx^n} \right|_{x=a}$$

であり，剰余項は $0 < \theta < 1$ に対して

$$R_n = \frac{f^{(n+1)}(a + \theta(x-a))}{(n+1)!}(x-a)^{n+1}$$

で与えられる．$a = 0$ のときの展開をマクローリン展開ともいう．例えば，c を実数，n を正の整数とすると

323

$$e^x = \sum_{k=0}^{\infty} \frac{x^k}{k!}, \quad -\infty < x < \infty,$$

$$(1-x)^c = \sum_{k=0}^{\infty} (-1)^k \frac{(c)_k}{k!} x^k = \sum_{k=0}^{\infty} \binom{c}{k} (-x)^k, \ |x| < 1,$$

$$(1-x)^{-n} = \sum_{k=0}^{\infty} \binom{-n}{k} (-x)^k = \sum_{k=0}^{\infty} \binom{n+k-1}{k} x^k, \ |x| < 1,$$

$$\frac{1}{1-x} = \sum_{k=0}^{\infty} x^k, \ |x| < 1,$$

$$\frac{1}{(1-x)^2} = \sum_{k=0}^{\infty} (k+1) x^k, \ |x| < 1,$$

$$\log(1+x) = x - \frac{x^2}{2} + \frac{x^3}{3} - \frac{x^4}{4} + \cdots, -1 < x \leq 1$$

となる.

■**ラグランジュの未定乗数法** 制約条件 $G(x,y) = 0$ のもとで関数 $F(x,y)$ の極値を考える問題を条件付き極値問題という.

$$H(x, y, \lambda) = F(x, y) - \lambda G(x, y)$$

とおくとき, 条件付き極値は連立方程式

$$\frac{\partial}{\partial x} H(x, y, \lambda) = 0, \ \frac{\partial}{\partial y} H(x, y, \lambda) = 0, \ \frac{\partial}{\partial \lambda} H(x, y, \lambda) = 0$$

を満たす.

■**積分の定義** 区間 (a, b) で連続な関数 $f(x)$ の積分を

$$\int_a^b f(x) dx = \lim_{n \to \infty} \sum_{k=1}^{n} f\left(a + \frac{(2k-1)(b-a)}{2n}\right) \frac{b-a}{n}$$

付録 2　数学の基礎知識

で定義する．これは，区間 (a, b) を点 $a, a + (1/n)(b - a), a + (2/n)(b - a), \ldots, a + (k/n)(b - a), \ldots, b$ で分割してできる n 個の区間について，それぞれの区間の中点での $f(\cdot)$ の値を高さにとり，これに幅 $(b - a)/n$ を掛けることによりこの区間の面積がもとまるので，それらをすべての区間で和をとり，分割の個数 n を限りなく大きくしたものである．原理的にはこのような形で積分を定義するが，具体的な積分の形は微分と積分についての次の関係から求めることができる．

$$F(x) - F(a) = \int_a^x f(z)dz \quad \text{に対して} \quad F'(x) = f(x)$$

$F(x)$ を原始関数という．

関数 $f(x)$	x^a	x^{-1}	e^x	a^x	$\cos x$	$\sin x$
条件	$a \neq -1$	$x > 0$		$a > 0$		
原始関数 $F(x)$	$x^{a+1}/(a+1)$	$\log x$	e^x	$a^x/\log a$	$\sin x$	$-\cos x$

関数 $f(x)$	$1/\cos^2 x$	$1/\sqrt{1-x^2}$	$-1/\sqrt{1-x^2}$	$1/(1+x^2)$
条件		$|x| < 1$	$|x| < 1$	
原始関数 $F(x)$	$\tan x$	$\sin^{-1} x$	$\cos^{-1} x$	$\tan^{-1} x$

■**部分積分**　閉区間 $[c, d]$ で定義された連続微分可能な関数 $f(x)$, $g(x)$ に対して

$$\int_c^d f'(x)g(x)dx = [f(x)g(x)]_c^d - \int_c^d f(x)g'(x)dx$$

が成り立つ．

■**置換積分**　閉区間 $[a, b]$ で定義された連続微分可能な関数 $g(t)$ と閉区間 $[g(a), g(b)]$ 上で定義された連続関数 $f(x)$ に対して

$$\int_{g(a)}^{g(b)} f(x)dx = \int_a^b f(g(y))g'(y)dy$$

が成り立つ．

325

■**ガンマ関数**　正の実数 a に対して $\Gamma(a) = \int_0^\infty x^{a-1}e^{-x}dx$ をガンマ関数という。$\Gamma(a+1) = a\Gamma(a)$, $\Gamma(1/2) = \sqrt{\pi}$ が成り立つ。正の整数 n に対して $\Gamma(n+1) = n!$,

$$\Gamma(n+1/2) = \frac{1 \cdot 3 \cdot 5 \cdots (2n-1)}{2^n}\sqrt{n} = \frac{(2n)!}{n!2^{2n}}\sqrt{\pi}$$

が成り立つ。正の実数 a, b に対して $B(a,b) = \int_0^1 x^{a-1}(1-x)^{b-1}dx$ をベータ関数という。次の関係が知られている。

$$B(a,b) = \Gamma(a)\Gamma(b)/\Gamma(a+b)$$

n が大きいときに近似式

$$n! \approx \sqrt{2\pi}e^{-n}n^{n+1/2}$$

が成り立つ。これをスターリングの公式という。

(3) 行列と行列式

　統計計算ではベクトルや行列がしばしば登場する。多くの場合には行列を使うことなく（表面的に）説明したり，和の記号を用いて表記することも不可能ではないが，後者の場合には表現が極めて煩雑になることが一般的である。特に実際のデータ分析において利用する統計計算を行列を使わずに表現することは（回帰分析を含めて）極めて面倒になる[1]。他方，これまでベクトルと行列に接する機会がなかった学生諸君には分かりにくい面も少なくないと思われる。いきなり一般的な場合についての記号や説明にとまどう場合には $m = 2, 3; n = 2$ の場合の例を幾つか扱ってみることがよい。

■**ベクトルと行列について**　m 個 $(m \geq 1)$ の実数 $y_1, y_2, \cdots, y_m$ を縦に並

---

1)　行列計算は計算機が最も得意とする計算分野である。統計学を始め，金融や保険分野で実際に行う数値計算はむろん計算機を利用することが多い（計算機は単純なアルゴリズムを高速で行うことを得意としている）。ここでの目的は計算機が行う計算の基本原理を理解し，場合によっては計算機に計算させる技術も学ぶことである。

べたもの

$$\boldsymbol{y} = \begin{pmatrix} y_1 \\ y_2 \\ \vdots \\ y_m \end{pmatrix}$$

を m 次元実（縦）ベクトル，n 個 $(n \geq 1)$ の実数 $x_1, x_2, \cdots, x_n$ を横に並べたもの

$$\boldsymbol{x} = (x_1, x_2, \cdots, x_n)$$

を n 次元実（横）ベクトルと呼ぶ．m 次元実（縦）ベクトル $\boldsymbol{y}$ から出発した場合には転置 (transpose) の操作により m 次元実（横）ベクトル

$$\boldsymbol{y}^{\mathrm{T}} = (y_1, y_2, \cdots, y_m)$$

（あるいは $\boldsymbol{y}'$, $\boldsymbol{y}^t$, $^t\boldsymbol{y}$ という表現も用いられる）となる．n 次元（縦）ベクトル全体 $\mathbb{R}^n$ を n 次元ユークリッド空間と呼ぶ．文献により（場合により）縦ベクトルと横ベクトルのどちらを意味するか，注意する必要がある．m 次元実縦ベクトルを n 個横に並べたものを $m \times n$ 実行列と呼ぶ（ベクトルは行列の特殊な場合である）．$m = n$ のとき，$n \times n$ 行列を正方行列という．

■**行列の加法**　$\boldsymbol{A}, \boldsymbol{B}$ を $m \times n$ の行列とし (i, j) 成分をそれぞれ a_{ij}, b_{ij} とおく．このとき，$a_{ij} + b_{ij}$ を (i, j) 成分にもつ行列を $\boldsymbol{A}$ と $\boldsymbol{B}$ の和といい，$\boldsymbol{A} + \boldsymbol{B}$ と表す．

$$\begin{bmatrix} a_{11} & \dots & a_{1n} \\ \vdots & & \vdots \\ a_{m1} & \dots & a_{mn} \end{bmatrix} + \begin{bmatrix} b_{11} & \dots & b_{1n} \\ \vdots & & \vdots \\ b_{m1} & \dots & b_{mn} \end{bmatrix} = \begin{bmatrix} a_{11} + b_{11} & \dots & a_{1n} + b_{1n} \\ \vdots & & \vdots \\ a_{m1} + b_{m1} & \dots & a_{mn} + b_{mn} \end{bmatrix}$$

行列の加法については次の法則が成り立つ．

1. 交換法則　$\boldsymbol{A} + \boldsymbol{B} = \boldsymbol{B} + \boldsymbol{A}$
2. 結合法則　$(\boldsymbol{A} + \boldsymbol{B}) + \boldsymbol{C} = \boldsymbol{A} + (\boldsymbol{B} + \boldsymbol{C})$

■**行列の実数倍** k を実数とするとき，行列 $\boldsymbol{A}$ の各成分を k 倍して得られる行列を $k\boldsymbol{A}$ と書く．

$$
k \begin{bmatrix} a_{11} & \dots & a_{1n} \\ \vdots & & \vdots \\ a_{m1} & \dots & a_{mn} \end{bmatrix} = \begin{bmatrix} ka_{11} & \dots & ka_{1n} \\ \vdots & & \vdots \\ ka_{m1} & \dots & ka_{mn} \end{bmatrix}
$$

このとき次の計算法則が成り立つ．

1. $(hk)\boldsymbol{A} = h(k\boldsymbol{A})$
2. $(h+k)\boldsymbol{A} = h\boldsymbol{A} + k\boldsymbol{A}$
3. $h(\boldsymbol{A}+\boldsymbol{B}) = h\boldsymbol{A} + h\boldsymbol{B}$

■**行列の積** $\boldsymbol{A}$ を $m \times n$，$\boldsymbol{B}$ を $n \times l$ の行列とする．(i,j) 成分が $\sum_{k=1}^{n} a_{ik}b_{kj}$ である行列を行列 $\boldsymbol{A}$，$\boldsymbol{B}$ の積といい $\boldsymbol{AB}$ と書く．例えば 2×2 行列どうしの積は，

$$
\begin{pmatrix} a_{11} & a_{12} \\ a_{21} & a_{22} \end{pmatrix} \begin{pmatrix} b_{11} & b_{12} \\ b_{21} & b_{22} \end{pmatrix} = \begin{pmatrix} a_{11}b_{11} + a_{12}b_{21} & a_{11}b_{12} + a_{12}b_{22} \\ a_{21}b_{11} + a_{22}b_{21} & a_{21}b_{12} + a_{22}b_{22} \end{pmatrix}
$$

となる[2]．また，$\boldsymbol{A},\boldsymbol{B},\boldsymbol{C}$ を行列，k を実数とすれば次の等式が成立する．

1. 結合法則　$(\boldsymbol{AB})\boldsymbol{C} = \boldsymbol{A}(\boldsymbol{BC})$
2. 分配法則　$(\boldsymbol{A}+\boldsymbol{B})\boldsymbol{C} = \boldsymbol{AC} + \boldsymbol{BC}$，$\boldsymbol{C}(\boldsymbol{A}+\boldsymbol{B}) = \boldsymbol{CA} + \boldsymbol{CB}$
3. $(k\boldsymbol{A})\boldsymbol{B} = \boldsymbol{A}(k\boldsymbol{B}) = k(\boldsymbol{AB})$

■**逆行列** $\boldsymbol{I}_n$ を $n \times n$ の単位行列，すなわち対角成分のみが 1 でそれ以外の成分が 0 である行列とする．$\boldsymbol{A}$ を $n \times n$ の正方行列として条件

$$
\boldsymbol{AX} = \boldsymbol{XA} = \boldsymbol{I}_n
$$

を満たす正方行列 $\boldsymbol{X}$ が存在するならば，$\boldsymbol{X}$ を $\boldsymbol{A}$ の逆行列といい，$\boldsymbol{A}^{-1}$ と表す．

---

2)　$\boldsymbol{AB} = \boldsymbol{BA}$ は一般には成立しないことに注意．

特に 2×2 行列 $\begin{pmatrix} a & b \\ c & d \end{pmatrix}$ について，その逆行列は

$$\frac{1}{ad - bc} \begin{pmatrix} d & -b \\ -c & a \end{pmatrix}$$

である．このことは実際に2つの行列を掛け合わせてみることで容易に確かめられる．なお，逆行列に関しては

1. $(\boldsymbol{A}^{-1})^{-1} = \boldsymbol{A}$
2. $(\boldsymbol{A}\boldsymbol{B})^{-1} = \boldsymbol{B}^{-1}\boldsymbol{A}^{-1}$

の各性質が成り立つ．

■**行列式**　$n \times n$ 正方行列 $\boldsymbol{A}$ に逆行列が存在するときにゼロとはならない量として行列式 $|\boldsymbol{A}| \neq 0$ が有用である．一般の $n \times n$ 行列 $(n \geq 2)$ の場合には行列式は複雑に見えるが，例えば 2×2 行列の場合には $\begin{pmatrix} a & b \\ c & d \end{pmatrix}$ に対して行列式は

$$|\boldsymbol{A}| = ad - bc$$

で与えられる．したがって行列のすべての要素がゼロでなくとも行列式はゼロとなりうる．

一般には $n \times n$ 正方行列 $\boldsymbol{X} = (x_{ij})$ の行列式は行列要素の並べ替え（置換）操作 σ により

$$|\boldsymbol{A}| = \sum_{\sigma \in S} \mathrm{sgn}(\sigma) x_{1\sigma(1)} x_{2\sigma(2)} \cdots x_{n\sigma(n)}$$

で定義される．ここで置換とは n 個の元の並べ替え操作の意味であり $\mathrm{sgn}(\sigma)$ は偶数回の並べ替え（互換）の場合は $+1$, 奇数回の並べ替えの場合は -1 をとる．また，S はすべての置換の集合を表す．例えば $n = 3$ なら簡単化されて

$$
\left| \begin{bmatrix} x_{11} & x_{12} & x_{13} \\ x_{21} & x_{22} & x_{23} \\ x_{31} & x_{32} & x_{33} \end{bmatrix} \right|
$$

$$
= x_{11}x_{22}x_{33} + x_{12}x_{23}x_{31} + x_{13}x_{21}x_{32} - x_{11}x_{23}x_{32}
$$

$$
- x_{12}x_{21}x_{33} - x_{13}x_{22}x_{31}
$$

となる.

一般に $n \times n$ 行列について行列式 $|A| \neq 0$ のとき,任意の $n \times 1$ ベクトル c に対して連立方程式

$$
Ax = c
$$

を満足するベクトル x が一意に存在する(すなわち連立方程式が一意に解ける).

■**固有値と固有ベクトル**　$n \times n$ 正方行列 A に対して

$$
Ax = \lambda x
$$

を満足するスカラー λ を固有値,ベクトル $x(x \neq 0)$ を固有ベクトルと呼ぶ.λ は方程式 $|A - \lambda I_n| = 0$ の根であり,一般には λ, x は実数,実数ベクトルとは限らない.

付　表

1.　正規分布表（正規分布の上側確率）……………………………………333
2.　t 分布のパーセント点 ………………………………………………334
3.　カイ 2 乗分布のパーセント点………………………………………335
4.　F 分布のパーセント点 ………………………………………………336

※この付表は，『統計入門』（東京大学出版会）より転載した．

付　表

1. 正規分布表（正規分布の上側確率）

$$Q(u) = 1 - \Phi(u) = \int_u^\infty \phi(x)dx$$

ただし $\phi(x)$ は標準正規分布 $\mathcal{N}(0,1)$ の確率密度関数である．0.0^320006 という記法は 0.00020006 を意味する．例えば，$u = 1.96$ に対して $Q(u) = 0.024998$，$u = 2.58$ に対して $Q(u) = 0.0^249400 = 0.0049400$ となる．

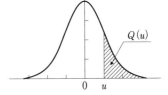

u	.00	.01	.02	.03	.04	.05	.06	.07	.08	.09
.0	.50000	.49601	.49202	.48803	.48405	.48006	.47608	.47210	.46812	.46414
.1	.46017	.45620	.45224	.44828	.44433	.44038	.43644	.43251	.42858	.42465
.2	.42074	.41683	.41294	.40905	.40517	.40129	.39743	.39358	.38974	.38591
.3	.38209	.37828	.37448	.37070	.36693	.36317	.35942	.35569	.35197	.34827
.4	.34458	.34090	.33724	.33360	.32997	.32636	.32276	.31918	.31561	.31207
.5	.30854	.30503	.30153	.29806	.29460	.29116	.28774	.28434	.28096	.27760
.6	.27425	.27093	.26763	.26435	.26109	.25785	.25463	.25143	.24825	.24510
.7	.24196	.23885	.23576	.23270	.22965	.22663	.22363	.22065	.21770	.21476
.8	.21186	.20897	.20611	.20327	.20045	.19766	.19489	.19215	.18943	.18673
.9	.18406	.18141	.17879	.17619	.17361	.17106	.16853	.16602	.16354	.16109
1.0	.15866	.15625	.15386	.15151	.14917	.14686	.14457	.14231	.14007	.13786
1.1	.13567	.13350	.13136	.12924	.12714	.12507	.12302	.12100	.11900	.11702
1.2	.11507	.11314	.11123	.10935	.10749	.10565	.10383	.10204	.10027	.098525
1.3	.096800	.095098	.093418	.091759	.090123	.088508	.086915	.085343	.083793	.082264
1.4	.080757	.079270	.077804	.076359	.074934	.073529	.072145	.070781	.069437	.068112
1.5	.066807	.065522	.064255	.063008	.061780	.060571	.059380	.058208	.057053	.055917
1.6	.054799	.053699	.052616	.051551	.050503	.049471	.048457	.047460	.046479	.045514
1.7	.044565	.043633	.042716	.041815	.040930	.040059	.039204	.038364	.037538	.036727
1.8	.035930	.035148	.034380	.033625	.032884	.032157	.031443	.030742	.030054	.029379
1.9	.028717	.028067	.027429	.026803	.026190	.025588	.024998	.024419	.023852	.023295
2.0	.022750	.022216	.021692	.021178	.020675	.020182	.019699	.019226	.018763	.018309
2.1	.017864	.017429	.017003	.016586	.016177	.015778	.015386	.015003	.014629	.014262
2.2	.013903	.013553	.013209	.012874	.012545	.012224	.011911	.011604	.011304	.011011
2.3	.010724	.010444	.010170	$.0^299031$	$.0^296419$	$.0^293867$	$.0^291375$	$.0^288940$	$.0^286563$	$.0^284242$
2.4	$.0^281975$	$.0^279763$	$.0^277603$	$.0^275494$	$.0^273436$	$.0^271428$	$.0^269469$	$.0^267557$	$.0^265691$	$.0^263872$
2.5	$.0^262097$	$.0^260366$	$.0^258677$	$.0^257031$	$.0^255426$	$.0^253861$	$.0^252336$	$.0^250849$	$.0^249400$	$.0^247988$
2.6	$.0^246612$	$.0^245271$	$.0^243965$	$.0^242692$	$.0^241453$	$.0^240246$	$.0^239070$	$.0^237926$	$.0^236811$	$.0^235726$
2.7	$.0^234670$	$.0^233642$	$.0^232641$	$.0^231667$	$.0^230720$	$.0^229798$	$.0^228901$	$.0^228028$	$.0^227179$	$.0^226354$
2.8	$.0^225551$	$.0^224771$	$.0^224012$	$.0^223274$	$.0^222557$	$.0^221860$	$.0^221182$	$.0^220524$	$.0^219884$	$.0^219262$
2.9	$.0^218658$	$.0^218071$	$.0^217502$	$.0^216948$	$.0^216411$	$.0^215889$	$.0^215382$	$.0^214890$	$.0^214412$	$.0^213949$
3.0	$.0^213499$	$.0^213062$	$.0^212639$	$.0^212228$	$.0^211829$	$.0^211442$	$.0^211067$	$.0^210703$	$.0^210350$	$.0^210008$
3.1	$.0^396760$	$.0^393544$	$.0^390426$	$.0^387403$	$.0^384474$	$.0^381635$	$.0^378885$	$.0^376219$	$.0^373638$	$.0^371136$
3.2	$.0^368714$	$.0^366367$	$.0^364095$	$.0^361895$	$.0^359765$	$.0^357703$	$.0^355706$	$.0^353774$	$.0^351904$	$.0^350094$
3.3	$.0^348342$	$.0^346648$	$.0^345009$	$.0^343423$	$.0^341889$	$.0^340406$	$.0^338971$	$.0^337584$	$.0^336243$	$.0^334946$
3.4	$.0^333693$	$.0^332481$	$.0^331310$	$.0^330179$	$.0^329086$	$.0^328029$	$.0^327009$	$.0^326023$	$.0^325071$	$.0^324151$
3.5	$.0^323263$	$.0^322405$	$.0^321577$	$.0^320778$	$.0^320006$	$.0^319262$	$.0^318543$	$.0^317849$	$.0^317180$	$.0^316534$
3.6	$.0^315911$	$.0^315310$	$.0^314730$	$.0^314171$	$.0^313632$	$.0^313112$	$.0^312611$	$.0^312128$	$.0^311662$	$.0^311213$
3.7	$.0^310780$	$.0^310363$	$.0^499611$	$.0^495740$	$.0^492010$	$.0^488417$	$.0^484957$	$.0^481624$	$.0^478414$	$.0^475324$
3.8	$.0^472348$	$.0^469483$	$.0^466726$	$.0^464072$	$.0^461517$	$.0^459059$	$.0^456694$	$.0^454418$	$.0^452228$	$.0^450122$
3.9	$.0^448096$	$.0^446148$	$.0^444274$	$.0^442473$	$.0^440741$	$.0^439076$	$.0^437475$	$.0^435936$	$.0^434458$	$.0^433037$
4.0	$.0^431671$	$.0^430359$	$.0^429099$	$.0^427888$	$.0^426726$	$.0^425609$	$.0^424536$	$.0^423507$	$.0^422518$	$.0^421569$
4.1	$.0^420658$	$.0^419783$	$.0^418944$	$.0^418138$	$.0^417365$	$.0^416624$	$.0^415912$	$.0^415230$	$.0^414575$	$.0^413948$
4.2	$.0^413346$	$.0^412769$	$.0^412215$	$.0^411685$	$.0^411176$	$.0^410689$	$.0^410221$	$.0^497736$	$.0^593447$	$.0^589337$
4.3	$.0^585399$	$.0^581627$	$.0^578015$	$.0^574555$	$.0^571241$	$.0^568069$	$.0^565031$	$.0^562123$	$.0^559340$	$.0^556675$
4.4	$.0^554125$	$.0^551685$	$.0^549350$	$.0^547117$	$.0^544979$	$.0^542935$	$.0^540980$	$.0^539110$	$.0^537322$	$.0^535612$
4.5	$.0^533977$	$.0^532414$	$.0^530920$	$.0^529492$	$.0^528127$	$.0^526823$	$.0^525577$	$.0^524386$	$.0^523249$	$.0^522162$
4.6	$.0^521125$	$.0^520133$	$.0^519187$	$.0^518283$	$.0^517420$	$.0^516597$	$.0^515810$	$.0^515060$	$.0^514344$	$.0^513660$
4.7	$.0^513008$	$.0^512386$	$.0^511792$	$.0^511226$	$.0^510686$	$.0^510171$	$.0^696796$	$.0^692113$	$.0^687648$	$.0^683391$
4.8	$.0^679333$	$.0^675465$	$.0^671779$	$.0^668267$	$.0^664920$	$.0^661731$	$.0^658693$	$.0^655799$	$.0^653043$	$.0^650418$
4.9	$.0^647918$	$.0^645538$	$.0^643272$	$.0^641115$	$.0^639061$	$.0^637107$	$.0^635247$	$.0^633476$	$.0^631792$	$.0^630190$

2. t 分布のパーセント点

$$t_{n,\alpha} : \int_{t_{n,\alpha}}^{\infty} f_n(x)dx = \alpha$$

ただし $f_n(x)$ は自由度 n の t 分布 t_n の確率密度関数であり，$t_{n,\alpha}$ は t_n 分布の上側 $100\alpha\%$ 点を与える．例えば，自由度 $n=20$ の上側 2.5% 点（$\alpha = 0.025$，両側 5% 点）は，$t_{20,0.025} = 2.086$ である．

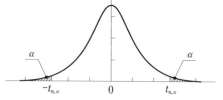

α \ 2α \ n	0.250 (0.500)	0.200 (0.400)	0.150 (0.300)	0.100 (0.200)	0.050 (0.100)	0.025 (0.050)	0.010 (0.020)	0.005 (0.010)	0.001 (0.001)
1	1.000	1.376	1.963	3.078	6.314	12.706	31.821	63.657	636.619
2	.816	1.061	1.386	1.886	2.920	4.303	6.965	9.925	31.599
3	.765	.978	1.250	1.638	2.353	3.182	4.541	5.841	12.924
4	.741	.941	1.190	1.533	2.132	2.776	3.747	4.604	8.610
5	.727	.920	1.156	1.476	2.015	2.571	3.365	4.032	6.869
6	.718	.906	1.134	1.440	1.943	2.447	3.143	3.707	5.959
7	.711	.896	1.119	1.415	1.895	2.365	2.998	3.499	5.408
8	.706	.889	1.108	1.397	1.860	2.306	2.896	3.355	5.041
9	.703	.883	1.100	1.383	1.833	2.262	2.821	3.250	4.781
10	.700	.879	1.093	1.372	1.812	2.228	2.764	3.169	4.587
11	.697	.876	1.088	1.363	1.796	2.201	2.718	3.106	4.437
12	.695	.873	1.083	1.356	1.782	2.179	2.681	3.055	4.318
13	.694	.870	1.079	1.350	1.771	2.160	2.650	3.012	4.221
14	.692	.868	1.076	1.345	1.761	2.145	2.624	2.977	4.140
15	.691	.866	1.074	1.341	1.753	2.131	2.602	2.947	4.073
16	.690	.865	1.071	1.337	1.746	2.120	2.583	2.921	4.015
17	.689	.863	1.069	1.333	1.740	2.110	2.567	2.898	3.965
18	.688	.862	1.067	1.330	1.734	2.101	2.552	2.878	3.922
19	.688	.861	1.066	1.328	1.729	2.093	2.539	2.861	3.883
20	.687	.860	1.064	1.325	1.725	2.086	2.528	2.845	3.850
21	.686	.859	1.063	1.323	1.721	2.080	2.518	2.831	3.819
22	.686	.858	1.061	1.321	1.717	2.074	2.508	2.819	3.792
23	.685	.858	1.060	1.319	1.714	2.069	2.500	2.807	3.768
24	.685	.857	1.059	1.318	1.711	2.064	2.492	2.797	3.745
25	.684	.856	1.058	1.316	1.708	2.060	2.485	2.787	3.725
26	.684	.856	1.058	1.315	1.706	2.056	2.479	2.779	3.707
27	.684	.855	1.057	1.314	1.703	2.052	2.473	2.771	3.690
28	.683	.855	1.056	1.313	1.701	2.048	2.467	2.763	3.674
29	.683	.854	1.055	1.311	1.699	2.045	2.462	2.756	3.659
30	.683	.854	1.055	1.310	1.697	2.042	2.457	2.750	3.646
31	.682	.853	1.054	1.309	1.696	2.040	2.453	2.744	3.633
32	.682	.853	1.054	1.309	1.694	2.037	2.449	2.738	3.622
33	.682	.853	1.053	1.308	1.692	2.035	2.445	2.733	3.611
34	.682	.852	1.052	1.307	1.691	2.032	2.441	2.728	3.601
35	.682	.852	1.052	1.306	1.690	2.030	2.438	2.724	3.591
36	.681	.852	1.052	1.306	1.688	2.028	2.434	2.719	3.582
37	.681	.851	1.051	1.305	1.687	2.026	2.431	2.715	3.574
38	.681	.851	1.051	1.304	1.686	2.024	2.429	2.712	3.566
39	.681	.851	1.050	1.304	1.685	2.023	2.426	2.708	3.558
40	.681	.851	1.050	1.303	1.684	2.021	2.423	2.704	3.551
41	.681	.850	1.050	1.303	1.683	2.020	2.421	2.701	3.544
42	.680	.850	1.049	1.302	1.682	2.018	2.418	2.698	3.538
43	.680	.850	1.049	1.302	1.681	2.017	2.416	2.695	3.532
44	.680	.850	1.049	1.301	1.680	2.015	2.414	2.692	3.526
45	.680	.850	1.049	1.301	1.679	2.014	2.412	2.690	3.520
46	.680	.850	1.048	1.300	1.679	2.013	2.410	2.687	3.515
47	.680	.849	1.048	1.300	1.678	2.012	2.408	2.685	3.510
48	.680	.849	1.048	1.299	1.677	2.011	2.407	2.682	3.505
49	.680	.849	1.048	1.299	1.677	2.010	2.405	2.680	3.500
50	.679	.849	1.047	1.299	1.676	2.009	2.403	2.678	3.496
60	.679	.848	1.045	1.296	1.671	2.000	2.390	2.660	3.460
80	.678	.846	1.043	1.292	1.664	1.990	2.374	2.639	3.416
120	.677	.845	1.041	1.289	1.658	1.980	2.358	2.617	3.373
240	.676	.843	1.039	1.285	1.651	1.970	2.342	2.596	3.332
∞	.674	.842	1.036	1.282	1.645	1.960	2.326	2.576	3.291

付　表

3. カイ2乗分布のパーセント点

$$\chi^2_{n,\alpha} : \int_{\chi^2_{n,\alpha}}^{\infty} f_n(x)dx = \alpha$$

ただし $f_n(x)$ は自由度 n のカイ2乗分布 χ^2_n の確率密度関数であり, $\chi^2_{n,\alpha}$ は χ^2_n 分布の上側 100α% 点を与える. 例えば, 自由度 $n = 20$ の上側5% 点 $(\alpha = 0.05)$ は, $\chi^2_{20,0.05} = 31.4104$ である.

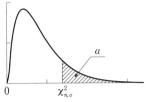

n＼α	.995	.990	.975	.100	.050	.025	.010	.000
1	.0⁴392704	.0³157088	.0³982069	2.70554	3.84146	5.02389	6.63490	10.8276
2	.0100251	.0201007	.0506356	4.60517	5.99146	7.37776	9.21034	13.8155
3	.0717218	.114832	.215795	6.25139	7.81473	9.34840	11.3449	16.2662
4	.206989	.297109	.484419	7.77944	9.48773	11.1433	13.2767	18.4668
5	.411742	.554298	.831212	9.23636	11.0705	12.8325	15.0863	20.5150
6	.675727	.872090	1.23734	10.6446	12.5916	14.4494	16.8119	22.4577
7	.989256	1.23904	1.68987	12.0170	14.0671	16.0128	18.4753	24.3219
8	1.34441	1.64650	2.17973	13.3616	15.5073	17.5345	20.0902	26.1245
9	1.73493	2.08790	2.70039	14.6837	16.9190	19.0228	21.6660	27.8772
10	2.15586	2.55821	3.24697	15.9872	18.3070	20.4832	23.2093	29.5883
11	2.60322	3.05348	3.81575	17.2750	19.6751	21.9200	24.7250	31.2641
12	3.07382	3.57057	4.40379	18.5493	21.0261	23.3367	26.2170	32.9095
13	3.56503	4.10692	5.00875	19.8119	22.3620	24.7356	27.6882	34.5282
14	4.07467	4.66043	5.62873	21.0641	23.6848	26.1189	29.1412	36.1233
15	4.60092	5.22935	6.26214	22.3071	24.9958	27.4884	30.5779	37.6973
16	5.14221	5.81221	6.90766	23.5418	26.2962	28.8454	31.9999	39.2524
17	5.69722	6.40776	7.56419	24.7690	27.5871	30.1910	33.4087	40.7902
18	6.26480	7.01491	8.23075	25.9894	28.8693	31.5264	34.8053	42.3124
19	6.84397	7.63273	8.90652	27.2036	30.1435	32.8523	36.1909	43.8202
20	7.43384	8.26040	9.59078	28.4120	31.4104	34.1696	37.5662	45.3147
21	8.03365	8.89720	10.2829	29.6151	32.6706	35.4789	38.9322	46.7970
22	8.64272	9.54249	10.9823	30.8133	33.9244	36.7807	40.2894	48.2679
23	9.26042	10.1957	11.6886	32.0069	35.1725	38.0756	41.6384	49.7282
24	9.88623	10.8564	12.4012	33.1962	36.4150	39.3641	42.9798	51.1786
25	10.5197	11.5240	13.1197	34.3816	37.6525	40.6465	44.3141	52.6197
26	11.1602	12.1981	13.8439	35.5632	38.8851	41.9232	45.6417	54.0520
27	11.8076	12.8785	14.5734	36.7412	40.1133	43.1945	46.9629	55.4760
28	12.4613	13.5647	15.3079	37.9159	41.3371	44.4608	48.2782	56.8923
29	13.1211	14.2565	16.0471	39.0875	42.5570	45.7223	49.5879	58.3012
30	13.7867	14.9535	16.7908	40.2560	43.7730	46.9792	50.8922	59.7031
31	14.4578	15.6555	17.5387	41.4217	44.9853	48.2319	52.1914	61.0983
32	15.1340	16.3622	18.2908	42.5847	46.1943	49.4804	53.4858	62.4872
33	15.8153	17.0735	19.0467	43.7452	47.3999	50.7251	54.7755	63.8701
34	16.5013	17.7891	19.8063	44.9032	48.6024	51.9660	56.0609	65.2472
35	17.1918	18.5089	20.5694	46.0588	49.8018	53.2033	57.3421	66.6188
36	17.8867	19.2327	21.3359	47.2122	50.9985	54.4373	58.6192	67.9852
37	18.5858	19.9602	22.1056	48.3634	52.1923	55.6680	59.8925	69.3465
38	19.2889	20.6914	22.8785	49.5126	53.3835	56.8955	61.1621	70.7029
39	19.9959	21.4262	23.6543	50.6598	54.5722	58.1201	62.4281	72.0547
40	20.7065	22.1643	24.4330	51.8051	55.7585	59.3417	63.6907	73.4020
50	27.9907	29.7067	32.3574	63.1671	67.5048	71.4202	76.1539	86.6608
60	35.5345	37.4849	40.4817	74.3970	79.0819	83.2977	88.3794	99.6072
70	43.2752	45.4417	48.7576	85.5270	90.5312	95.0232	100.425	112.317
80	51.1719	53.5401	57.1532	96.5782	101.879	106.629	112.329	124.839
90	59.1963	61.7541	65.6466	107.565	113.145	118.136	124.116	137.208
100	67.3276	70.0649	74.2219	118.498	124.342	129.561	135.807	149.449
120	83.8516	86.9233	91.5726	140.233	146.567	152.211	158.950	173.617
140	100.655	104.034	109.137	161.827	168.613	174.648	181.840	197.451
160	117.679	121.346	126.870	183.311	190.516	196.915	204.530	221.019
180	134.884	138.820	144.741	204.704	212.304	219.044	227.056	244.370
200	152.241	156.432	162.728	226.021	233.994	241.058	249.445	267.541
240	187.324	191.990	198.984	268.471	277.138	284.802	293.888	313.437

4. F 分布のパーセント点

$$F_{m,n,\alpha} \;:\; \int_{F_{m,n,\alpha}}^{\infty} f_{m,n}(x)dx = \alpha$$

ただし $f_{m,n}(x)$ は自由度 (m,n) の F 分布 $F_{m,n}$ の確率密度関数であり，$F_{m,n,\alpha}$ は $F_{m,n}$ 分布の上側 $100\alpha\%$ 点を与える．例えば，自由度 $m=8$，$n=20$ の上側 5% 点 ($\alpha=0.05$) は，$F_{8,20,0.05}=2.447$ である．

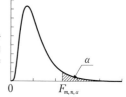

$\alpha = 0.05$

n \ m	1	2	3	4	5	6	7	8	9
1	161.448	199.500	215.707	224.583	230.162	233.986	236.768	238.883	240.543
2	18.513	19.000	19.164	19.247	19.296	19.330	19.353	19.371	19.385
3	10.128	9.552	9.277	9.117	9.013	8.941	8.887	8.845	8.812
4	7.709	6.944	6.591	6.388	6.256	6.163	6.094	6.041	5.999
5	6.608	5.786	5.409	5.192	5.050	4.950	4.876	4.818	4.772
6	5.987	5.143	4.757	4.534	4.387	4.284	4.207	4.147	4.099
7	5.591	4.737	4.347	4.120	3.972	3.866	3.787	3.726	3.677
8	5.318	4.459	4.066	3.838	3.687	3.581	3.500	3.438	3.388
9	5.117	4.256	3.863	3.633	3.482	3.374	3.293	3.230	3.179
10	4.965	4.103	3.708	3.478	3.326	3.217	3.135	3.072	3.020
11	4.844	3.982	3.587	3.357	3.204	3.095	3.012	2.948	2.896
12	4.747	3.885	3.490	3.259	3.106	2.996	2.913	2.849	2.796
13	4.667	3.806	3.411	3.179	3.025	2.915	2.832	2.767	2.714
14	4.600	3.739	3.344	3.112	2.958	2.848	2.764	2.699	2.646
15	4.543	3.682	3.287	3.056	2.901	2.790	2.707	2.641	2.588
16	4.494	3.634	3.239	3.007	2.852	2.741	2.657	2.591	2.538
17	4.451	3.592	3.197	2.965	2.810	2.699	2.614	2.548	2.494
18	4.414	3.555	3.160	2.928	2.773	2.661	2.577	2.510	2.456
19	4.381	3.522	3.127	2.895	2.740	2.628	2.544	2.477	2.423
20	4.351	3.493	3.098	2.866	2.711	2.599	2.514	2.447	2.393
25	4.242	3.385	2.991	2.759	2.603	2.490	2.405	2.337	2.282
30	4.171	3.316	2.922	2.690	2.534	2.421	2.334	2.266	2.211
40	4.085	3.232	2.839	2.606	2.449	2.336	2.249	2.180	2.124
50	4.034	3.183	2.790	2.557	2.400	2.286	2.199	2.130	2.073
60	4.001	3.150	2.758	2.525	2.368	2.254	2.167	2.097	2.040
120	3.920	3.072	2.680	2.447	2.290	2.175	2.087	2.016	1.959

$\alpha = 0.01$

n \ m	1	2	3	4	5	6	7	8	9
1	4052.181	4999.500	5403.352	5624.583	5763.650	5858.986	5928.356	5981.070	6022.473
2	98.503	99.000	99.166	99.249	99.299	99.333	99.356	99.374	99.388
3	34.116	30.817	29.457	28.710	28.237	27.911	27.672	27.489	27.345
4	21.198	18.000	16.694	15.977	15.522	15.207	14.976	14.799	14.659
5	16.258	13.274	12.060	11.392	10.967	10.672	10.456	10.289	10.158
6	13.745	10.925	9.780	9.148	8.746	8.466	8.260	8.102	7.976
7	12.246	9.547	8.451	7.847	7.460	7.191	6.993	6.840	6.719
8	11.259	8.649	7.591	7.006	6.632	6.371	6.178	6.029	5.911
9	10.561	8.022	6.992	6.422	6.057	5.802	5.613	5.467	5.351
10	10.044	7.559	6.552	5.994	5.636	5.386	5.200	5.057	4.942
11	9.646	7.206	6.217	5.668	5.316	5.069	4.886	4.744	4.632
12	9.330	6.927	5.953	5.412	5.064	4.821	4.640	4.499	4.388
13	9.074	6.701	5.739	5.205	4.862	4.620	4.441	4.302	4.191
14	8.862	6.515	5.564	5.035	4.695	4.456	4.278	4.140	4.030
15	8.683	6.359	5.417	4.893	4.556	4.318	4.142	4.004	3.895
16	8.531	6.226	5.292	4.773	4.437	4.202	4.026	3.890	3.780
17	8.400	6.112	5.185	4.669	4.336	4.102	3.927	3.791	3.682
18	8.285	6.013	5.092	4.579	4.248	4.015	3.841	3.705	3.597
19	8.185	5.926	5.010	4.500	4.171	3.939	3.765	3.631	3.523
20	8.096	5.849	4.938	4.431	4.103	3.871	3.699	3.564	3.457
25	7.770	5.568	4.675	4.177	3.855	3.627	3.457	3.324	3.217
30	7.562	5.390	4.510	4.018	3.699	3.473	3.304	3.173	3.067
40	7.314	5.179	4.313	3.828	3.514	3.291	3.124	2.993	2.888
50	7.171	5.057	4.199	3.720	3.408	3.186	3.020	2.890	2.785
60	7.077	4.977	4.126	3.649	3.339	3.119	2.953	2.823	2.718
120	6.851	4.787	3.949	3.480	3.174	2.956	2.792	2.663	2.559

付　表

$\alpha = 0.05$

10	12	15	20	24	30	40	60	120	∞	m / n
241.882	243.906	245.950	248.013	249.052	250.095	251.143	252.196	253.253	254.314	1
19.396	19.413	19.429	19.446	19.454	19.462	19.471	19.479	19.487	19.496	2
8.786	8.745	8.703	8.660	8.639	8.617	8.594	8.572	8.549	8.526	3
5.964	5.912	5.858	5.803	5.774	5.746	5.717	5.688	5.658	5.628	4
4.735	4.678	4.619	4.558	4.527	4.496	4.464	4.431	4.398	4.365	5
4.060	4.000	3.938	3.874	3.841	3.808	3.774	3.740	3.705	3.669	6
3.637	3.575	3.511	3.445	3.410	3.376	3.340	3.304	3.267	3.230	7
3.347	3.284	3.218	3.150	3.115	3.079	3.043	3.005	2.967	2.928	8
3.137	3.073	3.006	2.936	2.900	2.864	2.826	2.787	2.748	2.707	9
2.978	2.913	2.845	2.774	2.737	2.700	2.661	2.621	2.580	2.538	10
2.854	2.788	2.719	2.646	2.609	2.570	2.531	2.490	2.448	2.404	11
2.753	2.687	2.617	2.544	2.505	2.466	2.426	2.384	2.341	2.296	12
2.671	2.604	2.533	2.459	2.420	2.380	2.339	2.297	2.252	2.206	13
2.602	2.534	2.463	2.388	2.349	2.308	2.266	2.223	2.178	2.131	14
2.544	2.475	2.403	2.328	2.288	2.247	2.204	2.160	2.114	2.066	15
2.494	2.425	2.352	2.276	2.235	2.194	2.151	2.106	2.059	2.010	16
2.450	2.381	2.308	2.230	2.190	2.148	2.104	2.058	2.011	1.960	17
2.412	2.342	2.269	2.191	2.150	2.107	2.063	2.017	1.968	1.917	18
2.378	2.308	2.234	2.155	2.114	2.071	2.026	1.980	1.930	1.878	19
2.348	2.278	2.203	2.124	2.082	2.039	1.994	1.946	1.896	1.843	20
2.236	2.165	2.089	2.007	1.964	1.919	1.872	1.822	1.768	1.711	25
2.165	2.092	2.015	1.932	1.887	1.841	1.792	1.740	1.683	1.622	30
2.077	2.003	1.924	1.839	1.793	1.744	1.693	1.637	1.577	1.509	40
2.026	1.952	1.871	1.784	1.737	1.687	1.634	1.576	1.511	1.438	50
1.993	1.917	1.836	1.748	1.700	1.649	1.594	1.534	1.467	1.389	60
1.910	1.834	1.750	1.659	1.608	1.554	1.495	1.429	1.352	1.254	120

$\alpha = 0.01$

10	12	15	20	24	30	40	60	120	∞	m / n
6055.847	6106.321	6157.285	6208.730	6234.631	6260.649	6286.782	6313.030	6339.391	6365.864	1
99.399	99.416	99.433	99.449	99.458	99.466	99.474	99.482	99.491	99.499	2
27.229	27.052	26.872	26.690	26.598	26.505	26.411	26.316	26.221	26.125	3
14.546	14.374	14.198	14.020	13.929	13.838	13.745	13.652	13.558	13.463	4
10.051	9.888	9.722	9.553	9.466	9.379	9.291	9.202	9.112	9.020	5
7.874	7.718	7.559	7.396	7.313	7.229	7.143	7.057	6.969	6.880	6
6.620	6.469	6.314	6.155	6.074	5.992	5.908	5.824	5.737	5.650	7
5.814	5.667	5.515	5.359	5.279	5.198	5.116	5.032	4.946	4.859	8
5.257	5.111	4.962	4.808	4.729	4.649	4.567	4.483	4.398	4.311	9
4.849	4.706	4.558	4.405	4.327	4.247	4.165	4.082	3.996	3.909	10
4.539	4.397	4.251	4.099	4.021	3.941	3.860	3.776	3.690	3.602	11
4.296	4.155	4.010	3.858	3.780	3.701	3.619	3.535	3.449	3.361	12
4.100	3.960	3.815	3.665	3.587	3.507	3.425	3.341	3.255	3.165	13
3.939	3.800	3.656	3.505	3.427	3.348	3.266	3.181	3.094	3.004	14
3.805	3.666	3.522	3.372	3.294	3.214	3.132	3.047	2.959	2.868	15
3.691	3.553	3.409	3.259	3.181	3.101	3.018	2.933	2.845	2.753	16
3.593	3.455	3.312	3.162	3.084	3.003	2.920	2.835	2.746	2.653	17
3.508	3.371	3.227	3.077	2.999	2.919	2.835	2.749	2.660	2.566	18
3.434	3.297	3.153	3.003	2.925	2.844	2.761	2.674	2.584	2.489	19
3.368	3.231	3.088	2.938	2.859	2.778	2.695	2.608	2.517	2.421	20
3.129	2.993	2.850	2.699	2.620	2.538	2.453	2.364	2.270	2.169	25
2.979	2.843	2.700	2.549	2.469	2.386	2.299	2.208	2.111	2.006	30
2.801	2.665	2.522	2.369	2.288	2.203	2.114	2.019	1.917	1.805	40
2.698	2.562	2.419	2.265	2.183	2.098	2.007	1.909	1.803	1.683	50
2.632	2.496	2.352	2.198	2.115	2.028	1.936	1.836	1.726	1.601	60
2.472	2.336	2.192	2.035	1.950	1.860	1.763	1.656	1.533	1.381	120

参考文献

　本文で引用した参考文献及び参考にある図書を以下に挙げておく．統計入門としてバランスが取れているので過去の講義で利用したことがあるのが，中村隆英他（1984），その他に東京大学教養学部統計学教室編（1991, 1992, 1994），日本統計学会編（2015），森棟公夫他（2015）などが挙げられる．より深く統計理論を勉強したい諸君には，竹内啓（1963），佐和隆光（1979），竹村彰通（1991），国友直人（2015）などが参考となるだろう．統計計算を重視したデータ分析入門としては，縄田和満（2007），金明哲（2007），小暮厚之（2009）などが参考となろう．

金　明哲（2007）『R によるデータサイエンス——データ解析の基礎から最新手法まで』森北出版．

国友直人（2015）『応用をめざす数理統計学』（統計解析スタンダードシリーズ），朝倉書店．

小暮厚之（2009）『R による統計データ分析入門』（「シリーズ」統計科学のプラクティス 1），朝倉書店．

齋藤正彦（1966）『線型代数入門』（基礎数学シリーズ 1），東京大学出版会．

佐和隆光（1979）『回帰分析』（統計ライブラリーシリーズ），朝倉書店．

志賀浩二（1988）『微分・積分 30 講』（数学 30 講シリーズ 1），朝倉書店．

志賀浩二（1988）『線形代数 30 講』（数学 30 講シリーズ 2），朝倉書店．

志賀浩二（1988）『解析入門 30 講』（数学 30 講シリーズ 5），朝倉書店．

杉浦光夫（1980）『解析入門 I』（基礎数学シリーズ 2），東京大学出版会．

杉浦光夫（1985）『解析入門 II』（基礎数学シリーズ 3），東京大学出版会．

高木貞治（1961）『解析概論』岩波書店．

竹内　啓（1963）『数理統計学——データ解析の方法』東洋経済新報社．

竹村彰通（1991）『現代数理統計学』（現代経済学選書 8），創文社

竹村彰通（1997）『統計』（共立講座 21 世紀の数学 14），共立出版．

東京大学教養学部統計学教室［編］（1991）『統計学入門』（基礎統計学シリーズ

338

1），東京大学出版会.

東京大学教養学部統計学教室［編］（1992）『自然科学の統計学』（基礎統計学シリーズ 3），東京大学出版会.

東京大学教養学部統計学教室［編］（1994）『人文・社会科学の統計学』（基礎統計学シリーズ 2），東京大学出版会.

中村隆英・新家健精・美添泰人・豊田　敬（1984）『統計入門』東京大学出版会.

中村隆英・新家健精・美添泰人・豊田　敬（1992）『経済統計入門（第 2 版）』東京大学出版会.

縄田和満（2007）『Excel による統計入門——Excel 2007 対応版』朝倉書店.

日本統計学会［編］（2015）『統計学基礎——日本統計学会公式認定統計検定 2 級対応』東京図書.

広津千尋（1992）『実験データの解析——分散分析を超えて』（応用統計数学シリーズ），共立出版.

森棟公夫・照井伸彦・中川　満・西埜晴久・黒住英司（2015）『統計学（改訂版）』有斐閣.

あとがき

　本書は著者達が長年，大学において統計学とデータ分析の基礎を教える中から企画，執筆したものである．日本での大学教育，特に文科系の学生に対する統計学教育を念頭に既に多数の書籍が出版されているが，"学生諸氏の要望に沿うこと"をスローガンに，本来は必要なはずの数理的内容を避ける傾向が顕著にみられる．大学における統計学の理解や基礎的なデータ分析に習熟するためには，特に高度な数学的内容を新たに必要とするわけではない．ただ文科系の学生諸氏が学んだことのある高校数学よりも，ほんの少しだけ数理的な議論を利用することが有効であり，その内容はこれから様々な学問分野を学ぼうとしている学生諸氏にとっては有意義であることが少なくない．

　本来的に文理融合の学問分野である統計学や，データ分析の基礎を学ぶ機会は，大学・研究機関などで展開している他の学問諸分野の勉学に有用であるのみならず，社会・経済・ビジネス・公的機関などにおいても役立つ，データ分析の方法，データの計算処理，数理的に裏付けされた方法，などを学ぶ絶好の機会でもある．また近年，ますます国際化しつつある日本における高等教育の素材として，本書は国際的に標準的カリキュラムとみても有用な内容であると筆者達は考えている．本書が，これから様々な関心分野で勉強する学生諸氏，ビジネスや公的機関で統計分析・データ分析を役立てようとしている実務家，など様々な方々の学習の助けとなることを期待したい．

　著者の一人は偶然ではあるが，ここしばらく統計検定事業という社会におけるより広い統計学教育に関わるようになった．本書の基礎部分は統計検定（ウェブサイトは http://www.toukei-kentei.jp）の2級にほぼ対応するが，さらに本書は統計検定の準1級，1級，国際級（RSS-JSS）の内容をも展望している．

　なお，本書では扱うことができなかったが，主成分分析や判別分析などを

あとがき

はじめ，多変量解析の方法は応用分野で幅広く利用されている．また，ベイズ・モデルによるデータ分析で用いられるマルコフ連鎖モンテカルロ法をはじめ，ブートストラップ法など計算機を駆使した統計計算の方法も，近年めざましく発展している．さらに遺伝子（ゲノム）データ解析のための高次元解析手法の開発などをはじめとして，統計学は時代の要請に応じて挑戦し続けている．本書が統計学と統計的データ解析の方法をさらに学ぶきっかけになれば幸いである．

　2016 年 9 月

久保川達也
国 友 直 人

索　引

ア　行

赤池の情報量基準　→ AIC
異常値　23
1 次階差　294
1 次データ　267
位置尺度分布族　109
一様分布　124
一致性　185, 189
移動平均　274
　　——モデル　291
F-検定　221, 257
F-分布　177, 179

カ　行

回帰　67, 237
回帰係数　68, 237
回帰直線　68, 238
回帰分析　7, 237
階差　277
階乗モーメント　108
階段関数　96
カイ 2 乗検定統計量　227
カイ 2 乗適合度検定　226
カイ 2 乗分布　130, 176, 226
確率　83
確率過程　286
確率関数　95
確率収束　162
確率変数　94
　　——の標準化　107
確率密度関数　98

加重平均　27
仮説検定　211
刈り込み平均　26
頑健性　→ロバスト性
ガンマ関数　129, 133
ガンマ分布　130
幹葉表示　16
幾何ブラウン運動　303
幾何平均　26, 37
基幹統計　266
棄却域　213
季節階差　294
季節自己回帰和分移動平均過程　295
季節調整　273
　　——法　275
期待効用原理　302
期待値　103
　　——原理　301
帰無仮説　211
Q-Q プロット　→正規確率プロット
共分散　59, 146
クラメール・ラオの不等式　195
クロス・セクション・データ　265
群間平方和　256
群内平方和　256
景気動向指数　281
経済指数　279
系列相関　245
決定係数　242
検出力　231
検定統計量　212
検定のサイズ　231
公平な価格　299

342

索　引

コーシー・シュバルツの不等式　62,
　147
コーシー分布　177
国勢調査　267
故障率関数　→ハザード関数

サ　行

最小統計量　173
最小 2 乗推定　249
最小 2 乗法　69, 238, 294
最大統計量　173
最尤推定量　188
最良線形不偏推定量　195
残差　71, 74, 239
　——分析　244
算術平均　20
時系列データ　265, 272
時系列モデル　289
自己回帰移動平均モデル　291
自己回帰過程　287
自己回帰和分移動平均過程　295
自己共分散　288
自己相関係数　277
事後分布　205
事象　84
　——の独立性　89
市場確率　299
指数分布　131
事前分布　205
実験計画　254
ジニ係数　46, 51
四分位点　32
四分位範囲　33
弱定常過程　288
重回帰モデル　249
従属変数　68, 237
周辺確率関数　138
　周辺確率密度関数　141
主観確率　302
受容域　213

順位相関係数　64
順序統計量　173, 182
条件付き確率　87
　——関数　139
　——密度関数　141
条件付き分散　139
条件付き平均　139
処理　255
信頼区間　197
信頼係数　197
推定値　185
推定量　185
スタージェスの公式　16
スターリングの公式　326
正規確率プロット（Q-Q プロット）
　228
正規化定数　101
正規近似　168
正規分布　125
正規母集団　175
生存時間解析　131
積事象　85
積率　108
積率母関数　179
絶対偏差　29
漸近正規性　189
センサス・データ　267
尖度　35, 107
　——統計量　172
相加平均　20
相関係数　4, 57, 146
相互相関係数　279
層別抽出　271

タ　行

第 1 種の誤り　231
対数オッズ　259
大数の法則　163
第 2 種の誤り　231
対立仮説　211

343

多項分布　150
多重共線性　253
多重比較検定　257
多段抽出　272
多変量正規分布　151
単回帰モデル　237
チェビシェフの不等式　30, 106, 163
中心極限定理　168, 200
調和平均　27
t-検定　218, 220, 250
t-分布　176, 178, 199
点推定　185
統計法　266
統計量　160
同時確率関数　137
同時確率密度関数　141
独立性　139, 143
独立同一分布　159
独立変数　68, 237
度数分布表　43
トレンド　277

ナ　行

2項分布　118
2次データ　267
2値選択　9, 258

ハ　行

パーシェ型指数　281
バイアス　186
排反　90
箱ひげ図　33
ハザード関数（故障率関数）　132
外れ値　23, 64
パネル・データ　266
範囲（レンジ）　32
P値（有意確率）　232
ヒストグラム　16, 43
ビッグデータ　266

非復元抽出　268
標準化　34, 107
標準正規分布　125
標準偏差　29, 104
標本　157, 158
標本空間　94
標本自己相関　288
標本抽出　159
標本調査　268
標本のサイズ（大きさ）　158, 204
標本分散　171
標本分布　160
標本平均　160
比率　22
フィッシャー指数　281
フィッシャー情報量　189, 195
復元抽出　268
不偏推定量　185
不偏性　161
不偏分散　172
ブラウン運動　303
プロビット・モデル　259
分位点　32, 38
分割表　4, 229
分散　29, 104
分散分析表　257
　　分散分析モデル　256
分布収束　168
分布の再生性　180
平滑化　273
平均　103
平均値　20
平均2乗誤差　193
平均複利　26
平均偏差　32
ベイズ推定量　205
ベイズの公式（定理）　88, 90
ベルヌーイ分布　116
偏回帰係数　249
偏差値　35
変数変換　109, 110

偏相関　72, 76
変動係数　33
ポアソン分布　120
保険　300
母集団　157, 158
母数　160
POS データ　266
母平均　160
母分散　160
ボラティリティ　304

マ 行

マルティンゲール　300
見かけの相関　63, 72
ミニマックス　204
無記憶性　132
無限母集団　266
無作為標本　159
無相関　60, 147
メディアン　23, 173
モード　25
モーメント　108
　──推定量　192

ヤ 行

有意確率　→ P 値
有意水準　214
有限母集団　266

──修正　270
尤度関数　188
尤度比検定　224
尤度比統計量　225
尤度方程式　188
予測　241

ラ・ワ 行

ラスパイレス型指数　280
ランダム・ウォーク　288
ランダム標本　159
離散確率変数　95
リスク関数　204
臨界値　212
累積分布関数　95
レンジ　→範囲
連続確率変数　98
連続補正　170
ローレンツ曲線　46
ロジスティック回帰モデル　259
ロバスト性（頑健性）　24
歪度　35, 107
　──統計量　172
和事象　85

アルファベット

AIC（赤池の情報量基準）　296
X-12-ARIMA　275

著者紹介

久保川達也 （くぼかわ・たつや）

略　歴

1959 年　山梨生まれ

1982 年　筑波大学第一学群自然学類卒業

1987 年　筑波大学大学院博士課程数学研究科修了，理学博士

1994 年　東京大学経済学部助教授

現　　在　東京大学大学院経済学研究科教授

主要著書

『データ解析のための数理統計入門』共立出版，2023 年.

『現代数理統計学の基礎』共立出版，2017 年.

『モデル選択――予測・検定・推定の交差点』共著，岩波書店，2004 年.

国友直人 （くにとも・なおと）

略　歴

1950 年　東京生まれ

1975 年　東京大学経済学部卒業

1981 年　スタンフォード大学大学院統計学科（MA）・経済学科卒業（Ph.D.）
　　　　　ノースウエスタン大学経済学科助教授

現　　在　統計数理研究所特任教授，東京大学名誉教授

主要著書

『極値現象の統計分析――裾の重い分布のモデリング』共翻訳，朝倉書店，2021 年.

『データ分析のための統計学入門』共訳，日本統計協会，2021.

『統計と日本社会――データサイエンス時代の展開』共編，東京大学出版会，2019 年.

『応用をめざす　数理統計学』朝倉書店，2015 年.

『構造方程式モデルと計量経済学』朝倉書店，2011 年.

『21 世紀の統計科学 I, II, III』共編，東京大学出版会，2008 年.

『数理ファイナンスの基礎――マリアバン解析と漸近展開の応用』共著，東洋経済新報社，2003 年.

Separating Information Maximum Likelihood Method for High-Frequency Financial Data, with Seisho Sato and Daisuke Kurisu, Springer, 2018.

統計学

| 2016 年 10 月 31 日 | 初　版 |
| 2024 年 2 月 20 日 | 第 7 刷 |

[検印廃止]

著　者　久保川達也・国友直人

発行所　一般財団法人　東京大学出版会

代表者　吉見俊哉

153-0041　東京都目黒区駒場 4-5-29
https://www.utp.or.jp/
電話 03-6407-1069　Fax 03-6407-1991
振替 00160-6-59964

印刷所　大日本法令印刷株式会社
製本所　牧製本印刷株式会社

ⓒ2016 Tatsuya Kubokawa, Naoto Kunitomo
ISBN 978-4-13-062921-8　Printed in Japan

JCOPY 〈出版者著作権管理機構　委託出版物〉
本書の無断複写は著作権法上での例外を除き禁じられています．複写され
る場合は，そのつど事前に，出版者著作権管理機構（電話 03-5244-5088,
FAX 03-5244-5089, e-mail: info@jcopy.or.jp）の許諾を得てください．

東大教養学部 統計学教室 編	基礎統計学 I 統 計 学 入 門		2800 円
東大教養学部 統計学教室 編	基礎統計学 II 人文・社会科学の統計学		2900 円
東大教養学部 統計学教室 編	基礎統計学 III 自 然 科 学 の 統 計 学		2900 円
国友直人 山本 拓 監修 ・編	21 世紀の統計科学 I 社会・経済の統計科学		4800 円
中村隆英 新家健精 美添泰人 豊田 敬 著	統 計 入 門		2400 円
中村隆英 新家健精 美添泰人 豊田 敬 著	経 済 統 計 入 門 第 2 版		3000 円
国友直人 山本 拓 編	統 計 と 日 本 社 会 データサイエンス時代の展開		3800 円
竹内 啓 著	UP コレクション 増補新装版 社会科学における数と量		2800 円
佐藤郁哉 著	社 会 調 査 の 考 え 方 上・下		各 3200 円

ここに表示された価格は本体価格です．ご購入の
際には消費税が加算されますのでご了承ください．